学与思丛书

# 舒斯特曼美学思想的
# 间性建构

THE INTER-CULTURAL CONSTRUCTION METHOD OF
SHUSTERMAN'S PRAGMATIC AESTHETICS

周丽明 / 著

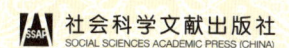

社会科学文献出版社
SOCIAL SCIENCES ACADEMIC PRESS (CHINA)

# 序

周丽明的《舒斯特曼美学思想的间性建构》成稿于十年前。十年来，每当我问起书稿何时出版，她总是笑笑，回答说"还有好多学术问题没研究到位、没研究透彻"，我以为书稿被她藏之名山，永不见天日，如今这本书终于问世了。十年来，周丽明在学术研究的道路上，不为利、不为名，不趋时、不易变，认准一个学术目标砥砺前行，终于磨砺出一部具有较高学术价值、独具特色的学术作品，为我国美学研究，尤其是新实用主义美学学术领域增添了一道亮丽的风景线。

自古以来，美学研究总陷于形而上和形而下、理论与实践冲突的两难境地。杜威的实用主义美学为走出这一两难境地提供了思路。舒斯特曼创立的新实用主义身体美学不仅从形而上和形而下、理论与实践美学研究层面提供了许多很有学术价值的思想洞见，更为解决美学研究两难境地问题提供了高屋建瓴的文化间性的科学方法论，在美学研究中具有不可忽视的学术价值。在众多对舒斯特曼的新实用主义美学研究成果中，周丽明的《舒斯特曼美学思想的间性建构》以敏锐的学术眼光、独具一格的方法，对舒斯特曼的文化间性的学术立场和科学方法论进行了较为全面、精准的研究，揭示了舒斯特曼的文化间性美学思想在美学发展史，尤其是美国实用主义美学发展史上的地位和影响。

实用主义美学的再次复兴，发生于分析美学衰退、美学发展陷入困境的背景下，舒斯特曼是推动实用主义美学再次复兴的重要人物。当洞悉到单纯地依靠术语的澄清和语词的分析无法真正地解决美学与艺术面对的问题和论争，舒斯特曼毅然告别分析美学，转而求助实用主义，自觉地向以杜威为代表的实用主义传统回归，企图通过恢复哲学、美学与艺术同人的经验和生活的关系，为哲学、美学和艺术的发展找到一条合理的路径。在宣称哲学与艺术已经终结、美已经被废黜的彼时，舒斯特曼直面哲学、美学、艺术的生存困境，企图复兴实用主义以力挽狂澜，其精神无疑是难能可贵的。因此，对舒斯特曼的实用主义美学思想及其文化间性的建构方法进行剖析、解读，对于当下美学和艺术困境的解决，无疑具有重要的意义和价值。

舒斯特曼将自己视为正统实用主义理论，尤其是杜威的实用主义理论的真正继承人，因此，他的理论和杜威的美学思想之间，具有不可否认的亲缘关系。舒斯特曼向杜威美学思想的自觉回归，并非是对其思路不加批判地全盘接受，而是以杜威的美学思想为核心，广泛地吸收其他思想家理论中的实用主义成分，从而积极地、交互地建构一种文化间性的实用主义新视域。间性建构的方法，被舒斯特曼称为"包括性析取法"，即以亦此亦彼的思维方式对抗非此即彼的二元对立思维模式的多元主义立场和方法；间性建构方法所体现的文化间性，是舒斯特曼的哲学、美学思想得以安身立命的基础。审美复兴是间性建构的目的，即复兴以杜威为代表的实用主义传统，具体包括对生活哲学的传统哲学观念的复兴、审美经验的复兴以及艺术的复兴等层面的内容。间性建构和审美复兴的关系是，间性建构既是达到审美复兴的方法、手段，又表明舒斯特曼独特的文化立场；而审美复兴则是间性建构的目的和宗旨，表明舒斯特曼美学思想的来源和归途。《舒斯特曼美学思想的间性建构》紧紧围绕间性建构和审美复兴两个核心概念展开，勾勒和阐述了舒斯特曼美学思想的总体构成和突出的文化意义。

周丽明是一名很优秀的博士，不仅知识基础扎实、学术眼光敏锐，而且对当代文史哲学科知识以及当代科学研究前沿了解颇多，毕业后曾跟我出色地完成了"科学视野中的文艺学"和"文艺学创新路径探索"两项国家课题的研究工作。周丽明博士毕业已经十年，现在也是哈尔滨师范大学文艺学专业的"老教师"，其才华有目共睹，但她十分低调，从不为名为利，从不趋炎附势，在学术研究上对自己的要求十分严苛。丽明也常热心帮助他人，面对许多博士研究生修订学位论文的请求，她二话不说，欣然投入精力无偿帮助他们完成校对工作，帮助他们顺利通过外审，拿到学位。我与丽明相识已有20多年，她已成为我须臾离不开的得力的学术助手，我所有出版的书籍，大到结构框架的修订，小到逐章、逐节、逐段、逐句的校对，都离不开她的付出；发表于各刊物的论文甚至是用于参加学术研讨会的文章，只有请丽明过目校对之后我才能放心地发表。一直以来，丽明对他人大公无私、慷慨相助，在自己的学术研究上选定一个学术方向，便默默耕耘、砥砺前行。这部著作只是一个起点，是她学术道路上的一个见证。坐住板凳，耐住寂寞，相信她的学术前途必将一片光明。

冯毓云

2022 年 12 月 23 日

# 目录

舒斯特曼美学思想的间性建构
contents

绪论　实用主义的审美复兴 ……………………………………… 1

**第一章　实用主义美学复兴的语境** …………………………… 49
 一　价值观转向：由欧洲中心主义到多元主义 ………………… 50
 二　方法论转向：由区分转向整合 ……………………………… 60
 三　美学转向：由逻辑分析到生活实践 ………………………… 72

**第二章　哲学的实践立场的间性建构** ………………………… 87
 一　反本质主义的哲学实在论 …………………………………… 88
 二　坚持人类行为和目的优先性的实践论 …………………… 101
 三　生活哲学的间性建构 ……………………………………… 110

**第三章　经验整体论的间性建构** …………………………… 125
 一　自然主义与历史主义的统一 ……………………………… 126
 二　身体与心灵的统一 ………………………………………… 148

**第四章　艺术概念的间性建构** ……………………………… 162
 一　艺术定义的谱系学研究 …………………………………… 164
 二　艺术即戏剧化 ……………………………………………… 175

**第五章　论辩、批评与教育：两种艺术的间性建构** ……… 184
 一　为精英艺术辩护 …………………………………………… 190

二　为通俗艺术辩护……………………………………… 197

结　论……………………………………………………… 212

参考文献…………………………………………………… 215

后　记……………………………………………………… 225

# 绪论　实用主义的审美复兴

　　20世纪末，美国学界的热点之一是分析美学的衰落与实用主义美学的再次复兴。分析美学的衰落，既是现象学、存在主义、女性主义与实用主义等美学流派外部冲击的结果，又是其学科的内在缺陷造成的。事实证明，单一的语言学方法，仅仅为解决美学与艺术问题提供了一种新视角、新路径，它也并非通向美学彼岸的唯一密码。早在1967年，罗蒂在他的论文集《语言转向——哲学方法论文集》中，就表达了对分析哲学发展困境的忧虑，那就是语言哲学的命题中"隐含着'虚无主义'情绪"的"元哲学困难"[①]。分析美学的终极目标，是从美学概念的语言分析入手，彻底解决关于艺术本体论、艺术定义、审美经验、艺术价值等美学核心问题的论争。但是，在强调美学、艺术概念的开放性，消解传统美学、艺术观念的权威性，"挖掉了传统美学赖以存在的基石"[②]的同时，分析美学也难以保全自身，同它的抨击对象一样，陷入了无法摆脱的困境。人们发现，无论是理论语言分析，还是日常语言分析，都不能真正解决美与艺术的本质、艺术定义等古老的美学问题；而艺术作品意义生成的无限可能，也不是单纯地依赖术语澄清或语言分析就能够得到最终的解释的，"分析哲学所推崇的理想化的定义的命题语言并非世界本真状态的揭示，而是封闭在语言本体之中的虚设的本质"[③]。事实证明，分析哲学、分析美学的

---

① 毛崇杰：《实用主义的三副面孔：杜威、罗蒂和舒斯特曼的哲学、美学与文化政治学》，社会科学文献出版社，2009，第7页。
② 蒋孔阳、朱立元主编《西方美学通史》第六卷《二十世纪西方美学》（上），上海文艺出版社，1999，第387页。
③ 毛崇杰：《实用主义的三副面孔：杜威、罗蒂和舒斯特曼的哲学、美学与文化政治学》，社会科学文献出版社，2009，第9页。

语言学探索路径,也不是通向美学的理想国度的坦途。因此,"语言哲学的统治地位和话语霸权"① 被颠覆了,"分析的时代"② 终结了。分析路径的崩塌,对于列属分析美学阵营的美籍犹太哲学家、美学家理查德·舒斯特曼(Richard Shusterman,1949— )来说已无力回天,遂成切肤之痛,舒斯特曼的应对方略是另谋他途。他不再偏安于语言分析的象牙塔,而是从单一的逻辑分析转向对关系的关注,在哲学、美学和艺术三者与生活的关系中去寻求美学问题与艺术论争的解决办法,于是实用主义成为他逃脱窘境的良方。舒斯特曼认为,就宗旨来看,实用主义美学恰好处于分析美学和欧陆美学之间,实用主义美学的复兴可以解决分析美学与欧陆美学之间的冲突:"由于处于分析美学和欧陆美学之间,结合了后者的洞察和广泛关涉与前者的经验主义精神和落实到底的见识,实用主义美学在帮助我们重新定位和复兴艺术哲学上,占有很好的位置。"③ 因此,舒斯特曼选择向以杜威为代表的实用主义美学传统回归,最终成为引发实用主义再次复兴的焦点人物。

实用主义"再次复兴"的提法出于舒斯特曼,即把以罗蒂为代表的新实用主义与以舒斯特曼为代表的新-新实用主义(neo-neo-pragmatism)区分开来,视新实用主义为实用主义的第一次复兴,而新-新实用主义则是实用主义的第二次复兴。两者的区别在于,前者受到欧洲大陆哲学和分析哲学的极大影响,表现出理论上的杂糅,将分析哲学与实用主义结合在一起,表面上虽号称实用主义,但本质上却向分析哲学靠拢;而后者力图摆脱分析哲学的影响,真正向以杜威为代表的正统实用主义回归,虽然写作方法和论证风格是分析哲学的,但本质上却是实用主义的,因此才被称为新-新实用主义或后-后现代主义(post-post-modernism)。但据言舒斯特曼本人并不接受这个称呼,他更喜欢称之为"新一代的新实用主义"

---

① 毛崇杰:《实用主义的三副面孔:杜威、罗蒂和舒斯特曼的哲学、美学与文化政治学》,社会科学文献出版社,2009,第9页。
② 转引自蒋孔阳、朱立元主编《西方美学通史》第六卷《二十世纪西方美学》(上),上海文艺出版社,1999,第339页。
③ [美]理查德·舒斯特曼:《实用主义美学》,彭锋译,商务印书馆,2002,第17~18页。

（new neo-pragmatism），以表示与罗蒂为代表的新实用主义相区别。①

作为迄今为止唯一在美国文化土壤中生长的哲学流派，实用主义自诞生之日起就引发诸多争议，而在发展过程中其内部阵营更是充斥着诸多思想差异与理论分歧，这使人们很难仅仅用"实用主义"这一术语来概括此流派的多元理论。一般认为，实用主义是19世纪70年代诞生于美国的一种哲学运动与哲学思潮，但关于实用主义的诞生问题其实是存在争议的，有两种说法影响较大：一说实用主义诞生于19世纪70年代；一说实用主义诞生于20世纪初。持前一种观点的理论家较多，他们认为，在19世纪70年代早期，皮尔斯与威廉·詹姆士在美国马萨诸塞州坎布里奇的"形而上学俱乐部"里进行的一场讨论中，皮尔斯最早使用了"实用主义"这一术语来命名自己的学说，而随后威廉·詹姆士使它流行开来。因此，既然"实用主义"一词来源于这一场讨论，那么就可以视之为实用主义的源头。美国哲学家S.罗森塔尔与苏珊·哈克、国内实用主义哲学研究的专家涂纪亮等人，都支持这种观点。② 后一种观点流传面较窄，国内学者邹铁军便支持这种观点。他从美国哲学发展的文化根源出发，分析了19世纪末美国哲学的发展状况，认为当时"美国的哲学是处于低潮，或者更确切地说，美国还没有真正产生自己的哲学"，而实用主义哲学恰逢其会，给美国学界注入了活力，所以，"实用主义哲学作为一种哲学运动是在20世纪初在美国形成的"。③ 面对众说纷纭，真正权威的解释自该来自实用主义内部。根据实用主义哲学家威廉·詹姆士对实用主义兴起历程的梳理，前一种观点更具说服力。在《实用主义》这部论文集中，詹姆士爬梳了"实用主义"这一概念产生、发展的历史，他指出：

实用主义这个名词是从希腊的一个词 πράγμα 派生的，意思是行

---

① 以上观点参见涂纪亮编《皮尔斯文选》，涂纪亮、周兆平译，社会科学文献出版社，2006，"总序"第2页；李媛媛《美学多样性与中国美学的贡献——访实用主义美学家理查德·舒斯特曼教授》，《东方丛刊》2010年第3期；〔美〕理查德·舒斯特曼《生活即审美：审美经验和生活艺术》，彭锋等译，北京大学出版社，2007，"译者前言"第v页。
② 参见〔美〕苏珊·哈克主编《意义、真理与行动——实用主义经典文选》，东方出版社，2007，"导论"第2页；涂纪亮《从古典实用主义到新实用主义——实用主义基本观念的演变》，人民出版社，2006，"序言"第1页。
③ 邹铁军：《实用主义大师杜威》，吉林教育出版社，1990，第37~38页。

动。"实践"(practice)和"实践的"(practical)这两个词就是从这个词来的。1878 年皮尔斯开始把这个词用到哲学上来。同年一月,皮尔斯在《通俗科学月刊》(*Popular Science Monthly*)发表一篇论文,题目叫做《怎样使我们的观念清晰》。他在指出我们的信念实际上就是行动的准则以后说,要弄清楚一个思想的意义,我们只须断定这思想会引起什么行动。对我们来说,那行动是这思想的唯一意义。……

这是皮尔斯的原理,也就是实用主义的原理。这个原理,二十年来谁也不注意,直到我在加利福尼亚大学郝畏森(Professor Howison)的哲学会上讲演时,才重新提起,并且把它特别应用到宗教上去。到这个时候(1898 年),接受这原理的时机好象已经成熟,于是"实用主义"这个名词就传开了。……①

依照詹姆士的说辞,从词源上看实用主义的本义是运动,与实践关系密切。1878 年,皮尔斯在论文中使用这个概念来解释思想、意义与效果、行动之间,即知与行之间的关系,皮尔斯的这一原理,就是实用主义原理,这实际上就标志着实用主义哲学的诞生。但皮尔斯的这篇论文当时并未得到学术界的关注,以至于实用主义不为世人所识,让实用主义闻名于世的是詹姆士。1898 年,詹姆士在一次哲学会议上发表演讲,使用"实用主义"这一术语并将之拓展到宗教领域,这激发了学术界的兴趣,致使实用主义一跃成为美国最热门、最重要的思潮,这时实用主义才在哲学的舞台上拥有了一席之地。詹姆士的回忆,清楚地交代了"实用主义"概念的来龙去脉。然而成也萧何,败也萧何,实用主义的第一次兴起源于詹姆士,实用主义的第一次衰落,也源于詹姆士。就在詹姆士超越皮尔斯,将实用主义的使用范畴拓展至宗教领域,将实用主义研究从美国推展、延伸到欧洲之际,詹姆士的实用主义观点遭到了围攻,引发了大范围的论争:"实用主义招来了许多思想家的猛烈批评、反对和拒斥……围绕詹姆士对实用主义的表述所展开的争论使得皮尔斯和杜威都放弃了这一术

---

① 〔美〕威廉·詹姆士:《实用主义》,陈羽纶、孙瑞禾译,商务印书馆,1979,第 26~27 页。

语。"① 即便有杜威等人倾力相救、力挽狂澜，这场论争的结果仍旧是实用主义大厦倾颓、名亡实存。实用主义发展至今，命运坎坷，始终与以分析哲学为代表的其他思潮、流派纠缠博弈、此消彼长，其发展历程可以划分为以下三个阶段：从19世纪70年代"形而上学俱乐部"诞生，到杜威和刘易斯逝世的20世纪60年代为止，这一阶段被罗森塔尔"称作是美国实用主义的黄金时代，或者说古典时代"，产生了皮尔斯、詹姆士、杜威、米德、刘易斯等哲学家；而以罗蒂等人为代表的"新实用主义"，则是继辉煌的古典时代之后，实用主义发展的又一个辉煌时期；② 到了20世纪80年代末期，舒斯特曼在分析美学衰落之际，倡导将"新一代的新实用主义（new neo-pragmatism）"作为拯救美学的一剂良药，促进实用主义再次复兴。虽然这股浪潮势头并不凶猛，其成果也并不十分瞩目，但也具有能与其他思潮、流派相互切磋的力量。

在众多思潮、流派的包围中，实用主义能够突出重围，这便是实用主义强劲生命力的表现。实用主义思潮发展历时之悠久、影响之深远、命运之坎坷，在美国哲学史上仅此一见，因此被尊称为美国的"国家哲学"。即使在内忧外患——内部存在观念上的争议与冲突，外部有分析哲学等其他思潮、流派的挤压——下几近消亡，"实用主义"仍然顽强地生存了百余年，两次在近乎消亡的状态下悄然复兴，这一事实本身便值得探究和反思。舒斯特曼在哲学、美学、艺术研究陷入困境之际，试图以复兴正统实用主义的方式脱困，为当代哲学、美学与艺术的生存与发展探索出一条合理的路径，无论是他的思考方向还是他的建构方法，对当时哲学、美学与艺术问题的解决来说具有相当宝贵的借鉴意义与现实价值。具体来说，舒斯特曼复兴实用主义的具体方法是，以间性建构的方法，对杜威的哲学、美学、艺术观进行批判性的继承与发展，从而实现实用主义的审美复兴。

## 一 间性建构与审美复兴

何谓"间性"？何谓"复兴"？"复兴"什么？"间性建构"与"审美

---

① 〔美〕罗伯特·B.塔利斯：《杜威》，彭国华译，中华书局，2002，第12页。
② 参见〔美〕S.罗森塔尔《古典实用主义在当代美国哲学中的地位——它与存在论现象学及分析哲学运动的关系》，陈维纲译，《哲学译丛》1989年第5期。

复兴"是何种关系？这些是本书首先要解决的基本问题。依据舒斯特曼在其著作、文章中的种种论述，笼统地说，所谓"复兴"，是指复兴美国本土的实用主义传统，但这种复兴并不是对实用主义传统不加批判、不加改造的全盘抄袭，而是一种实用主义的新变，即以古典实用主义的灵魂人物杜威的实用主义思想为核心，批判性地汲取实用主义经典理论中合理的、具有现实意义的成分，并广泛吸收其他思想家的思想观念，从而积极地、交互性地建构一种间性的实用主义新视域。具体地说，复兴具有以下几个方面的特征。

首先，以杜威的实用主义思想作为审美复兴的理论根基。舒斯特曼抛开了实用主义百年间内部的分歧和纠葛，聚焦古典实用主义的灵魂人物杜威，以杜威恢复美学与艺术同生活之间的关联性这一基本思想作为审美复兴的核心要旨。这个选择体现出其眼光独到，使这场审美复兴根基深稳，立足坚实。

其次，以古今其他思想家的合理观念作为审美复兴的给养来源。舒斯特曼的审美复兴理念以实用主义为旨归，但拒绝囿于实用主义的象牙塔，将实用主义的思想与方法同实践论、解释学、女性主义、身体理论、分析美学等诸多哲学、美学思想与理论资源相结合，兼收并蓄，从而形成了以身体美学为核心的实用主义美学新思想、新视角、新理论。这个"新一代的新实用主义"构想视野宏阔，洞见犀锐，独树一帜。

最后，以包括性析取法，即"间性建构"的关系研究方法作为审美复兴的有效方法。"间性建构"既是达到审美复兴目的方法、手段，又表明舒斯特曼的文化间性立场，它是舒斯特曼从语言分析的单边主义转向对关系研究的多元主义的直接证明。

"'间性'的凸现"[①]是20世纪学术界的一个重要理论现象。罗嘉昌发现，当代哲学思维发生了根本性变革，哲学关注的重心由物质实体、精神实体转向了关系实在。[②] 关系实在论强调，事物的本质不是由绝对的、永恒的、不证自明的实体所规定的，而是存在于变化的、生成的性质和关

---

① 金元浦：《"间性"的凸现》，中国大百科全书出版社，2002，封面书名。
② 参见罗嘉昌《从物质实体到关系实在》，中国社会科学出版社，1996，第5~8页。

系相互转化的关系网络之中，间性研究就是关系实在论的研究视角之一。间性研究打破了以往哲学关注单个实体、单一主体、单一客体或单个文本的局限，将视线聚焦在主体与主体、主体与客体、文本与非文本甚至文本与现实等关系构成的关系网络上。主体间性、文本间性等理论，是间性研究的显著成果。哈贝马斯提出了关注作为社会主体的人与人之间关系的交往行为理论，胡塞尔提出了关注先验主体框架内认识主体之间关系的交互主体性理论等，他们都实现了从单一主体向主体关系研究的转向，而文本间性研究已经从文本与非文本之间的互文性研究，发展到对文本与现实之间关系的关注。[1] 文化间性理论是主体间性理论的延伸，它强调不同文化领域的主体之间相互沟通、融合的动态生成关系。舒斯特曼的实用主义审美复兴理论，就坚持文化间性立场。具体地说，这种文化间性立场，"是一种在文化交互性基础上的文化视域融合，文化调合（和）整一，文化的动态生成关系……在美学上，文化间性立场预示着：在坚持文化的异质性、差异性前提下，确立生活的多重需要、艺术的多重价值、人的多重选择的合理性"[2]。这种间性建构的方法，被舒斯特曼称为包括性析取法，即以亦此亦彼的思维方法对抗非此即彼的二元对立思维模式的多元主义立场和方法；以间性建构方法体现出来的文化间性，是舒斯特曼的哲学、美学思想得以安身立命的基础。具体地说，对于舒斯特曼以"间性"方式建构而成的审美复兴的哲学、美学理想，应当从其哲学观、美学观、艺术观三个方面来进行审视。

（一）生活哲学观念的复兴

从哲学层面看，舒斯特曼的"复兴"指的是对生活哲学的传统观念的复兴；而"审美复兴"则是强调生活哲学多样化的实践方式中的审美方式的复兴。对此，舒斯特曼在其著作《哲学实践：实用主义和哲学生活》一书的中译本序言中开宗明义地指出：

> 本书试图复兴哲学生活作为西方哲学的中心主题的观念。我的希

---

[1] 王治河主编《后现代主义辞典》，中央编译出版社，2004，第341～343页。
[2] 冯毓云：《审美复兴的文化间性立场——舒斯特曼新实用主义美学建构之路径》，《文学评论》2010年第4期。

望是：通过将哲学描绘为具体的生活实践而不仅仅是抽象的理论，哲学可以变得与更多人更有关系、在社会上更有影响、且自身更为丰富和更有活力。……实用主义凭借它对理论与实践的统一、生动的生活经验的中心地位以及哲学首要服务于改善生活的目的而不只是为真理而服务于真理的目的的坚决主张，使自己有别于绝大多数现代西方哲学。对实用主义来说，生活的目的不仅处于哲学的核心，而且处于所有认识的核心；所有认识的实际目标不只是达尔文式的生存，而是为了完善人性和增进经验而使各式各样生活兴趣变得兴旺昌盛。①

由这段论述可见，舒斯特曼的"生活哲学"观念实际上包含两个方面的内容：一方面，从本质上看，哲学作为一种生活方式而存在，它是一种生活的艺术；另一方面，从目的上看，哲学以提高人类的生活质量为目的，具体又包括增加人类的生活经验和改善自我、改善人性的外部与内在两方面的内容。同当下的其他哲学理论相比较，舒斯特曼的生活哲学理论具有其自身的独特性，至少表现出实践性、审美性与圆融性等三方面的特性。生活哲学的实践性要求哲学从抽象、神秘的理性思辨回归到具体的生活实践，在研究对象上，要以生活实践为哲学研究的目标；在研究目的上，要以改善生活为哲学的终极旨归。生活哲学的审美性，意味着就哲学的研究对象而言，哲学要关注日常生活，要以生动、活泼的生活经验为研究的核心；就哲学的本体论而言，要求将哲学研究看作一种生活艺术，将生活艺术视为哲学最有意义的生存方式。正是因为强调生活哲学的艺术性、审美性，舒斯特曼才将自己"作为一种生活方式"② 的哲学观念的复兴称为"一种复兴的哲学诗学"（"a renewed poetics of philosophy"③）。秉承开放、宽容的学术态度，舒斯特曼强调"作为一种生活方式"的哲学

---

① 〔美〕理查德·舒斯特曼：《哲学实践：实用主义和哲学生活》，彭锋等译，北京大学出版社，2002，"中译本序"第1页。
② 〔美〕理查德·舒斯特曼：《哲学实践：实用主义和哲学生活》，彭锋等译，北京大学出版社，2002，"中译本序"第1页。
③ Richard Shusterman, *Practicing Philosophy: Pragmatism and the Philosophical Life*, New York and London: Routledge, 1997, Introduction, p. 1.

存在方式的多样化，并认为在无限多样的哲学实践中，最富有价值的乃是审美的生活方式。审美的生活方式具体体现为生活哲学的目的乃是自我完善，舒斯特曼公开宣称"赞成一种通过哲学生活进行自我完善的审美样式"①。生活哲学的圆融性则是就生活哲学的理想形态而言的。塑造审美的生活方式是舒斯特曼的哲学理想，他将生活哲学理想描绘为："哲学家通过将他的思想和行为以及他的心灵、身体和个人历史仔细雕琢为一个在审美上完整的整体，而努力将他的生活做成一件富有魅力的艺术作品。"②这个生活哲学的理想蓝图的实现，是要通过哲学家的努力，将抽象的理性思辨和细节的生活实践结合在一起，从而形成一种"最美的生活"③；而因为"最美的生活不能生活在无知或邪恶之中"④，所以智慧将与美德联系在一起，然后达到生活的美的极致。自德国古典哲学产生以来，西方以康德为代表的思想家便有一个共同梦想，即以美学为桥梁，贯通哲学与伦理学，通过审美将智慧与道德联结在一起，最终建立一个理智认识、伦理道德与审美艺术，或曰知、情、意三者完美融合的理想世界。舒斯特曼勾画的生活哲学理想蓝图正是这个共同梦想在20世纪与21世纪之交的回响。以审美的生活方式作为生活哲学的核心，审美性成为生活哲学的根本属性。正是在此意义上，这种生活哲学的传统的复兴，才称得上是一种"审美复兴"。

当然，舒斯特曼对生活哲学的审美复兴，并不是对生活哲学传统的机械复制、全盘抄袭，而是一种以继承为目的的批判和改造。舒斯特曼首先肯定了生活哲学传统的存在，并在哲学史上找到案例作为论据支撑。舒斯特曼以从古希腊至当代的哲学思想，包括苏格拉底、伊壁鸠鲁主义、斯多葛主义、西塞罗、爱比克泰德、塞涅卡、蒙田、克尔凯郭尔、尼采、福

---

① 〔美〕理查德·舒斯特曼：《哲学实践：实用主义和哲学生活》，彭锋等译，北京大学出版社，2002，"中译本序"第3页。
② 〔美〕理查德·舒斯特曼：《哲学实践：实用主义和哲学生活》，彭锋等译，北京大学出版社，2002，"中译本序"第3页。
③ 〔美〕理查德·舒斯特曼：《哲学实践：实用主义和哲学生活》，彭锋等译，北京大学出版社，2002，"中译本序"第3页。
④ 〔美〕理查德·舒斯特曼：《哲学实践：实用主义和哲学生活》，彭锋等译，北京大学出版社，2002，"中译本序"第3页。

柯、维特根斯坦以及杜威等的哲学思想为论据，认为即便受到哲学专业化、职业化趋势的影响，生活哲学传统仍贯穿于哲学发展的历史，从未有一刻缺席，始终在哲学中占据着重要的位置。时至今日，生活哲学的传统虽然不是哲学的主流，但也仍旧回响在某些哲学家的哲学生活之中。而正因为生活哲学传统的边缘化，远离生活实践的形而上学思维方式成为哲学史的主流，哲学才陷入困境。显而易见，若想脱困，必须解决哲学同生活脱节这个要害问题，其出路就在于让哲学走出抽象思辨的形而上学象牙塔，使之成为"一种生活的艺术"①，除此之外别无他途。舒斯特曼并没有对生活哲学进行抽象地概括、界定，而是在当代富有影响的思想家中选取三位代表，即福柯、维特根斯坦与杜威，通过对他们生活哲学和实际生活细节的批判，吸取他们哲学思想与生活实践中的合理成分，交互性地分析、阐释欧陆哲学、分析哲学和实用主义这三种哲学生活范式所具有的共通性，从而揭示生活哲学的内涵，即将哲学转化为生活的伦理学，进而通过伦理的审美化达到审美的升华。通过这样的间性建构方法，舒斯特曼既达成了使哲学走出抽象化、理论化的误区，重焕生机的宏伟愿望，又践行了改善人类生活状况、提高人类生活质量、完善自我与人格的远大理想，从而实现对哲学、人类社会生活和自我进行三重改造的美好愿景。

（二）审美经验的复兴

从美学层面来看，"复兴"意指恢复审美经验在美学中的核心地位。舒斯特曼"作为一种生活艺术"的生活哲学理论的内核仍旧是经验，他对经验的理解是向以杜威理论为核心的经验理论自觉回归。

舒斯特曼从对阿瑟·丹托的"艺术终结论"的批判入手，提出"艺术终结论"的本质并非艺术的终结，而是审美经验的终结。"艺术终结论"的最大缺陷是以偏概全，以某一种、某一角度的艺术定义，来涵盖整个艺术史、涵盖古往今来所有的艺术现象。显然阿瑟·丹托所认定的终结了的艺术，仅代表精英艺术这一个层面的艺术范畴；阿瑟·丹托所认可的审美经验，仅仅局限于分析美学的范畴，它不能承担终结所有艺术生命的历史大

---

① Richard Shusterman, *Practicing Philosophy: Pragmatism and the Philosophical Life*, New York and London: Routledge, 1997, Introduction, p. 2.

任。因此,所谓"艺术的终结",仅仅是代表此一时代思想主流的艺术观念的终结。舒斯特曼认为世纪之交的一个显要的美学问题,就是以阿瑟·丹托为代表的分析学家,用狭隘的、描述性的、区分功能的、语义学的审美经验定义,取代了以杜威为代表的实用主义哲学家源于生活的、活泼的、现象学的、改造功能的审美经验观念,使艺术这个概念由于"丧失了力量和趣味性"①而终结。杜威式的、源于生活的审美经验观念被取代,这使艺术理论丧失了指导、批判艺术创作的功能,成为艺术的附庸,只能发挥阐释艺术的工具作用,阐释似乎成为艺术批评与艺术理论的唯一目的;同时,这样的艺术批评与艺术理论丧失了改造实际的审美经验的能力,它放任现代艺术越来越远离现实生活,这进一步促进了"艺术的终结"。舒斯特曼认为,要想结束这个恶性循环、拯救艺术,只有对抗悲观的艺术终结论,复兴要求恢复艺术与生活之间连续性的杜威的审美经验理论。

与复兴生活哲学观念的方式相同,舒斯特曼没有盲目地全盘肯定杜威的审美经验观念,而是在批判和改造的基础上再继承。同杜威一样,舒斯特曼也没有赋予审美经验以唯一的、清晰的、术语层面的界定,而是打破分析美学纠缠于术语澄清的魔咒,不再关注一个概念的内涵外延是什么,而是看重这个概念的价值与功用。在对以杜威为代表的多位理论家的经验观念对比、剖析、批判的基础上,舒斯特曼对审美经验的概念价值进行了定位,从而指出审美经验的价值在于,它"是指导性的,它提醒我们在艺术中,在生活的他处,什么是值得我们寻求的"②。总的来说,舒斯特曼所倡导的审美经验观念具有非基础性、多维性、实践性和非圆满性的特质。首先,非基础性。舒斯特曼虽然公开承认经验是他自己哲学的核心概念,③但是并不赞成杜威将经验看作认识论的基础的做法。他认为,杜威实用主义哲学的基本缺陷就在于过于强调经验的地位,并将经验视为认识论的基础,这使其陷入了悖论:杜威自身是抨击基础主义的,但对经验基

---

① Richard Shusterman, *Performing Live: Aesthetic Alternatives for the Ends of Art*, Ithaca and London: Cornell University Press, 2000, p. 21.
② Richard Shusterman, *Performing Live: Aesthetic Alternatives for the Ends of Art*, Ithaca and London: Cornell University Press, 2000, p. 34.
③ 参见彭锋《新实用主义美学的新视野——访舒斯特曼教授》,《哲学动态》2008 年第 1 期。

础性地位的认同使杜威哲学又回到了基础主义。杜威无法摆脱这一两难境地。同时，杜威一方面认同经验在认识论中具有基础性地位，另一方面又强调经验是丰富和协调我们现实生活的目的和手段，这两者之间也是相互背离的。诸多无法调和的内在矛盾使杜威的哲学受到学术界的无情抨击。对此，舒斯特曼的解决方案是：以间性建构立场，运用包括性析取法，将经验放在杜威对经验的极度推崇与罗蒂对经验的极度否定两种极端立场之间，把非推论性的经验与基础性的经验区分开来，从而避开对经验的基础主义本质的种种指控，进而保留经验在实用主义中应有的地位和价值。其次，多维性。舒斯特曼继承了杜威对审美经验的偏爱，但他也批判了杜威审美经验理论建构的单一性与矛盾性。舒斯特曼认为，杜威的审美经验理论的缺陷在于思维方式是非此即彼的，只执着于其中一个维度，否定其他维度的合理性，这也是西方哲学史上其他思想家、理论家面临的共性问题。虽然这些思想家、理论家的哲学立场可能互相排斥、互不相容，但他们的思维方式却千篇一律，都是单一维度的、非此即彼的。如杜威对审美经验的认识就只是现象学维度的，他的理论排斥审美经验语义学维度的可能性。杜威认为审美经验具有感知的直接性，"它只能被感知，也就是说，被直接经验到"①，而凡具有直接性的事物都是不可定义的："直接的事物可以用字句指点出来，但不能被描述或被界说出来。"② 他强调审美经验的直接感知性、直觉性、整体性，认为它无法用语言明晰地、完整地界定出来，只能被部分地明确描述出来。也就是说，审美经验只有部分是可定义的，整体上是不能定义的，因此他指出："我不会企图去描述它，因为它既不能被描述，甚至也不能被明确地指出——因为在一个艺术品中任何被明确指出的东西，都只是它区分出来的一部分。"③ 事实上，杜威认为任何同审美经验一样具有即时性的性质，都是可以直接感知却不可定义的，"性质就是性质，是直接的、即时的和不可界说的"④，这些性质会

---

① John Dewey, *Art as Experience*, London: George Allen & Unwin Ltd, 1934, p. 192.
② 〔美〕约翰·杜威：《经验与自然》，傅统先译，江苏教育出版社，2005，第57页。
③ John Dewey, *Art as Experience*, London: George Allen & Unwin Ltd, 1934, p. 192.
④ 〔美〕约翰·杜威：《经验与自然》，傅统先译，江苏教育出版社，2005，第72页。

形成"一个不可预测和不可言说之流"①。舒斯特曼从文化间性的立场出发，强调审美经验概念内涵构成的丰富性与多元性，包括性析取了实用主义、现象学、语言学、分析美学等多种理论对于审美经验的合理建构，指出审美经验的内涵应该由价值评判维度、现象学维度、语义学维度和区分—定义维度等四个基本维度交互性地构造而成。再次，实践性。舒斯特曼强调审美经验的建构性本质和价值，将审美经验放在非推论性经验和语言经验之间予以关注，具体表现为既给予语言经验和书写经验以应有的地位和价值，又强调非推论性经验的特殊性。舒斯特曼吸取了杜威的教训，弥补了杜威经验论的缺陷。杜威片面地强调经验具有非推论的直接性性质，否定经验与语言之间的联系，认为经验是前语言、非语言的。舒斯特曼则认为，杜威对经验作出所谓的非语言性、语言性的区分，实际上是重蹈覆辙，又陷入了他自己所反对的二元对立思维的泥淖之中。舒斯特曼以一种更加开放的视野，以间性建构的立场，强调审美经验的由直接性与语言性交互性地构造而成的包容性，指出即使面对直接性的经验，也完全可以"采取非经验的分析方式来澄清"②。在关注语言经验的同时，舒斯特曼尤其强调书写经验的重要意义，认为"说"与"做"无所谓孰重孰轻，它们都是经验的重要来源，书写经验的特殊价值不应被忽视。舒斯特曼指出，书写"是一种生活方式"，书写经验更是构成了生活艺术经验的"核心部分"，自古希腊时代起书写便是"巧妙地影响自身的一种重要工具——既是自我认识又是自我改造的媒介"③；而由语言、书写的逻辑表达形成的系统的、概括性的理论，则是"哲学的生活艺术赖以发展和得到保护的逻辑基础或指导方向"④。关注书写经验、语言经验并非完全否定直接的、非推论性经验的价值和意义，舒斯特曼保留了杜威的直接的、非推论性经验在审美经验中的核心地位，将之视为身体经验的本质属性。舒斯特曼认为身体是直接的、非推论性经验最显著、最理想的表演场

---

① 〔美〕约翰·杜威：《经验与自然》，傅统先译，江苏教育出版社，2005，第77页。
② 彭锋：《新实用主义美学的新视野——访舒斯特曼教授》，《哲学动态》2008年第1期。
③ Richard Shusterman, *Practicing Philosophy: Pragmatism and the Philosophical Life*, New York and London: Routledge, 1997, Introduction, p. 3.
④ Richard Shusterman, *Practicing Philosophy: Pragmatism and the Philosophical Life*, New York and London: Routledge, 1997, Introduction, p. 3.

所，因此以身体经验为核心，倡导创建身体美学，用"在场的身体示范"① 来践行生活哲学的宏伟蓝图。尤其是在论述身体美学的身体实践时，舒斯特曼强调通过冥想或身体训练的实际手段来修身或进行自我修养，这是其审美经验观念实践性的最鲜明的体现。身体美学既强调身体的感知和实践在现实知识构造中的作用，又关注身体自我改善的实践及其方法和比较批评，而其终极诉求则是通过对身体的关注，推进旧有哲学传统的追求知识、美德和美好生活等目标实现，设想以此来拯救濒于危机的美学和艺术。最后，非圆满性。舒斯特曼曾分析过自己与杜威在经验观念上的分歧，指出杜威偏爱和谐、圆满的整体性经验，而自己则更青睐于不和谐、破碎的残缺性经验，并认为两种经验各具价值，分别满足不同的需求。他说：

> 杜威强调经验的统一性，我则同时欣赏破碎的和不统一的经验。我写了一些关于说唱音乐（rap music）的文章，说唱音乐的乐音不是和谐的。我认为统一的经验有其价值，不和谐、不统一也有其价值。强烈的情感可以促进思考。不统一有助于表达社会情绪。在美国，少数民族的文化通常没有关于统一与和谐的体验，他们需要表达自己的愤怒情绪。②

舒斯特曼认为不和谐的审美经验与和谐的审美经验价值等同，但后者被忽视了，而在当下，不和谐的审美经验在改造人类自我、维护社会安定方面，更符合现实语境，更有空间，且能产生更好的效果。

由此可见，舒斯特曼向杜威审美经验理论的自觉回归，并不是对其不加分辨、全盘接受式的拿来主义，而是在对杜威审美经验理论改造基础上的回归。杜威对审美经验基础性的强调，使他陷入了他自己所竭力批判的形而上学；而他对审美经验的非推论性以及和谐性、完满性的关注，也使他同样走上了非推论性与推论性、不和谐性与和谐性二元对立的歧路。从这个层面上看，舒斯特曼超越了杜威，他以多元、宽容的立场将审美经验

---

① 彭锋：《新实用主义美学的新视野——访舒斯特曼教授》，《哲学动态》2008 年第 1 期。
② 彭锋：《新实用主义美学的新视野——访舒斯特曼教授》，《哲学动态》2008 年第 1 期。

理论向前推进了一步。

### (三) 艺术的复兴

从艺术观层面来考察,"复兴"指的是既重新定位高级艺术(精英艺术),又认可通俗艺术的合法性身份,给予通俗艺术以应有的美学地位,从而实现高级艺术与通俗艺术的双重复兴,进而拯救濒临"终结"的当代精英艺术。对此舒斯特曼采取的方略是:继承杜威的连续性美学理念,将杜威恢复经验与自然之间连续性的理念应用于艺术,高调向哈莱姆文艺复兴的艺术观念回归,以更加宽容、开放的艺术立场,为高级艺术和通俗艺术提供双重辩护。

对于高级艺术,舒斯特曼虽然继承了杜威的批判立场,但对高级艺术本身并不彻底否定,他批判的是高级艺术狭隘、封闭的视野以及对其他艺术拒斥的霸权姿态。事实上,他不仅并不抵制高级艺术,甚至对高级艺术的复兴充满信心。他重申高级艺术所具有的批判性、建构性的合理内核,使高级艺术重新担负起干预生活的使命。舒斯特曼指出,"艺术终结论"这种悲观论调的本质,乃是一场关于现代艺术的短暂的"可信性危机"。这一危机是艺术的"一种暂时的低潮或过渡",而不是"统治我们文化的深层原理的必然而持久的结果"。① 他认为现代艺术被视为终结的深层根源在于,现代艺术脱离了现实生活,丧失了其干预社会、干预生活的批判功能;而干预社会和生活本来是现代艺术与生俱来的一个本质特性,甚至是使命。因此复兴精英艺术,就必须恢复精英艺术干预生活、"对抗平庸的现代性"② 的批判精神。舒斯特曼强调,复兴高级艺术"作为社会批判、抗议和改造的工具而发挥作用"③ 的社会-伦理功能,他批驳了将高级艺术完全贬低为一种纯粹邪恶的压制性的社会力量、被意识形态传统和社会秩序同化的服务工具的极端态度,认为高级艺术在社会-伦理与政治-经济上的建构价值应当获得关注。舒斯特曼冷静且不无精明地指

---

① Richard Shusterman, *Performing Live: Aesthetic Alternatives for the Ends of Art*, Ithaca and London: Cornell University Press, 2000, p. 2.
② 周宪:《审美现代性批判》,商务印书馆,2005,第8页。
③ Richard Shusterman, *Pragmatist Aesthetics: Living Beauty, Rethinking Art*, Lanham, Md.: Rowman & Littlefield Publisher, INC, 2000, p. 141.

出，恰当地利用精英艺术的"赎罪意识"来实现它的社会－伦理功能，使"我们的艺术批判，在伦理上更加具有洞察力，在社会－政治上更加投入，从对个别作品的审美欣赏，导向对我们的社会－文化现实——包括我们的艺术制度——的批判"①，这比简单粗暴地彻底否定高级艺术或对其价值视而不见，更具有现实意义，也更具有可行性。

  对于通俗艺术，舒斯特曼继承了杜威对通俗艺术的欣赏态度，但他比杜威走得更远，他为遭到恶意诋毁的通俗艺术做了比精英艺术更多分量的辩护。在舒斯特曼看来，对通俗艺术恶意贬低观念的流行是美国极右反动势力和极左激进分子"罕见地联手合作"②的结果。他始终乐观地相信，通俗艺术与社会生活之间的关系更密切，更具有挑战既有秩序、进行社会－伦理与政治－经济批判的潜力，因此极力呼吁通俗艺术的复兴，为使通俗艺术在美学与艺术中获得合法身份而不懈努力。舒斯特曼指出，解放性、包容性是通俗艺术的最大优长，正因具备这样的特质，通俗艺术才能够毫不逊色于精英艺术，更好地发挥干预生活的功能。当然，舒斯特曼不盲目乐观于艺术的"审美救赎"功能，认为通俗艺术的解放性只是有限的解放性。舒斯特曼对艺术到底可以为人类的社会生活做些什么、做到什么程度，有着非常清醒的认识。他肯定高级艺术具有某种程度的"救赎意识"，而这种救赎意识可以发挥积极的作用，会真正地成为改善人类社会生活的助力。但他对艺术救赎功能的肯定也仅限于此，仅限于承认高级艺术具有某种程度的"救赎意识"，而从不认为通过艺术，人类可以得到最后的救赎、最终的解放。舒斯特曼非常赞同美国诗人艾略特关于艺术的一个观点，即"艺术自身既不能拯救世界，也不能救赎个人"③。所以，舒斯特曼坚称通俗艺术具有一定的解放功能，但同时也明确地指出，这种解放是有限的，或者说是最低限度的解放：它不是指大众文化的消费群体"获得社会－文化上的解放"，而是指通俗艺术使大众文化的消

---

① Richard Shusterman, *Pragmatist Aesthetics: Living Beauty, Rethinking Art*, Lanham, Md.: Rowman & Littlefield Publisher, INC, 2000, p. 147.

② Richard Shusterman, *Pragmatist Aesthetics: Living Beauty, Rethinking Art*, Lanham, Md.: Rowman & Littlefield Publisher, INC, 2000, p. 169.

③ Richard Shusterman, *Pragmatist Aesthetics: Living Beauty, Rethinking Art*, Lanham, Md.: Rowman & Littlefield Publisher, INC, 2000, p. 147.

费群体从高级文化的压迫中解放出来，光明正大地享受通俗艺术带来的审美愉快，不再为享受这种愉快而"感到羞愧"①。同时，舒斯特曼乐观地坚信，这种解放即便再有限，也可以为社会的改造提供助力："这种解放，同它对高级文化压迫的痛苦的认知一起，或许能够为更广泛的社会改造提供激励和希望。"② 正是基于这样的艺术观，舒斯特曼批判了学术界彻底否定通俗艺术的极端态度。舒斯特曼发现，学术界对通俗艺术的优长、对通俗艺术有限的艺术解放功能不仅没有给予正确的认识，反而无视这种优势，对通俗艺术彻底贬低、鄙弃。通俗艺术在学术界四面受敌，舒斯特曼梳理了这些攻击所给出的理由，总结出六个方面的内容，分别涉及通俗艺术的审美效果（虚假满足）、审美接受（被动接受）、真理性内涵（无智识、无深度）、创造性（无创造力）、审美形式（无复杂性）和艺术标准（无自律性）。针对学术界指控的上述六大罪状，舒斯特曼一一予以批驳，力证通俗艺术获得美学合法地位的可能性。在舒斯特曼看来，这些指控有些是夸大其词，如通俗艺术具有欺骗性，只能给受众以虚假满足这个罪名，从始至终就没有确凿的证据支撑，"事实上这样一种极端的观点从来没有得到证实，相反，它是由倡导者的权威和反对者实质上的缺席来维持的"③，因此经不住推敲。有些人盲目反对通俗艺术，无视通俗艺术的创造力与成果，对其涉及的政治自由、种族问题、性与毒品等深层的社会伦理和文化问题避而不谈："唯理智论者批评家们典型地没有认识到通俗艺术的多层次的、微妙的意义，因为他们不是一开始就反感，不愿意给予这些作品以弄清楚这样的复杂性所必需的支持性的关注，就是更简单地由于他们恰好不能理解所谈论的作品。"④ 显而易见，这些批评也是失之偏颇的。总的说来，舒斯特曼认为，对于通俗艺术的批评或指责，基本

---

① Richard Shusterman, *Pragmatist Aesthetics: Living Beauty, Rethinking Art*, Lanham, Md.: Rowman & Littlefield Publisher, INC, 2000, p. 170.
② Richard Shusterman, *Pragmatist Aesthetics: Living Beauty, Rethinking Art*, Lanham, Md.: Rowman & Littlefield Publisher, INC, 2000, p. 170.
③ Richard Shusterman, *Performing Live: Aesthetic Alternatives for the Ends of Art*, Ithaca and London: Cornell University Press, 2000, p. 38.
④ Richard Shusterman, *Performing Live: Aesthetic Alternatives for the Ends of Art*, Ithaca and London: Cornell University Press, 2000, p. 49.

建立在高级艺术与通俗艺术、艺术与生活实践、自律与他律、内容与形式等二元对立的基础上，都是以高级艺术的审美自律性的狭隘艺术定义为标准的。这样的思维方式和界定标准，当然无法容纳与现实生活密切相关的通俗艺术。舒斯特曼赞美通俗艺术具有高级艺术无法比拟的包容性：它更贴近草根阶层，因此常以咖啡馆、酒吧为背景，追求激情四射、感官享受的身体投入，坚持以生活作为审美的中心，具有更旺盛的生命活力。他指出，艺术终结论的盛行与美国通俗艺术合法化身份的成功获得，从理论和实践两个方面证明了不符合高级艺术标准的通俗艺术存在的合理性：

> 至少在美国，这种艺术维护了它自身的审美地位，并且为自己提供了具有审美合法性的形式。不仅许多通俗艺术家不单单将自己定位在娱乐上，而且他们的通俗艺术家身份也经常性地成为他们作品中的主题。像奥斯卡奖、艾美奖与格莱美奖这样的大奖，是既不能由票房销售决定的，也不能被简单归结为票房销售的，在大多数美国人的眼中，它们不仅具有审美合法性，而且还具有一定程度的艺术威望。还存在着巨大的、日益增多的一大批对通俗艺术的审美批评，包括一些对通俗艺术的发展的、以美学为导向的历史研究。①

舒斯特曼竭力打破高级艺术与通俗艺术、艺术和生活、自律与他律、理性审美与非理性审美之间的藩篱，认为在后现代社会，通俗艺术的最好位置，就在于"现代主义的合理化审美与一个非理性审美之间"的"一个独立存在的空间（a viable space）"②。将通俗艺术放在理论与实践之间、放在审美与生活之间进行考察，舒斯特曼以文化间性的立场证明了通俗艺术审美复兴的可行性。

舒斯特曼的艺术理论虽然是承继于杜威的，但其视野明显比杜威的更为开阔。杜威只看到了精英艺术独霸艺术领域造成了美学和艺术发展的困局，于是对精英艺术持彻底的批判态度，试图用恢复艺术与生活之间连续

---

① Richard Shusterman, *Performing Live: Aesthetic Alternatives for the Ends of Art*, Ithaca and London: Cornell University Press, 2000, p. 57.
② Richard Shusterman, *Pragmatist Aesthetics: Living Beauty, Rethinking Art*, Lanham, Md.: Rowman & Littlefield Publisher, INC, 2000, p. 215.

性的生活美学来走出这种困境，却忽视了如何引导精英艺术发挥干预生活的功能问题；他对通俗艺术遭遇不公平对待问题虽有涉猎，但并未探究如何解决通俗艺术面对的问题、如何改善通俗艺术的处境、如何确立通俗艺术的合法性地位；而舒斯特曼的艺术理论，则完全突破了杜威艺术理论的局限性，以开阔的视野、开放的胸襟、亦此亦彼的文化间性立场，为精英艺术和通俗艺术进行了双重辩护，这是舒斯特曼的艺术观超越杜威的价值体现。

总之，以批判地继承杜威的实用主义理念为核心，以文化间性的立场交互性地建构自己的实用主义哲学观、美学观和艺术观，从而使哲学、美学告别纯粹抽象的思辨，使艺术走出自律的象牙塔，建构哲学、美学、艺术与生活实践之间的连续性，关注、肯定哲学、美学和艺术干预现实生活进而改造现实生活的功能，这是舒斯特曼实用主义的审美复兴理念的真正旨归之所在。

## 二 杜威与舒斯特曼的学术业绩与研究状况

杜威是谁？舒斯特曼是谁？他们之间有何关联性？这是在研究舒斯特曼与杜威的学术关系之前必须要澄清的问题。

实用主义哲学在发展的初期就能够达到顶峰，杜威功不可没，他是推动实用主义登上顶峰的关键人物。毋庸置疑，杜威是实用主义的领军人物，实用主义的大旗几乎由他一人扛起：实用主义曾在他那里走向了辉煌，同时也几乎走向衰亡；实用主义美学在他的《艺术即经验》中开始，同时也"几乎在他那里终结"[①]，他的生命与实用主义的生命紧紧联系在一起。20世纪30年代前，他成为学术研究的焦点，实用主义研究的高潮便由此兴起，实用主义走上巅峰；20世纪30年代到50年代，当他的思想和方法无法满足年轻一代哲学家们的理论需求，他的理论被学术界无情地抛弃的时候，实用主义便开始衰退，几近消亡；而到了20世纪60年代，他的理论再次引起新实用主义者和欧洲社会批判理论家的关注，他的

---

① Richard Shusterman, *Pragmatist Aesthetics: Living Beauty, Rethinking Art*, Lanham, Md.: Rowman & Littlefield Publisher, INC, 2000, Preface, p. xvi.

哲学观在世界哲学论坛上重新赢得了学者们的青睐，实用主义便复苏了。20世纪80年代理查德·舒斯特曼成为新-新实用主义者中的一员，但他并不满足于此，他自称为"新一代的新实用主义"（new neo-pragmatism）者，以表示与罗蒂等前一代理论家的区别。① 舒斯特曼与罗蒂等实用主义者的一个明显区别在于，他是真正自觉地向正统实用主义，尤其是杜威的实用主义思想回归，而罗蒂虽然自称为杜威主义者，但他确实没有像舒斯特曼那样贴近杜威。舒斯特曼在批判地继承杜威的实用主义思想和方法的基础上，使实用主义某些方面的思想向前发展、延伸，为实用主义在当代的复兴做出了巨大努力，而他的思想与杜威的美学思想之间，毋庸置疑具有极其密切的亲缘关系。

（一）杜威的学术地位与研究状况

杜威的学术业绩不仅限于实用主义哲学，但正统实用主义哲学的学术价值却主要体现在杜威哲学的学术价值上。杜威不仅在他的时代里独领风骚，而且后世实用主义的继承者、追随者们仍旧难以望其项背：杜威的思想理论多是原创，而他的后辈，尤其是以理查德·罗蒂为代表的新实用主义者们却大多只是对已有的理论进行阐释、批判，"通过批评来写作"② 便是明证。

1. 杜威的学术地位

约翰·杜威（John Dewey，1859－1952），1859年10月20日出生于美国新英伦北部佛蒙特州的柏林顿城。③ 杜威是一位勤奋多产的思想家，他一生勤谨治学，著述丰富多面，是不可多得的、在多个学术领域里皆有建树的奇才。也正因为他研究领域广阔、成果繁丰，哲学家罗素才评价说，杜威"从来不是那种可称为'纯粹'哲学家的人"④。除了哲学，杜威的研究还涉及了教育学、伦理学、心理学、政治学等众多学科，尤其是在教育学方面的成就，可能比其哲学成就影响更为深远。因此，除哲学家

---

① 参见〔美〕理查德·舒斯特曼《生活即审美：审美经验和生活艺术》，彭锋等译，北京大学出版社，2007，"译者前言"第v页。
② 〔美〕罗伯特·B.塔利斯：《杜威》，彭国华译，中华书局，2002，第12页。
③ 文中关于杜威的生平信息，参见〔美〕罗伯特·B.塔利斯《杜威》，彭国华译，中华书局，2002；〔美〕简·杜威《杜威传》，单中惠编译，安徽教育出版社，1987。
④ 〔英〕伯特兰·罗素：《西方哲学史》（下卷），马元德译，商务印书馆，1976，第378页。

外，杜威还兼有教育家、伦理学家、心理学家、社会政治活动家等多重身份。毋庸置疑，杜威是一位当之无愧的思想大家，也是学术界公认的实用主义哲学的前辈、先行者。作为一位大师、万众瞩目的焦点人物，杜威受到各种"闪光灯"或"显微镜"的深度考究，得到的评价毁誉参半也实属正常。美国学者、杜威研究的专家罗伯特·B.塔利斯便发现，学术界对杜威的看法不一。爱戴他的后辈盛赞他是"美国人民的领路人、导师和良心"①，认为"整整一代人都是因杜威而得以启蒙的"②，他的学生不仅尊敬他、景仰他的功绩，更将他看作美国人民的精神领袖："他身后没有留下纪念碑，没有留下王国，也没有留下物质财富或基金。然而他的遗产却是巨大的、不可估量的。因为他的存在，数百万美国儿童的生活才更加丰富、更加幸福。而对每一个成年人来说，他则提供了一种经过深思熟虑的、合理的生活信仰。"③ 当然反对、批判杜威的声音也不小，完全可以同那些赞誉和追捧的声音相匹敌。抨击者们控诉说，杜威哲学表现出"对科学技术的危险的沉迷以及对绝对民主的激进幻想"④，甚至指责杜威的哲学理论倒向虚无主义，抨击杜威误国，危害了国家的利益："杜威的哲学……试图摧毁所有的哲学。杜威使美国丧失了前途，并极大地削弱了美国在国内外的领导潜能。"⑤ 不可否认的是，杜威在美国本土确实有着无与伦比的崇高地位，他得到的拥护与推崇远远要超出批判和否定。因此罗伯特·B.塔利斯才说："尽管有争议，约翰·杜威仍然可以被认为是最伟大的美国哲学家。"⑥ 这一评价比较公正，杜威确实是美国的国宝。美国人对杜威的热爱与拥戴从他90岁生日时社会各界的热烈反响中就可窥见一斑：

  在庆祝杜威90岁诞辰的时候，在华尔道夫-阿斯托里亚饭店为他举行了盛大的宴会，数百名商界、政界、政党、工会等方面的名流

---

① 转引自〔美〕罗伯特·B.塔利斯《杜威》，彭国华译，中华书局，2002，第1页。
② 转引自〔美〕罗伯特·B.塔利斯《杜威》，彭国华译，中华书局，2002，第1页。
③ 转引自〔美〕罗伯特·B.塔利斯《杜威》，彭国华译，中华书局，2002，第1~2页。
④ 〔美〕罗伯特·B.塔利斯：《杜威》，彭国华译，中华书局，2002，第12页。
⑤ 转引自〔美〕罗伯特·B.塔利斯《杜威》，彭国华译，中华书局，2002，第2页。
⑥ 〔美〕罗伯特·B.塔利斯：《杜威》，彭国华译，中华书局，2002，第1页。

出席了宴会。美国的各家报纸与刊物纷纷发表专论和出专刊,其颂扬溢美之词可以说是绝无仅有的。赞美杜威是……"伟大的希腊哲学家中的最后一个"……"他在自己的生活方式和自己的哲学中体现了美国人的理想"。①

杜威是美国人心中的国宝级大师,美国人当然觉得怎么赞美他都不过分;而作为民族和文化上的他者,我国学者也赞美杜威为"20世纪美国人心中的宠儿,美国民主声音的代言人,美国最伟大的天才"②,认为他对当代西方哲学的影响不亚于晚年的维特根斯坦,甚至认为他的某些影响是超越时代的,因此称他为"超越时代的经典主义实用主义者"③。

杜威长寿,他的学术生命同样绵长。杜威很早就表露出他的哲学天赋。1881年,年仅22岁的杜威便创作了他人生中的第一篇重要的哲学论文《唯物论的形而上学假设》。这篇论文得到了编辑、圣路易斯地方教育长官哈利斯的认可,并于次年在哈利斯主编的《思辨哲学杂志》上发表。④当然,杜威的哲学大师之路并非一帆风顺、无波无澜。据记载,当时年轻的杜威对自己的哲学才华并没有信心,对自己能否从事哲学研究曾心存疑虑,于是给哈利斯去信,向这位前辈虚心求教,"这篇文章的作者是否应该从事专业的哲学研究"⑤,请求哈利斯"对作者的哲学天赋作出实事求是的评价"⑥,试图通过前辈的态度来确认自己未来的发展方向。而哈利斯则给予这篇论文充分的肯定,认为"文章表现了一种卓越的哲学见解"⑦。正是因为获得了哈利斯的认可,杜威才下定决心"以哲学为职业"⑧,最终成长为一代宗师。从1882年《唯物论的形而上学假设》的发表开始,到1952年杜威发表最后一篇文章《〈教育资源的使用〉一书

---

① 邹铁军:《实用主义大师杜威》,吉林教育出版社,1990,第2页。
② 邹铁军:《实用主义大师杜威》,吉林教育出版社,1990,第2页。
③ 张庆熊、周林东、徐英瑾:《二十世纪英美哲学》,人民出版社,2005,第240页。
④ 〔美〕简·杜威:《杜威传》,单中惠编译,安徽教育出版社,1987,第14~15页。
⑤ 〔美〕简·杜威:《杜威传》,单中惠编译,安徽教育出版社,1987,第14~15页。
⑥ 〔美〕罗伯特·B.塔利斯:《杜威》,彭国华译,中华书局,2002,第4页。
⑦ 〔美〕简·杜威:《杜威传》,单中惠编译,安徽教育出版社,1987,第15页。
⑧ 〔美〕罗伯特·B.塔利斯:《杜威》,彭国华译,中华书局,2002,第5页。

的引言》为止，杜威一生中共撰写了大约40部著作，700多篇论文。① 关于杜威著作与论文数量究竟是多少，不同资料中的记载不一。邹铁军的《实用主义大师杜威》中记载了关于杜威著述数量的两种说法：一是美国教育家斯陶达德的《美国教育展望》记载，杜威的著作有36部，论文有800多篇；一是徐崇温在《西方著名哲学家评传》中记载杜威的著作有30余部，论文有900多篇。② 在单中惠编译的、杜威的女儿简·杜威所著的《杜威传》中，附有杜威著作的目录，粗略计数，除没有发表的论文、私印的教学材料和编辑的百科全书类材料外，杜威的著作应该将近60部，论文近700篇。③ 杜威女儿的记载应该具有绝对的权威性，但这60部著作中包括一些10余页、20余页的小册子，可能学术界并未将之视为成形的著述。而刘放桐则在2010年出版的译著《杜威全集·早期著作（1882—1898）》的中文版序言中提出，杜威一生出版著作40种，发表论文700多篇。《杜威全集》是近年来国内杜威研究的最丰硕的成果，其权威性、可信性不言而喻，因此这里采纳的是刘放桐的意见。在杜威的40种著作中，哲学、美学方面的著作主要有众所周知的《我们怎样思维·经验与教育》（1910）、《哲学的改造》（1920）、《经验与自然》（1925）、《确定性的寻求：关于知行关系研究》（1929）、《艺术即经验》（1934）、《人的问题》（1946）等。这些著作被译成各种文字，在很多国家大量出版，杜威的思想得以在世界范围内广泛传播，影响极为深远。

2. 国内外杜威研究现状分析

近年来，杜威逐渐回到学者们的视野，再次唤起学术界的研究兴趣，国内外学界有关杜威研究的著作与论文数量较多。2010年，在中国国家图书馆可查到的专题研究著作便有百余种，根据苏珊·哈克主编的《意义、真理与行动——实用主义经典文选》目录，重要的杜威专题研究的

---

① 参见〔美〕简·杜威《杜威传》，单中惠编译，安徽教育出版社，1987，第173页；〔美〕约翰·杜威《杜威全集·早期著作（1882—1898）》第1卷，张国清、朱进东、王大林译，华东师范大学出版社，2010，"中文版序"第3页。
② 邹铁军：《实用主义大师杜威》，吉林教育出版社，1990，第158页。
③ 参见〔美〕简·杜威《杜威传》，单中惠编译，安徽教育出版社，1987，第80~173页。

著作有 23 种。① 而据 1978 年乔·安·博伊兹顿与凯思琳·波洛斯合著出版的《有关论述杜威的文章一览》一书统计，从 1892 年到 1978 年，有关杜威的评论文章有 2200 多篇。② 1960 年，在美国卡尔邦代尔的南伊利诺斯大学成立了杜威研究中心，该中心收藏了杜威所有出版的著作、书信和大事记，并逐年整理出版了 38 卷的《杜威全集》（1961～1991 年），其中早期著作 5 卷（The Early Works, 1882 - 1898. Vols. 5），中期著作 15 卷（The Middle Works, 1899 - 1924. Vols. 15），晚期著作 17 卷（The Later Works, 1925 - 1953. Vols. 17），索引 1 卷。每卷的卷首附有导读，由此领域"最有声望的美国学者"负责撰写。③ 1996 年杜威研究中心又出版了电子版的《杜威文集》共 37 卷，电子版的《杜威通信》（包括杜威从 1871 年到 1952 年共约两万封信）和研究杜威的材料的目录《关于杜威的著作》，这个目录会定期在网站上更新。④ 杜威研究中心主任希克曼（Larry A. Hickman, 也译作"席克曼"或"海克曼"）在 2005～2006 年撰写的论文《民主、教育和西方哲学传统：杜威的激进社会观》中介绍，到论文创作的这一年为止，五年间关于杜威著作的研究中心成立了三个；十几年来研究杜威的英文著作一直在陆续出版，而且很多国家都大量出版了这些英文著作的翻译本，"杜威研究中心"收到的译著就有西班牙语、日语、韩语、意大利语、挪威语、芬兰语、阿拉伯语、保加利亚语、希伯来语、葡萄牙语、波兰语、冰岛语和俄语等 13 种，而且他也获悉中国正在翻译《杜威全集》。⑤ 研究杜威的著作、论文与传记如汗牛充栋，不可胜数。据不完全统计，从 1996～2006 年十年间，仅在美国，研究杜威的

---

① 〔美〕苏珊·哈克主编《意义、真理与行动——实用主义经典文选》，东方出版社，2007，第 711～713 页。
② 参见单中惠《约翰·杜威的心路历程探析——纪念当代西方教育思想大师杜威诞辰 150 周年》，《河北师范大学学报》（教育科学版）2010 年第 1 期。
③ 〔美〕约翰·杜威：《杜威全集·早期著作（1882—1898）》第 1 卷，张国清、朱进东、王大林译，华东师范大学出版社，2010，"中文版序"第 13 页。
④ 〔美〕拉里·希克曼：《民主、教育和西方哲学传统：杜威的激进社会观》，载王成兵主编《一位真正的美国哲学家——美国学者论杜威》，中国社会科学出版社，2007，第 58 页。
⑤ 〔美〕拉里·希克曼：《民主、教育和西方哲学传统：杜威的激进社会观》，载王成兵主编《一位真正的美国哲学家——美国学者论杜威》，中国社会科学出版社，2007，第 57～58 页。

新成果就至少有论文 48 篇，著作 32 部。① 由此可见，杜威的思想正在全世界范围内重新得到解读和阐释，其合理成分被从哲学、美学、心理学、教育学、政治学等诸多角度，甚至跨学科地进行着多层面、多向度的剖析和挖掘。其研究视角之新颖，研究方法之多样，研究成果之繁盛，远超想象。

简括地看，国外学术界对于杜威的研究角度，迄今为止主要有以下几种。

第一种，正统实用主义视角。

代表学者是杜威的学生悉尼·胡克。胡克是杜威学说的忠实信徒，被称为杜威的"得意门生和得力助手"②，而胡克也当之无愧。在实用主义受到排挤，实用主义的研究者抵不住外界的冲击纷纷妥协，将实用主义与逻辑实证主义、符号学、分析哲学结合起来延续学术生命之际，③ 胡克却始终坚持正统的实用主义路线，全面继承和阐释杜威的哲学思想。胡克对杜威的自然主义、形而上学、实在论、自由主义和民主思想等社会哲学观点的阐释和发展，反过来也使正统实用主义的观点和方法得以保存和流传，有效地维护了实用主义的生存和发展。胡克的哲学观点与杜威的学说之间的亲缘关系在胡克的《实用主义的形而上学》《对存在的探索》《理性、社会神话与民主》《政治权力和个人自由》等著述中皆可窥见，而《杜威在现代思想界的地位》则是胡克研究杜威的专著，是后学们了解杜威和正统实用主义的可靠资料。

第二种，自然主义与实在论的传统视角。

这种视角是把杜威的哲学思想放到美国自然主义哲学传统中加以考察，其代表学者有约瑟夫·马戈利斯（Joseph Margolis）、桑德拉·罗森塔尔（Sandra B. Rosenthal）和戴珀特（Randall R. Dipert）等人。马戈利斯着重强调实用主义、自然主义与实在论思想在杜威思想中的完美统一。由于杜威

---

① 参见林建武整理《美国学者杜威研究部分新成果目录》，载王成兵主编《一位真正的美国哲学家——美国学者论杜威》，中国社会科学出版社，2007，"附录"3。
② 〔美〕悉尼·胡克：《理性、社会神话和民主》，金克、徐崇温译，人民出版社，1965，"译者序"第 2 页。
③ 〔美〕悉尼·胡克：《理性、社会神话和民主》，金克、徐崇温译，人民出版社，1965，"译者序"第 1 页。

哲学以反基础主义实在论著称于世，于是很多学者便误认为实用主义和实在论是无法调和的，马戈利斯纠正了这一误解，论证了杜威的哲学如何实现了实用主义、自然主义与实在论的统一。① 罗森塔尔在《对实在论的实用主义重建：一条未来之路》中也力证了这一观点。他认为，虽然杜威的哲学反基础主义实在论，但他的自然主义哲学仍然要寻求一种生活实践的基础，而这种基础正是实在论的核心内容，因此杜威的自然主义和实用主义，仍旧需要实在论的理论支持。② 戴珀特在他的《值得关注的各种实在论》中则将实在论和实用主义都放到自然主义的视角下予以衡量，指出作为一个实在论者与作为一个实用主义者是一回事儿，一个认真对待实在论或非实在论陈述的人，就是一个实用主义者。③ 这些论述丰富了杜威研究的路径和方法。

第三种，新实用主义的哲学视角。

这一视角的卓越代表是理查德·罗蒂。罗蒂被视为20世纪60年代实用主义复兴运动的先锋人物。在后现代主义语境下，面对欧陆哲学对美国本土实用主义的冲击，罗蒂的应对方案是将实用主义与欧陆哲学结合起来，使实用主义突出重围，焕发了新的生机。罗蒂由此被公认为实用主义的继承人，他"批驳传统的'系统哲学'、'镜式哲学'以及其后的分析哲学，提倡'后哲学文化'"，被称为"新实用主义的积极鼓吹者"。④ 但事实上，罗蒂本人很少使用"新实用主义"一词，他更喜欢自称为"杜威主义者"。⑤ 罗蒂把杜威放到美国实用主义哲学、欧陆后现代主义哲学与英美分析哲学这三种思潮的多元交叉视域下进行观照。他尤其推崇杜威、海德格尔和维特根斯坦三人，从将他们三位并称为"20世纪西方世

---

① 参见江怡《杜威哲学与人的问题》，载俞吾金主编《杜威、实用主义与现代哲学》，人民出版社，2007，第62页。
② 江怡：《杜威哲学与人的问题》，载俞吾金主编《杜威、实用主义与现代哲学》，人民出版社，2007，第63页。
③ 江怡：《杜威哲学与人的问题》，载俞吾金主编《杜威、实用主义与现代哲学》，人民出版社，2007，第64页。
④ 参见涂纪亮《从古典实用主义到新实用主义——实用主义基本观念的演变》，人民出版社，2006，第27页。
⑤ 参见〔美〕理查德·罗蒂《后哲学文化》，黄勇译，上海译文出版社，2004，"译者序"第15页。

界中三位最伟大的哲学家"①这一评价中,就可窥见一斑。罗蒂对杜威的研究,始终交织着对维特根斯坦和海德格尔的哲学理论的比较、批判和剖析。也就是说,罗蒂将维特根斯坦和海德格尔作为衡量杜威的标准,这在罗蒂的《哲学和自然之镜》、《后哲学文化》和《实用主义的后果》等论著中皆有所体现。也正因如此,在很多学者眼中,罗蒂并非纯粹的"杜威主义者",如国内学者涂纪亮、黄勇,他们称罗蒂为后现代主义者;舒斯特曼甚至认为罗蒂是反杜威主义者,指出罗蒂对杜威学术思想的阐释,如对杜威经验学说、形而上学的阐释,已经脱离了杜威学说的原始轨道,尤其是他的"为现状的辩护"的自由主义观,完全是对杜威的"彻底而明确的反资本主义自由主义"的扭曲,以至于"使美国许多信奉杜威的自由主义者感到震惊",让"他的老朋友和实用主义同道们……感到沮丧"。②罗蒂以及以罗蒂为代表的新实用主义理论,为杜威研究史添上了浓墨重彩的一笔。

第四种,社会批判视角。

以美国"杜威研究中心"主任希克曼为代表,他撰写了 *Reading Dewey: Interpretations for a Postmodern Generation*、*Pragmatism as Post-postmodernism: Lessons from John Dewey*、《批判理论的实用主义转向》与《民主、教育和西方哲学传统:杜威的激进社会观》等著作和文章,表现出对杜威思想中技术批判方面内容的关注。希克曼认为,杜威的技术批判理论一直遭到忽视,而事实上,技术批判贯穿杜威思想的始终,"没有人像杜威那样如此广泛地对现当代技术进行分析和批判,并提出了技术促进社会改革的方式"③。希克曼将法兰克福学派的批判理论与杜威的技术批判理论进行了比较,指出两种理论之间有着深刻的一致性,批判理论正在向实用主义转向。他认为哈贝马斯的交往行为理论同杜威的探究理论有相似之处,而芬伯格在《质疑技术:技术、哲学、政治》中,"主张技术的决定形成于各

---

① 参见涂纪亮《从古典实用主义到新实用主义——实用主义基本观念的演变》,人民出版社,2006,第27页。
② Richard Shusterman, *Practicing Philosophy: Pragmatism and the Philosophical Life*, New York and London: Routledge, 1997, p. 183.
③ 〔美〕拉里·希克曼:《民主、教育和西方哲学传统:杜威的激进社会观》,载王成兵主编《一位真正的美国哲学家——美国学者论杜威》,中国社会科学出版社,2007,第60页。

种因素在其中相互作用的网络中","已经从本质主义的技术理解转向功能主义的技术理解",这正是追随杜威从实用主义立场理解技术的证明,①因为强调各种因素"相互作用"形成功能网络,正是杜威的一贯论调。希克曼还承继了杜威以关系理论为基础、以改造为旨归的哲学观,注重哲学与文化、社会之间的密切关联,强调在新的文化语境中哲学质疑现存观念、铸造新的观念的改造功能,并提出哲学家的责任"就在于通过文化批判和观念构建,帮助人们寻找摆脱困境的出路、工具和技巧"②。希克曼指出,现代社会专业分工已经细化到令人吃惊的地步,哲学的研究也应该走出抽象、思辨的形而上学的微观世界,哲学的任务也随之发展,应发挥哲学促进跨学科对话的功能。毋庸置疑,我们可以在杜威哲学中看到这种认知的身影,它正是杜威哲学的特质所在。杜威视野宏远,他的思考总是从一个领域进入另一个领域,不断地转换关注的内容,目的就是"试图在各种不同的领域之间建立联系"③。希克曼的论述,让人们重新认识到杜威视野的宏阔高远。

第五种,分析哲学研究。

英国的 G. E. 摩尔、伯特兰·罗素以及美国的纳尔逊·古德曼等哲学家是分析哲学的代表。他们运用逻辑实证主义和语言分析方法,对杜威的思想展开了全面的抨击。摩尔是英国分析哲学的创始人之一,他的《驳唯心主义》是一篇"震动整个英国哲学界"④的论文。在这篇文章中,摩尔从语言分析角度,解构了"存在就是被感知"的哲学命题和"有机统一"的哲学原则,认为"凡是存在的,就是被经验到的"和"不同的事物组成一个'有机统一体',……每个事物离开了它同其他事物的关系,它就不是其所是了"的有机整体观,本质上是自相矛盾的、无法存在的。⑤ 而经验和

---

① 〔美〕希克曼:《批判理论的实用主义转向》,曾誉铭译,《江海学刊》2003 年第 5 期。
② 武亦文:《文汇报:专访美国当代著名实用主义哲学家莱瑞·海克曼》,https://www.doc88.com/p-7902362777712.html。
③ 武亦文:《文汇报:专访美国当代著名实用主义哲学家莱瑞·海克曼》,https://www.doc88.com/p-7902362777712.html。
④ 张庆熊、周林东、徐英瑾:《二十世纪英美哲学》,人民出版社,2005,第 85 页。
⑤ 俞吾金主编《二十世纪哲学经典文本:英美哲学卷》,复旦大学出版社,1999,第 146、152 页。

有机统一正是构成杜威实用主义哲学与美学的两个基本要素。伯特兰·罗素在《西方哲学史》中运用逻辑分析法批判了杜威建立在"探究"基础上的整体论和有机形而上学；纳尔逊·古德曼在他的《艺术的语言》中，批判了杜威以审美经验为核心的艺术观，认为审美经验是一个模糊的、富于变化的概念，不具有可定义性，而艺术对象应该得到精确界定，从而授予艺术对象以超越审美经验的特权，否定了审美经验在艺术领域术语界定上的价值。

杜威哲学建构的重心，在于关注哲学的社会文化考察，不重视逻辑实证和语言、符号学对哲学建构的影响，因而精细缜密的逻辑论证与语言分析恰好是它的阿喀琉斯之踵。分析哲学的批判切中了杜威哲学的关键缺陷，加速了杜威学说以及实用主义哲学的衰退；但随着威拉德·奎因对逻辑实证主义的"两个教条"等传统观点的抨击，实用主义逐渐获得了复苏契机。分析哲学对杜威的指控也遭到了杜威辩护者的反批判，其代表人物便是理查德·舒斯特曼。在《分析美学》《实用主义美学》等著作中，舒斯特曼对杜威与分析哲学家间的分歧做了较为全面、客观的阐释，站在实用主义的立场上，他为杜威的学说做了忠实的辩护，成为实用主义再次复兴的关键人物。

第六种，哲学的生活艺术视角。

代表学者即拥有分析哲学家与实用主义理论家双重身份的理查德·舒斯特曼。舒斯特曼不满以罗蒂为代表的新实用主义者和以 G. E. 摩尔为代表的分析哲学家对杜威理论的阐释，认为他们对杜威的解读不同程度地歪曲了杜威的本意，因此一再著文，站在实用主义立场上重新阐释杜威的理论并为杜威的学说辩护。在《实用主义美学》与《生活即审美：审美经验和生活艺术》等著作中，舒斯特曼分析了杜威实用主义美学的身体自然主义、整体论等观念，批驳了摩尔和罗素等人对杜威思想的解剖；而在《哲学实践：实用主义与哲学生活》中，则对杜威与罗蒂的实用主义和自由主义伦理观、政治观进行了较为系统的比较、分析，揭示了两个学者思想间的共性与差异性。尤其重要的是，在《哲学实践：实用主义和哲学生活》一书中，舒斯特曼通过对杜威、维特根斯坦和福柯这三位伟大哲学家的哲学生活概貌的对比分析，提出了哲学乃是一种生活艺术的观点；

同时，也从哲学的生活艺术角度为杜威研究提供了一种新视域，为杜威研究的跨学科对话开辟了一条新的路径。

总的看来，西方学术界对杜威及其思想的研究，虽然曾受其他哲学思潮的影响而陷入低谷，但研究始终未曾中断过，近年来更呈现出复兴的盛景。其资料全面、条件优厚，研究的方向日益多元化、跨学科化，无论是研究的深度还是广度，其优势都是国内学术界无法比拟的。

国内学界对杜威及其思想的研究，自 1919 年至今，大致经历了以下几个阶段。

第一阶段，五四运动前后的高潮期：方法论、教育学、伦理学视角研究。

1919 年，杜威来华访学，掀起了国内译介并研究杜威思想的热潮。此时冲锋在前的主将是胡适，他是杜威学说的忠实信徒。胡适主要是在方法论层面接受并实践杜威学说，他的突出成就是将杜威的实用主义观念运用于具体的学术研究，"将杜威的实用主义和中国考据学的传统融合起来"，并以此方法为出发点，进行"中国古典文学、国故学、历史学及其它社会科学的研究"和"社会改造实践"。①《中国哲学史大纲》（上卷）、《红楼梦考证》与《水经注版本四十种展览目录》等论著，皆是胡适在实用主义方法指导下收获的丰硕成果。其中尤为引人注目的，是对《水经注》学术公案的研究。胡适用了 17 年的时间，汇集了 40 种《水经注》的版本，用丰足、翔实的论据证明了戴震从未见过赵一清的《水经注》校本，从而推翻了几成定谳的所谓戴震抄袭赵一清《水经注》校本的冤案。这是胡适实用主义治学方法成功运用的典范案例。而《文学改良刍议》与《问题与主义》等文章，是胡适将杜威实用主义思想运用到中国文学改良和政治运动上的主要成就。关于文学，胡适认为它是对人类生活状态的记载，随着人类生活状态的变化而变化，因此形成了"一代有一代的文学"的"文学进化观"；就政治问题来看，胡适发挥了杜威的工具真理观，提出一切观念和学说都只是思想的工具，强调研究应该"抛弃

---

① 章清：《实用主义哲学与近代中国启蒙运动》，《复旦学报》（社会科学版）1988 年第 5 期。

主义"，将注意力放在当下问题的解决上。① 胡适是将实用主义理论与中国国情结合起来的理论家中的模范，他之所以在中国思想界、文化界拥有巨大的影响力，与他运用实用主义方法论有直接的关系。可以说胡适对实用主义方法论的推崇与实践，决定了胡适在中国思想界、文化界的地位。

除了胡适，杜威的弟子陶行知和蒋梦麟也是杜威思想的积极传播者和阐释者，他们主要关注杜威学说的教育学方面，对杜威伦理学的历史地位、杜威如何从社会与心理出发阐明道德教育原则等问题进行了深刻探讨。在杜威弟子们的积极推动下，国内学界掀起了杜威研究的新潮。

第二阶段，20世纪50年代至改革开放前的低潮期："左"倾立场研究。

新中国成立后，由于意识形态斗争以及苏联哲学的影响，对杜威实用主义思想的政治批判代替了纯学术研究。此时的代表性成果有朱智贤的《批判实用主义者杜威在心理学方面的反动观点》和李达的《实用主义——帝国主义的御用哲学》等论文。这些文章从认识论、历史观和方法论角度对杜威学说进行了全面清算，将杜威视为反动的资产阶级唯心主义哲学家的代表、"一切反动哲学的集大成"者，将实用主义看作"资本主义进入垂死的帝国主义时期的产物"②，"帝国主义的御用哲学"，"强盗的哲学"。③ 70年代末"四人帮"垮台时，以杜威学说为代表的实用主义哲学又被视为助纣为虐的反动哲学，与"四人帮"一道再次遭到清算。总的来说，此时杜威学说遭到全面批判与彻底否定，并最终被驱逐出了学术舞台，直到改革开放后才重获新生。

第三阶段，改革开放至今的复兴期：多元化研究。

改革开放以来，国内学界开始了对实用主义的反思。在科学、民主的时代精神指引下，学术界以客观、辩证的态度对待实用主义，实用主义研究回到学术舞台。学界多次举办研讨会，对实用主义进行重新定位和阐

---

① 章清：《实用主义哲学与近代中国启蒙运动》，《复旦学报》（社会科学版）1988年第5期。
② 高清海：《批判胡适实用主义主观唯心论的反动本质》，《东北人民大学人文科学学报》1955年第1期。
③ 李达：《实用主义——帝国主义的御用哲学》，《哲学研究》1955年第4期。

释，其中影响最大的是1988年5月25日至6月1日，由全国外国哲学学会、中国社会科学院哲学研究所、北京大学哲学系、复旦大学哲学系等多家单位联合发起，在四川成都举办的全国实用主义哲学讨论会。全国近40所高校和科研机构的60多位专家和学者参加会议。他们对50年代的实用主义大批判进行了反思，探讨了建立新的评价体系、重新评价实用主义的必要性，并对实用主义实践观、真理观的内涵进行了深入探究和交流。这次会议意义深远，它标志着哲学研究的多元化、民主化时代的到来。在这样的时代潮流影响下，杜威研究悄然复兴。2004年1月7日，复旦大学成立了"杜威研究中心"，同时宣告启动38卷本的《杜威全集》的翻译工作，这是对杜威及其学说的最大肯定。简括地看，改革开放至今，国内学术界对杜威学说的研究方向主要有以下几个。

①综述性研究。此类研究专著有邹铁军的《实用主义大师杜威》、张宝贵编著的《杜威与中国》和元青的《杜威与中国》等；论文主要有顾红亮的《近20年来杜威哲学研究综述》和庞丹的《近十年来我国学界杜威思想研究述评》等。

邹铁军的《实用主义大师杜威》是国内第一部全面系统地阐释杜威思想的专著，主要从杜威与美国文化精神的关系，杜威在实用主义中所处的地位，杜威在教育学、哲学领域所作出的卓越贡献，对杜威的社会政治学说和民主政治思想重新评价四个方面系统地介绍杜威的学术成就。这部著作力求摆脱旧有思维模式的影响，对杜威的哲学思想和教育思想做出较为客观的评价，但仍留有时代的痕迹。

杜威来华讲学这一重大事件，一直被学术界忽视，但在2001年，这一学术空白被两位学者不约而同地填补了。复旦大学杜威美学思想研究专家张宝贵和南开大学历史系的元青，分别在2001年1月和9月出版了同名著作《杜威与中国》。张宝贵主要记述了杜威访华游历讲学的历程，从杜威在中国访学时的生活经历、学术传播和影响研究三个侧面对杜威访华讲学这一历史事件进行了较为全面和系统的介绍。① 元青的著作则从杜威的世界影响、杜威的中国之行、杜威实用主义哲学与五四思想界、杜威教

---

① 参见张宝贵编著《杜威与中国》，河北人民出版社，2001。

育理论与20世纪20年代的中国教育、胡适与杜威的关系等方面研究了同一个论题。① 两本著作各有千秋,为人们了解杜威来华讲学这一史实提供了翔实、可靠的资料,是后学研究杜威与中国学界关系的入门佳作。

与这些论著相比,顾红亮和庞丹的论文则梳理了改革开放前后至2004年国内学界对杜威研究的主要成果,论证清晰翔实,对如今我们了解杜威研究的状况同样具有很大的参考价值。顾红亮论述了1977~1997年杜威研究的状况,认为前十年是杜威研究的左倾影响逐渐消除阶段,后十年则是杜威研究的重新评价阶段,并对这20年间杜威研究涉及的热点问题进行了总结,对杜威研究的未来走向提出了设想。② 庞丹对杜威思想研究的述评则涉及1994~2004年十年内国内学者对杜威思想研究的状况,通过运用网络媒介,庞丹在中国学术期刊网全文数据库中进行检索,证实1994年到2004年十年间杜威研究的主要成就在于教育学和哲学思想领域。庞丹着重介绍和评述了国内学者从新的视角如技术哲学、传播哲学等解读杜威思想的研究状况,进一步分析了杜威研究在国内复兴的原因,最后探讨了杜威研究现状中存在的问题,并针对这些问题提供了解决策略。③

②马克思主义研究。与西方学术界相比,对杜威思想的马克思主义研究一直是国内一个十分重要的研究视角。西方学术界也存在对杜威的马克思主义立场的解读,如美国有威尔斯(Hang K. Wells)的《实用主义——帝国主义的哲学》,英国有康福斯(Maurice Campbell Cornforth)的《保卫哲学——反对实证主义与实用主义》,苏联有学者谢伏金(В. С. Шевкин)的《为美国反动派服务的杜威教育学》,等等。这些学者本身是共产党员,信奉并践行马克思主义,因此在著作中运用阶级分析的方法,把杜威的实用主义哲学与教育学思想视为资产阶级的唯心主义哲学、反动哲学乃至帝国主义哲学的典型,这与新中国成立至改革开放前国内研究的立场相同,都是特殊历史时期意识形态斗争的产物。但是对杜威的马克思主义研究,在西方学术领域并不是一种主流研究类型,这一点则与国内的研究状

---

① 参见元青《杜威与中国》,人民出版社,2001。
② 参见顾红亮《近20年来杜威哲学研究综述》,《哲学动态》1997年第10期。
③ 参见庞丹《近十年来我国学界杜威思想研究述评》,《理论探讨》2008年第1期。

况正好相反。国内对杜威的研究,主要是从马克思主义视角进行的研究。不过,由于国内政治气候变化的影响,杜威的马克思主义研究在不同的历史境遇下也表现出不同的立场与态度,具体情况如下所述。

第一,早期马克思主义者对杜威学说的尊重态度。从传播时间上看,实用主义与马克思主义几乎同时进入中国。但由于杜威访华的深远影响,实用主义传播的势头当时超过了马克思主义。新文化运动中,在胡适与李大钊之间暴发了"问题与主义"之争。这一事件后来成为新文化运动史上的一段公案,被称为"马克思主义和实用主义在中国的论战",并造成了一种实用主义与马克思主义相互对立的错觉。虽说这场公案已有定论,但今天有学者要求以客观的眼光重新评价这场论争,尤其是希望给杜威和实用主义以更为公正的评价,指出"问题与主义"之争并非是实用主义与马克思主义两种哲学之间的冲突,杜威也并非马克思主义的敌人。

陈亚军在《"问题与主义":实用主义与马克思主义的冲突?》一文中,运用历史还原和学理分析的双重方法,对"问题与主义"之争进行了重新阐发。陈亚军认为,早期的马克思主义者如陈独秀、李大钊等人,在历史上与胡适是同一阵营的"激进主义者",就个人立场而言,他们之间并不存在对立,"撇开其他不说,胡适在1919年时恐怕还不知道谁是马克思主义者,陈独秀在他的眼里是个志同道合的'自由主义者',而李大钊的马克思主义也还不够成熟,在胡适的眼里,李大钊还是他的'同志'"①;而就双方的理论观点而言,"问题与主义"之争论战的内容是理论和实践的关系问题,对此问题的解决实用主义与马克思主义并无分歧。它们两者之间真正的分歧在于对阶级斗争的看法,但对于这一问题论战的双方反而都忽略了,因此"问题与主义"之争不能说是实用主义与马克思主义的对抗。陈亚军认为胡适并不是地地道道的实用主义者,他的立场不是坚定的实用主义立场,因此他的观点并不能真正代表杜威的实用主义观点。尤其重要的是,早期的马克思主义者对杜威和实用主义学说是持尊重态度的,甚至对实用主义的某些学说或理论十分青睐。陈亚军列举陈独

---

① 陈亚军:《"问题与主义":实用主义与马克思主义的冲突?》,《江淮论坛》2004年第6期。

秀作为佐证："陈独秀在谈到'实利主义'和'实验主义'时，就怀着赞美的口气说道：'举凡政治之所营，教育之所期，文学技术之所风尚，万马奔驰，无不齐集于厚生利用之一途。一切虚文空想之无裨于现实生活者，吐弃殆尽。'甚至在创建中国共产党之后，陈独秀依然对实用主义的许多主张欣赏有加。"① 由此可证，实用主义和马克思主义并非天然的敌对关系，把这两种哲学置于敌对的立场，实乃后人的强加。

陈亚军对"问题与主义"之争的评价十分中肯。早期马克思主义者虽然不是杜威研究的专家，但鉴于杜威学说中关于民主与科学的观念符合当时新文化运动反封建专制、反迷信、反愚昧的精神主旨，他们对这样的杜威学说即便不能全盘接受，但也绝不会站在敌对立场上全盘否定。陈独秀对以杜威为代表的实用主义赞赏有加，这才是真正的学术大家应有的姿态。

第二，中期马克思主义者对杜威的否定态度。20世纪50年代至改革开放前的杜威研究受"左"倾政治立场的影响，虽然也是在马克思主义的名义下进行，但这些研究对杜威思想的全盘否定，缺乏马克思主义一贯的客观、辩证、实事求是的精神，因此可以说并非真正马克思主义研究。真正的马克思主义研究是改革开放以来，在民主、科学的时代精神指引下进行的。

第三，近期对杜威的马克思主义辩证研究。除了前面介绍过的邹铁军的《实用主义大师杜威》这部总论性著作外，刘放桐的《实用主义述评》、杨文极的《实用主义新论》等论著都力图以马克思主义的科学、客观的立场，对实用主义、对杜威进行科学、辩证的研究；而刘放桐的《重新认识杜威的"实用主义"》与《杜威哲学的现代意义》等论文则试图将杜威哲学置于西方哲学近现代转型的大背景下、放在马克思主义哲学视域下进行考察，既关注杜威哲学与马克思主义哲学之间在认识论、真理观方面的原则性区别，又注重它们在科学、民主、社会改造乃至高雅艺术等问题上的理论一致性。这些观点远离了意识形态斗争的影响，因此实现了学术研究对社会政治批判的替代，真正地践行了马克思主义客观、科学、辩证的学术研究精神。

---

① 转引自陈亚军《"问题与主义"：实用主义与马克思主义的冲突？》，《江淮论坛》2004年第6期。

③比较与影响研究。很多学者发现，中国传统文化精神的内核以及中国现代哲学思想，如中国古代文化精神中的天人合一思想与实用理性精神、儒家道家哲学中对人的生活伦理和生存状态的关注，甚至近代救亡与启蒙对民主与科学的需求等方面，与杜威的实用主义思想之间有着天然的、内在的一致性。因此，对杜威学术思想与中国传统文化精神以及中国现代哲学思想间的比较和影响研究，也成为学术界感兴趣的论题之一。这方面的专著以顾红亮的《实用主义的误读：杜威哲学对中国现代哲学的影响》为典范，它以杜威来华讲学及其学术思想的传播为背景，以经验论、知行之辩、实验与历史的方法论、民主论、平民教育等问题为主线，较为系统地揭示了杜威的实用主义哲学思想对中国现代哲学发展的重大影响；李媛媛的文章《杜威美学思想与中国的"日常生活审美化"》则是比较研究论文方面的代表作，它从中国社会当下存在的"日常生活审美化"现象入手，从背景与特点、政治立场、哲学立场三个层面剖析了中国的"日常生活审美化"问题与杜威恢复艺术与生活之间的连续性的美学理想两者间的差异性，同时也阐释了杜威美学理想对于现代审美生活的启示意义。这些专著和文章，从哲学、美学和文化思想等视角出发，对杜威的学术思想与中国的文化思想做了全方位的分析、比较，客观上揭示了以杜威学说为代表的实用主义美学在世纪之交重焕生机、再次复兴的根源——杜威的恢复艺术与生活之间的连续性的美学观，契合了世纪之交美学与艺术向生活回归的审美现实。它的复兴，是美学发展的内部规律的必然趋势，也是外界影响下的必然结果。

2009年毛崇杰出版了专著《实用主义的三副面孔：杜威、罗蒂和舒斯特曼的哲学、美学与文化政治学》，它是代表着实用主义内部比较研究的高度和水准的典范之作。在这部著作中，毛崇杰表明他的创作宗旨是"通过这三位哲学家在哲学、美学与文化政治学互动的视野中来看实用主义的百年发展以及为它在后现代主义中定位"，从而"窥视我们时代的某些精神特点，从中找出带有历史走向性的东西"。① 这部著作可以说是国

---

① 毛崇杰：《实用主义的三副面孔：杜威、罗蒂和舒斯特曼的哲学、美学与文化政治学》，社会科学文献出版社，2009，"前言"第4页。

内杜威比较研究的最新、最重要的成果之一。

除了上述视角外,根据中国知网中国博士学位论文全文数据库,迄今为止,国内以"杜威"为主题检索出来的博士学位论文有925篇,硕士学位论文2625篇,这些论文从哲学、美学(美育)、教育学、科技哲学、伦理学等诸多方面对杜威的学术思想展开全面阐释,其中有一部分已经以专著或论文的形式公开出版发表,成为后学们了解杜威学术思想的重要资源。总之,国内外学术界对杜威学术思想的研究成果蔚为壮观,不可胜数,且还有增加的趋势和可能。

(二)舒斯特曼的学术地位与研究状况

与杜威相比,舒斯特曼作为实用主义家族成员中的新生代,其学术地位没有杜威尊崇,学术成果也不如杜威那样丰硕,国内外学术界对舒斯特曼的关注也较杜威的研究逊色许多。

1. 舒斯特曼的学术地位

理查德·舒斯特曼,美籍犹太人。据舒斯特曼在其著作《哲学实践:实用主义与哲学生活》中的自述,他生于美国,在16岁之前接受的是美国文化的熏陶浸染,之后回到以色列,在以色列生活了近20年,在那里接受高等教育、工作、参军、成家、有了孩子,度过了他人生中最美好的岁月。[①] 之所以说"回到"以色列,是因为舒斯特曼在字里行间,渗透着一定的对以色列难以割舍的民族情结和对美国社会与文化的批判态度。1985年,舒斯特曼重新回到美国。美国人与犹太人的双重身份成为舒斯特曼生命的印记,他的学术关注点也随着身份的转换而转换:就职于美国天普大学后,他逐渐走出分析美学的阵营,转而关注哲学与现实人生的关系等哲学实践问题,并开始致力于实用主义美学研究,从而成为美国实用主义的中坚力量。显然,作为美学家的舒斯特曼,其立场要比作为生活哲学家的舒斯特曼更为坚定。

作为后起之秀,舒斯特曼似乎无法与他的前辈杜威相提并论。但事实上,舒斯特曼在当今国际学术界同样享有很高的声誉,这些声誉基本上来

---

① 参见 Richard Shusterman, *Practicing Philosophy: Pragmatism and the Philosophical Life*, New York and London: Routledge, 1997。

自他的实用主义哲学家身份。美国加州大学伯克利分校历史教授马丁·杰伊评价他说,"理查德·舒斯特曼是实用主义哲学的领军人物,对于身体治疗训练有素"①;有人又称他为"分析美学和实用主义美学两大潮流的集大成者"②。舒斯特曼的著作受到了学术界的关注和肯定,理查德·伯恩斯坦评价他的《哲学实践:实用主义和哲学生活》时说:

> 许多年以前,威廉·詹姆斯和约翰·杜威曾经为哲学学科的专业化和狭隘化所带来的危险而警告过我们。理查德·舒斯特曼很好地加入实用主义传统,将这个警告铭记在心。他强烈要求需要实践一个人的哲学,需要复兴那个几乎被遗忘的过一种哲学生活的传统,一个可以追溯到苏格拉底的传统。他以充满韵味和洞察入微的清晰文体,论述了美学、自由主义、民主、身体经验、拉谱音乐以及犹太人身份认同等问题。这些不同探究的共同主题,就是对今天复杂而碎裂的世界中过一种真诚的哲学生活的热切关注。③

詹姆斯·米勒也称赞道:"理查德·舒斯特曼可以作为近来美国实用主义复兴的一个好例子。他新写的文章具有极为敏锐和涵盖广泛的典型特征。尤其重要的是,舒斯特曼详细阐述了对哲学生活的一种崭新理解,全面展开了从维特根斯坦到罗蒂等思想家无言的人生诗意。"④ 法国著名社会学家、哲学家皮埃尔·布尔迪厄赞美舒斯特曼对杜威的阐释是"富有灵气的",而美国著名艺术批评家、分析学家阿瑟·丹托更是认为舒斯特曼的《实用主义美学》是"一本充满生气、内容广泛、论证有力、行文潇洒漂亮的著作,任何对艺术哲学——或生活哲学——感兴趣的人,

---

① 〔美〕理查德·舒斯特曼:《身体意识与身体美学》,程相占译,商务印书馆,2011,封底。
② 参见百度百科"舒斯特曼",https://baike.baidu.com/item/%E7%90%86%E6%9F%A5%E5%BE%B7%C2%B7%E8%88%92%E6%96%AF%E7%89%B9%E6%9B%BC/15219972?fr=aladdin。
③ 〔美〕理查德·舒斯特曼:《哲学实践:实用主义和哲学生活》,彭锋等译,北京大学出版社,2002,封底。
④ 〔美〕理查德·舒斯特曼:《哲学实践:实用主义和哲学生活》,彭锋等译,北京大学出版社,2002,封底。

都不会忽视它。它是那样的清晰、雄辩、公允和令人信服"。① 我国学者彭锋将舒斯特曼与杜威并举，认为"如果说杜威的《艺术即经验》是实用主义美学的传统经典的话，舒斯特曼的《实用主义美学》则是实用主义美学复兴之后的当代经典"，他甚至认为在杜威的《艺术即经验》没有中译本的时候，舒斯特曼的《实用主义美学》所产生的影响，"已经远远超过了他所景仰的哲学英雄杜威和他的《艺术即经验》"。②

同杜威一样，舒斯特曼的研究也是跨学科、多层面的，涉及美学、伦理学、政治理论、语言哲学、心灵哲学、美国哲学、当代欧陆哲学等诸多领域。从1988年到2008年的20年间，以平均每两年一部著作的速度，舒斯特曼共出版了 *T. S. Eliot and the Philosophy of Criticism*（1988）、*Analytic Aesthetics*（1989）、《实用主义美学》（1992）、《哲学实践：实用主义和哲学生活》（1997）、《生活即审美：审美经验和生活艺术》（2000）、*Surface and Depth: Dialectics of Criticism and Culture*（2002）、*The Range of Pragmatism and the Limits of Philosophy*（2004）、*Body Consciousness: A Philosophy of Mindfulness and Som-aesthetics*（2008）以及 *Aesthetic Experience*（与 Adele Tomlin 合著，2008）等近10部著作，在国际知名的 *The Journal of Aesthetics and Art Criticism*、*Meta-philosophy*、*The Monist*、*Theory, Culture, and Society*、*Poetics Today*、*Philosophy and Phenomenological Research*、*Philosophical Investigations* 与 *International Philosophical Quarterly* 等刊物上以英语、德语发表论文多篇。（鉴于资料的匮乏和阅读的局限性，没有掌握更确切的数据，因而无法给出确定的数字。）其中，《实用主义美学》一书已经被翻译成汉语、法语、德语、日语、韩语、葡萄牙语、芬兰语、波兰语、斯洛伐克语、匈牙利语、罗马尼亚语等十余种文字，在国际美学界产生了广泛影响。③

2. 国内外舒斯特曼研究现状分析

迄今为止，国外学术界还没有关于舒斯特曼的专题研究的论著，所能看到的相关材料只有诸如 "Kathleen Higgins: Living and Feeing at Home:

---

① 〔美〕理查德·舒斯特曼：《实用主义美学》，彭锋译，商务印书馆，2002，封底。
② 彭锋：《舒斯特曼与实用主义美学》，《哲学动态》2003年第4期。
③ 参见彭锋《舒斯特曼与实用主义美学》，《哲学动态》2003年第4期。

Shusterman's Performing Live""Alexander Nehamas: Richard Shusterman on Pleasure and Aesthetic Experience""Thomas Leddy: Moore and Shusterman on Organic Wholes"等评论文章，内容都仅仅局限在对舒斯特曼学术思想的介绍以及舒斯特曼与理论家们就某些问题的论争上，还没有形成对舒斯特曼理论的专题研究。不过，舒斯特曼的实用主义美学思想已经逐渐引起了学术界的重视，美国哲学学会在 2001 年曾召开"作者与批评家面对面"（Author - Meet - Critics）的学术会议，会上对舒斯特曼的美学思想进行了讨论，讨论的成果发表在《思辨哲学杂志》上。

而国内学术界对舒斯特曼的研究工作日臻成熟，对舒斯特曼理论的翻译和介绍比较丰富，目前能接触到的已翻译的舒斯特曼著作已有七本，即《实用主义美学》，这是北京大学的学者彭锋独自翻译的；而《生活即审美：审美经验和生活艺术》和《哲学实践：实用主义和哲学生活》是彭锋组织他的友人与博士生们翻译的；《身体意识与身体美学》在 2011 年也有了中文版，由程相占翻译完成；2018 年，商务印书馆出版了高砚平翻译的《情感与行动：实用主义之道》；2020 年则出版了舒斯特曼的两本著作，一本是北京大学出版社出版的《通过身体来思考：身体美学文集》，译者是张宝贵，另一本是安徽教育出版社出版的《金衣人历险记——徘徊在艺术与生活之间的哲学故事》，由陆扬翻译。至于关于舒斯特曼的论文，可查到的译文有 20 余篇，其中包括舒斯特曼来我国访问期间参加学术讨论会的演讲稿和对话稿。最早的译文可以追溯到 1982 年，《国外社会科学》第 10 期发表了朱小红翻译的《美学中的四个问题》；最近的译文出现于 2020 年，《美学与艺术评论》第 1 期发表了吴诗琪翻译的《艺术、生活与哲学边界上的审美经验——以"金衣人"为例》。

虽然舒斯特曼曾被多次邀请来中国访学，并在北京师范大学、中国人民大学、山东大学等学府举办过学术讲座，但国内学界对舒斯特曼的学术思想仍然很陌生，以"舒斯特曼"为主题的论文在中国知网可查询到的不过 200 余篇，其中有影响力的文章大多出自彭锋、高建平、毛崇杰、陆扬等大家之手；在中国学位论文数据库中，以"舒斯特曼"为主题的学位论文，仅有硕士学位论文 46 篇、博士学位论文 5 篇。国内学界与舒斯特曼有过较深入接触的理论家有彭锋、高建平、曾繁仁等人，其中彭锋对舒斯特曼的研究更为深入。除了一篇访谈录《新实用主义美学的新视野——访舒斯特曼教授》外,彭锋还撰写了《身体美学的理论进展》、《后现代美学与艺术的几种倾向》、《舒斯特曼与实用主义美学》、《从实践美学到美学实践》与《从分析哲学到实用主义——当代西方美学的一个新方向》等多篇文章,介绍并探讨了舒斯特曼实用主义论著中提到的一些问题,并将舒斯特曼的思想放在美学发展和未来走向这种大的学术语境中来进行分析和评价。

总的来说,国内外学术界都缺少对舒斯特曼学术思想的系统研究。国外学术界目前可见的仅仅是某些学者与舒斯特曼就实用主义的一些问题的探讨,这些探讨当然包括对舒斯特曼的实用主义学说的批评,值得注意的是,对舒斯特曼的批评远远超出了哲学、美学的范围。舒斯特曼在他的《实用主义美学》、《哲学实践:实用主义与哲学生活》和《生活即审美:审美经验和生活艺术》等著作与著作的注释中,曾提及其中的一些批评以及他对这些批评所做的回应,这些批评主要涉及了实用主义的多元论立场、对通俗艺术的辩护态度以及对身体美学的倡导等问题。

(1) 实用主义的多元论立场

舒斯特曼将自己哲学研究的多元论立场命名为"包括性析取立场",以此反对西方哲学传统中一贯的二元对立的二元论。这种包括性析取立场的逻辑内涵可以有两种理解:一是包容性的理解,即既可以二者选一,也可以二者皆可,"'非此即彼'的观念,可以被多元化地理解为包括或者一个,或者两者皆可的选择"[1];二是排除性的理解,即"选择一个严格地排除另一个"[2]。舒斯特曼的实用主义包括性析取立场支持的是包容性的内涵,要求"选择的价值能够以某种方式得到调和和实现,直到我们有了好的理由解释它们为什么互相排斥",他认为这是全球化时代多元价值并存的必然结果,它是"在追求生活的多元价值时,充分重视我们的好处的最

---

[1] Richard Shusterman, *Pragmatist Aesthetics: Living Beauty, Rethinking Art*, Lanham, Md.: Rowman & Littlefield Publisher, INC, 2000, Introduction to the Second Edition, p. xi.

[2] Richard Shusterman, *Pragmatist Aesthetics: Living Beauty, Rethinking Art*, Lanham, Md.: Rowman & Littlefield Publisher, INC, 2000, Introduction to the Second Edition, p. xi.

佳方式"①。

但舒斯特曼苦恼地注意到，他的包括性析取立场常常遭到逻辑上的误读，他的包容性被误解为排除性，他的多元论被曲解为二元论并因此受到批判。如站在包括性析取立场上，舒斯特曼推崇通俗艺术，同时也不完全否定精英艺术；对自黑人文化中发展而来的拉谱②艺术极为赞颂，同时也不反对流行于上层社会的高级艺术样式。但许多批评家都站在二元论的角度著文对他的观念进行批判，认为舒斯特曼为通俗艺术辩护，便是对高级艺术、有教养的形式的蔑视和对抗。双方为此进行过对话，根据舒斯特曼对此问题的解释来看，这些探讨涉及了 Jerrold Levinson 的 "Review of Pragmatism Aesthetics"、Alexander Nehamas 的 "Richard Shusterman on Pleasure and Aesthetic Experience" 等文章，其中还包括了几篇法语、德语论文。舒斯特曼在 *Yearbook of Research I English and American Literature* 上发表了 "The Uses of Pragmatism and Its Logic of Pluralism" 一文，文中阐述了实用主义多元立场的优势和实践上的限制等，以此来消除评论家们的误解，作为对其中一些批评的回应。

（2）对通俗艺术的辩护态度

舒斯特曼一贯站在杜威的正统实用主义立场上，为备受美学家和文化理论家们贬斥、鄙弃的通俗艺术提供系统辩护。他反对通俗艺术与高级艺术的二分，"不仅批判了高级艺术的疏远的深奥主义和总体性要求，而且还强烈地质疑任何高级艺术产品和通俗文化产品之间本质的、不可弥合的区分"③。他以历史的眼光看待艺术，认为一种文化中的通俗娱乐可以在历史发展的下一时代得到经典化，成为高级艺术；对艺术品是通俗还是高级的性质的认定，不仅仅取决于艺术品本身的内容或题材，更与外界，尤其是公众的接受相关，最终"取决于它怎样被公众理解和

---

① Richard Shusterman, *Pragmatist Aesthetics: Living Beauty, Rethinking Art*, Lanham, Md.: Rowman & Littlefield Publisher, INC, 2000, Introduction to the Second Edition, p. xi.
② 拉谱，说唱音乐，"rap" 的音译。"rap" 一般音译为 "拉普"，此处采用彭锋的译法，写作 "拉谱"。
③ Richard Shusterman, *Pragmatist Aesthetics: Living Beauty, Rethinking Art*, Lanham, Md.: Rowman & Littlefield Publisher, INC, 2000, p. 169.

使用"①。舒斯特曼认为通俗艺术，给人们包括知识分子提供了如此丰富的审美满足，不能武断地以品位低下、灭绝人性和审美上非法而简单粗暴地加以否定，尤其是这样的否定似乎既轻视了别人的智商，又有搞阶级对抗的嫌疑，而其本质则是禁欲主义的一种变形表达。②

舒斯特曼对通俗艺术的辩护立场引发了包括皮埃尔·布尔迪厄、理查德·罗蒂在内的诸多学者的批判。批判主要有以下几个典型的角度：一是由于舒斯特曼的辩护主要是通过以来自黑人文化的拉谱这种具有较为强烈的反抗姿态、较为容易进行辩护的通俗艺术形式为范例来进行的，皮埃尔·布尔迪厄、理查德·罗蒂等人对实用主义是否能够为对抗性不强的通俗艺术形式进行辩护提出了质疑，对此舒斯特曼在"Moving Truth：Affect and Authenticity in Country Musicals"一文中，以对美国乡村音乐和通俗电影的欣赏为例进行了反驳，力证实用主义为通俗艺术辩护的普适性和有效性；二是舒斯特曼辩护的社会实效问题。皮埃尔·布尔迪厄认为，对通俗艺术合法性的理论上的辩护，不能使它在真实世界中获得合法身份；而且这种辩护是一种"危险策略"，它有导致人们对生活中的不法事实麻木、熟视无睹的危险。③ 舒斯特曼在《形式和感人的爵士乐：通俗艺术的挑战》一文中，通过对通俗艺术辩护可能遇到的批驳做出了回应，表明此辩护行为的开创性价值和对用理论来影响现实的效能的乐观态度。

（3）对身体美学的倡导

舒斯特曼在他的论著中多次表达了对现代文明的一种"身体忧虑"。舒斯特曼认为，与现实中人们对身体的极大关注相反，在理论上学者们总的来说对身体是极端轻视的。他认为这是主流的哲学和美学存在的一个重大误区，即过于关注人的精神而忽视了人的身体的潜能，尤其是审美潜能。舒斯特曼强调审美活动离不开人的身体，身体在审美经验中起着关键

---

① Richard Shusterman, *Pragmatist Aesthetics: Living Beauty, Rethinking Art*, Lanham, Md.: Rowman & Littlefield Publisher, INC, 2000, p. 169.

② Richard Shusterman, *Pragmatist Aesthetics: Living Beauty, Rethinking Art*, Lanham, Md.: Rowman & Littlefield Publisher, INC, 2000, p. 170.

③ Richard Shusterman, *Pragmatist Aesthetics: Living Beauty, Rethinking Art*, Lanham, Md.: Rowman & Littlefield Publisher, INC, 2000, Chapter 7: Note 5, p. 314.

和复杂的作用，因此提议将身体美学作为一个学科来进行深度探索。

舒斯特曼的身体美学立场建立在他的哲学观念基础上。舒斯特曼哲学理论的核心是，哲学要超越抽象的理论层面，不仅是认识和真理的哲学，更是一种生活的哲学。他认为，真正的哲学应该是关注人的具体生活的，哲学也是一种生活实践，是一种生活方式。基于这样的生活哲学观，舒斯特曼提出，假如哲学关注人对幸福的追求，那么作为我们愉快的场所和媒介的身体，就应该得到更多的哲学上的关注。关于舒斯特曼对身体和身体愉快的重视，一些学者，如 Alexander Nehamas 撰文 "Richard Shusterman on Pleasure and Aesthetic Experience" 予以批驳，认为舒斯特曼可能用愉快感垄断了身体的所有有价值的感受。对此，舒斯特曼在 "Interpretation, Pleasure and Value in Aesthetic Experience" 一文中做出回应，指出愉快感当然不能概括身体所有有价值的感受，但这不是轻视并主观地贬低愉快的价值的种类和范围的理由。

总之，国内外对舒斯特曼进行介绍与研究的文献都极其有限，存在着许多研究上的空白，理论上还有待于进一步发展成熟。

综观国内外学术界对于杜威与舒斯特曼的研究可以发现，虽然舒斯特曼自称是"新一代"的新实用主义思想家，是杜威正统实用主义思想的继承人，但是舒斯特曼与杜威学术思想之间的亲缘关系，迄今为止并没有得到太多关注，在当今学术界，只有毛崇杰的《实用主义的三副面孔：杜威、罗蒂和舒斯特曼的哲学、美学与文化政治学》涉及了这一论题。这部著作在 2009 年 12 月出版，它在众多的实用主义理论家中选择了古典实用主义时期的杜威、新实用主义家罗蒂、新－新实用主义学者舒斯特曼，作为实用主义发展不同历史时期的代表，围绕着后现代语境下实用主义的"马克思主义转向"与"后现代转向"，就政治自由主义、解释学、伦理的审美生活、身体美学和真理等五个方面的问题对三位思想家的实用主义观念进行了综合的、全方位的比较，填补了影响研究方面的学术空白。可以说，只有把握了舒斯特曼与杜威学术思想间的亲缘关系，才能对舒斯特曼的实用主义思想在当代西方学术界的地位形成较为客观、恰当的评价，对杜威思想乃至实用主义学说在当代的复兴有一个正确、中肯的认识。因此，从比较杜威与舒斯特曼的实用主义美学思想的角度，把握正统实用主义理论在当代继承与拓展的具体情况，从而揭示实用主义哲学的审美复兴对处于困境的现代美学的重大意义,这一研究的现实价值和美学意义是无可置疑的。

## 三 杜威与舒斯特曼实用主义思想的亲缘关系

理查德·舒斯特曼明显推崇杜威的实用主义主张,他将杜威放在自己的"生活哲学"的框架内进行解读,形成了他独有的阐释体系。舒斯特曼一直践行着自己的实践哲学观,他不是抽象地构架哲学思想体系,而是通过建立历史空间坐标系,对自己的思想在实用主义历史与当下时代中进行定位。舒斯特曼将其与同时代其他理论家进行的比较作为横向坐标轴,与杜威、罗蒂以及其他时代的思想家进行的对照作为纵向坐标轴,在横、纵坐标轴所建构的坐标系中,使自己的思想得到更为清晰的表达,也为自己的实用主义观念找到了较为恰当的历史定位。毛崇杰认为,在这方面舒斯特曼无疑是非常成功的:"舒斯特曼本人的美学论著可谓正是使实用主义在新的美学中'清晰地表现自己'颇为成功的尝试。"[①] 舒斯特曼实用主义理论的建构深受杜威学说的影响,很多问题的探讨都是以杜威的实用主义理论为基础,大多建立在对杜威思想的阐发或批判上,因此,杜威的实用主义理论是舒斯特曼学术思想构建的土壤和武库,两位学者的学术思想有着非常紧密的亲缘关系。基于这样的理论渊源,二者的实用主义美学思想的关系研究是一个很好的论题,本书《舒斯特曼美学思想的间性建构》就致力于从舒斯特曼美学思想的文化间性立场和包括性析取的间性建构方法出发,对杜威与舒斯特曼实用主义美学思想的亲缘关系进行阐释。

舒斯特曼对杜威美学思想的继承,首先表现为向杜威的哲学思想自觉回归。舒斯特曼同杜威一样,认为当代哲学亟须解决的首要问题,就是二元论的形而上学哲学传统根深蒂固的影响问题。杜威哲学的一个基本结构线索,就是对二元论传统进行批判和解构,并在此基础上对传统上视为矛盾、冲突的诸多对立面进行调和,舒斯特曼则同杜威的立场完全一致,他

---

① 毛崇杰:《实用主义的三副面孔:杜威、罗蒂和舒斯特曼的哲学、美学与文化政治学》,社会科学文献出版社,2009,"前言"第3页。

重走了杜威的批判路线。杜威认为,二元论产生的原因众多,知识过度的细化、专业化无疑是其中十分显著的一个。舒斯特曼接受了杜威质疑知识专业化及其僵化后果的批判态度,并进一步对哲学的本质进行阐发。他认为,哲学的精神不仅是追求知识、真理,更是反省、是批判,因而也是实践的。哲学的专业化形成了两种实践形式,一是理论的实践形式,一是作为生活方式的实践形式。在两种实践形式之间,不存在对立问题。将理论纳入实践的范畴,把理论也作为一种实践形式,这是舒斯特曼的创造性理论,由此,他消解了理论与实践之间的对立。舒斯特曼赞同杜威的观点,认为二元论的哲学传统人为地制造了很多根本不存在的哲学问题。这些问题存在的根源在于哲学的外部,而不是内在于哲学;其中最根本的原因在于,长久以来人们对经验的故意忽视以及对经验方法的弃用或误用。杜威认为,根除二元论的最佳手段,是倡导经验的方法,恢复人的经验与自然之间的连续性;舒斯特曼继承杜威的经验立场并予以阐发,将经验与自然之间的连续性落实到经验与生活的关系上,倡导作为一种生活艺术的哲学观。这种观点不仅是向杜威理论的自觉回归,更是对古代生活哲学观的复兴。尊重传统哲学观念,也是杜威的哲学态度。杜威未曾妄自尊大,将自己的哲学视为前无古人、后无来者的绝唱,而是时刻保持清醒,始终认可传统哲学的价值,既批判其糟粕,又尊重、吸收其精华。杜威认识到,传统哲学的特点是不重实际,而偏重虚幻抽象的形而上冥想;不重眼前当下,而追求严肃崇高的终极价值;不重现象,关注本体;不重情感与欲望,关注理性与精神世界;不重无时不在的变化,而关注超越时间的永恒确定性。但同时他也指出,传统哲学并未脱离经验,只是或者忽视或者误用了经验而已。比如对确定性的热爱,就建立在对安全经验的需求基础上。杜威哲学的一个突出目的,就是在借鉴传统哲学优长的基础上,纠正它忽视经验的弊端,建立一种新的经验哲学。因为这种建构是在原有哲学传统基础上的一种纠错,因此他将自己的哲学称为改造的哲学,明确表现出了与传统哲学之间的密切联系。舒斯特曼将自己的哲学称为"一种复兴的哲学诗学",表明了与杜威相一致的尊重传统的哲学姿态。舒斯特曼也赞同杜威对哲学功能的认识,认为哲学的宗旨不仅仅是对智慧的爱。传统的二元论在知识与实践之间划出一条鸿沟,杜威运用经验的方法,在知与行之间进行有效的对话。杜威认为，所有的知识都不过是一种假设，只有经过实践的检验，证明它们在生活中产生了效果，它们才是合法的知识，才可能称得上是真理。杜威指出，对实践的轻视不是来自对科学与现实的真实情况的反省和批判，而是产生于对带来安全感的确定性的偏爱，因此它只是个人态度的伦理学问题，是人为制造的障碍。杜威认为，通过实践活动所获得的安全感，要远远胜过从理论上获得的确定性，理论上的探讨如果不付诸实践，永远只是纸上谈兵。杜威并不认为实践、行动要优先于思维和知识，他追求的是认知和实践能够经常地、有效地相互协作：用知识去指导作用过程，实践、行动则是完成作用过程的工具，两者相扶相依，共同完成一个作用过程。无论是知识还是行动，它们都是使生活更美好的工具。改造了的哲学，就是要抛弃以往对如何获得确定性的抽象探讨，抛弃形而上学的逻辑思辨，从生活实践出发，探究这些手段对于改变生活的最终效果。舒斯特曼继承了杜威的这一立场，将对外提高生活质量、对内完善自我人格看作哲学的最高宗旨。因此，他倡导通过哲学生活进行自我完善的审美样式，实际上是试图实现理智的认识、自我完善的意志与升华的审美三个领域的完美融合。

从美学上看，杜威与舒斯特曼都强调审美经验的重要性，他们都倡导立足于审美经验的审美复兴，其中，杜威的审美复兴建立在对传统哲学的实在论和形而上学进行批判的基础上。虽然杜威以经验的审美替代了形而上的审美，并批判了传统的实在论，但他并没有脱离实在论的窠臼，他的经验位于实在与实践之间，而他对经验的绝对强调又重新迫使他陷入了形而上学的泥淖。舒斯特曼则是以哲学生活的自我完善的审美样式来解构二元论哲学传统对于生活和审美的区隔，将经验从实在、实践延升到生活领域，最后着陆于通俗普泛的大众经验上。杜威主要关注人对美的审美体验，在他心目中，美还是传统意义上的美，如经典的艺术作品之美、自然之美，受现代科学发展的影响，他也强调科学的美。虽然杜威批判了精英艺术，但实际上他的立场仍然是精英立场，虽然他强调通俗艺术的重要性，但他并没有系统地为通俗艺术辩护。不过，杜威的最大贡献是将审美对象由抽象的美转移到美的经验，这为舒斯特曼的实用主义美学复兴提供了理论基础。在杜威美学理论的基础上，舒斯特曼直接把生活经验看成审美复兴的对象，在立场上他从精英转向大众；在对象上由艺术美、自然美转向生活的美；在方法上彻底打破了二元对立的区隔，以包括性析取法建构文化间性立场。换言之，杜威以经验的美学开启了生活的大门，舒斯特曼则实现了生活的全面审美化。这既是两位学者生活时代的诉求使然，也是两位学者思想的前瞻性所在。围绕着审美与审美复兴问题，本书将从舒斯特曼的间性建构方法切入，力图阐释舒斯特曼如何继承与发展了杜威的美学思想。

# 第一章　实用主义美学复兴的语境

舒斯特曼因何要对实用主义进行审美复兴？这种审美复兴为何又采取了间性建构的策略？这是在把握舒斯特曼与杜威美学思想之间的亲缘关系、阐释舒斯特曼向杜威美学思想的自觉回归之前，必须要澄清的问题。

舒斯特曼的实用主义审美复兴理论，是在各种终结论的鼓噪喧哗中破茧而出的。终结论是世纪交汇之际西方思想界的一个特殊的文化景观，从丹尼尔·贝尔的"意识形态的终结"到弗朗西斯·福山的"历史的终结"，从劳伦斯·卡弘的"哲学的终结"到阿瑟·丹托的"艺术的终结"，它们是西方社会新旧观念冲突、思想动荡的体现，它们表明一场全方位的文化危机已然降临。在这样一种文化衰飒的语境下，作为一种艺术哲学的美学似乎也不能避免走向终结，以至于舒斯特曼曾慨叹说："在新千年开端之际，美学中仍然令人悲哀地充斥着终结的景象，充斥着一些这样的理论，它们不是将艺术当前的可信性危机当作暂时的低潮或过渡，而是当作统治我们文化的深层原理的必然而持久的结果。"[①] 所以，从表面上看，舒斯特曼的实用主义审美复兴理论，似乎就是作为抵抗"艺术终结论"的一种策略登上历史舞台的。但事实上，艺术终结论只是舒斯特曼复兴实用主义的直接导火索，舒斯特曼审美复兴理论的深层语境更为复杂。总的看来，这种复兴是从欧洲中心主义走向多元主义的价值观转向、从区分走向整合的方法论转向以及从语言分析到生活实践的美学转向三方面语境交互作用形成的必然结果。

---

[①] Richard Shusterman, *Performing Live: Aesthetic Alternatives for the Ends of Art*, Ithaca and London: Cornell University Press, 2000, p. 2.

## 一 价值观转向：由欧洲中心主义到多元主义

探讨舒斯特曼实用主义美学复兴的语境，首先要思考的问题是：为何是在此时复兴？为何是实用主义的复兴？这些问题的答案必须在还原审美复兴理论产生的社会历史语境中去寻找。依据舒斯特曼的说法，他用实用主义美学取代分析美学，完成他美学研究的转向，是在20世纪80年代末90年代初："直到1988年春天，当我给一群非常混杂和活跃的哲学和舞蹈的研究生听众教美学讨论课时，我向实用主义美学的最终'转变'……才开始形成。……经过仔细观察课堂上不同的论辩和在跳舞的地板上检验某些论点，我不得不用杜威那更朴实、乐观和民主的实用主义替换阿多诺那严峻、阴沉和傲慢的精英马克思主义。"[1] 而他的第一部实用主义美学专著，是在1990年才开始写作。[2] 事实上，舒斯特曼美学研究向杜威实用主义传统的自觉回归，是顺应美国社会历史发展主潮的必然结果。此时，美国社会的价值观念，正由欧洲中心主义的"熔炉"大一统理想，转向各种文化相对和平共处的多元主义。之所以说"相对"，是因为种族歧视、欧洲中心论、白人至上的价值观，在美国始终有强大的市场。文化多元，不等于文化平等。舒斯特曼在这种语境影响下，在作为美国人和作为犹太人之间找到平衡点，经历了从民族寻根转向文化寻根的精神升华，最终以实用主义生活哲学复兴的方式，确立了作为美籍犹太哲学家的哲学生活的价值取向。

舒斯特曼时期社会价值观念的转向，即从欧洲中心主义转向文化多元主义。在现代社会向后现代社会转型过程中，不断发生的经济危机使美国梦破碎了，建立在欧洲中心主义、白人中心主义基础上的"熔炉"大一统理想失去了存在的基础；而20世纪60年代到80年代，美国爆发的反战运动、反文化运动等，则抨击并试图颠覆欧洲中心主义、白人中心主义，文化多元主义兴起并取代了欧洲中心主义，成为社会主流的价值观。

---

[1] 〔美〕理查德·舒斯特曼：《实用主义美学》，彭锋译，商务印书馆，2002，"序"第11页。

[2] 〔美〕理查德·舒斯特曼：《实用主义美学》，彭锋译，商务印书馆，2002，"序"第12页。

当然，理论的倡导和社会现实的变革之间还存在一定的距离。就当下来看，欧洲中心主义、白人中心主义还有巨大的生存空间，使其彻底地消亡还是一个未竟的事业。

众所周知，美国是个移民国家，多种族、多民族、多文化的同生共存是其与生俱来的特性，但移民初期的宽容、平等、互尊互助的价值观念，在殖民地建立和西部开发过程中、在利益冲突下逐渐瓦解，于是黑人成为白人的奴隶，曾经帮助过移民的印第安人被驱逐甚至几乎被消灭（虽然美国人仍旧过感恩节），"只不过一代人的光景，印第安人就被赶出他们祖居的狩猎场地，关进专为他们划定的居留地"①。由于白人在这块土地上的强势统治，白人文化成为美国的主流文化，其他种族的文化，如印第安文化、黑人文化乃至亚洲移民的文化在很长一段历史时期内没有得到应有的认可和尊重。美国文化的"熔炉"理想被乐观地描述为："成为多种少数民族的综合体，……建立一个统一国家去保证全体的自由和每个人都能追求他们自己所选择的生活。"② 但显然，这个"全体"是有很大的想象空间的。更普遍的情况是，"全体"仅仅局限于新老白人移民群体。即便大一统，也是以欧洲白人的文化、价值观为中心，去统领甚至取代其他民族的文化和价值观。西部大开发以及当下的美国社会现实证明，"熔炉"大一统理想的实现过程，从来就不是求同存异的"和实生物"，而是党同伐异、排除异己的顺昌逆亡。就连康马杰在探讨美国精神和美国性格的形成所奠基的文化传统时，也只提到了希腊、罗马、巴勒斯坦等曾影响深远的主流文化、显性文化，其他的弱势文化、边缘文化都被排除在外了，他说："以继承而论，美国不仅继承了英国的传统，也继承了欧洲的传统；不仅继承了17、18世纪的传统，也继承了两千年来的传统。美国是英国的产物，这一点谁都承认；美国的文化和制度的渊源可以追溯到希腊、罗马和巴勒斯坦，这一点却被遗忘了。"③ 在康马杰心中，在英国文化之外，强调希腊、罗马和巴勒斯坦等文化和制度的影响，就称得上具有

---

① 〔美〕H. S. 康马杰：《美国精神》，南木等译，光明日报出版社，1988，第66页。
② 〔美〕奥托·纽曼、〔美〕理查德·德·左萨：《信息时代的美国梦》，凯万、纪元、闫鲜平译，社会科学文献出版社，2002，第58页。
③ 〔美〕H. S. 康马杰：《美国精神》，南木等译，光明日报出版社，1988，第4页。

"熔炉"大一统精神了。这些文化相对于黑人文化、东亚文化而言,显然更强势、更接近美国文化的中心。

近年来,随着西方文明乃至美国文明必将衰落的预言、文化悲观主义的流行,欧洲中心主义、白人中心主义不断地受到批判和挑战。美国文明的衰败论体现在经济和文化两个方面。经济衰败论产生于20世纪80年代的美国,是对美国经济发展状况评估后产生的悲观结论,也是对全球化竞争压力下丧失资源主导权、支配权的焦虑和财政赤字、贸易赤字、通货膨胀带来的恐慌等社会心理的真实表达。① 这种焦虑和恐慌在相隔仅仅四年便又发生经济危机(1973年发生的经济危机持续了两年,而1979年发生的经济危机持续了将近四年)时,达到了一个高峰。尤其是在后一次经济危机中,连第三产业也没能幸免,失业人群空前扩大,具体表现为经济"严重衰退。特别是金融业危机重重,美国商业银行及其它一些非银行金融机构大量倒闭……房地产业供过于求,危机深重;与此相联系,一些白领阶层也参加到失业队伍中来"②。经济危机过后,状况愈发恶化,社会矛盾加剧,社会财富更加集中化,贫富两极分化愈加严重:"在20世纪80年代这10年中,人均收入增加总额全部集中在20%的上层人物手中,64%都跑到了1%的顶层人物手中。"③ 经济危机造成的生活不安定、社会财富分配不均、贫富差距加大都对美国的社会心理产生了极为深刻的影响,美国人充斥着不安全感、灾难感、恐慌感甚至幻灭感。亨利·安斯特罗姆的概括是对此时人的生存状态的最佳写照,他说:"在里根总统执政的8年里,所有的一切都破碎了。飞机、桥梁,没人在乎国库,只花钱不挣钱,债台高筑,只有上帝是惟一的寄托。"④ 生活已经成为碎片,正如马歇尔·伯曼所言,"一切坚固的东西都烟消云散了"⑤。崇高的道德、理

---

① 〔美〕奥托·纽曼、〔美〕理查德·德·左萨:《信息时代的美国梦》,凯万、纪元、闫鲜平译,社会科学文献出版社,2002,第4页。
② 姚廷纲:《90年代的资本主义经济危机和周期》,《世界经济》1993年第11期。
③ 〔美〕奥托·纽曼、〔美〕理查德·德·左萨:《信息时代的美国梦》,凯万、纪元、闫鲜平译,社会科学文献出版社,2002,第32页。
④ 转引自〔美〕奥托·纽曼、〔美〕理查德·德·左萨《信息时代的美国梦》,凯万、纪元、闫鲜平译,社会科学文献出版社,2002,第29页。
⑤ 〔美〕马歇尔·伯曼:《一切坚固的东西都烟消云散了——现代性体验》,徐大建、张辑译,商务印书馆,2003,书名。

想亦如此，曾经辉煌一时的美国梦也黯然失色，逐渐退隐于黏稠的、令人无法呼吸的、挥之不去的噩梦之中。

同经济衰败论相比，文化衰败论即文化悲观主义则称得上历史悠久、影响深远。据美国历史学家阿瑟·赫尔曼考证，它已经有一百多年的历史："尽管所属国别和所处时代不同，而且所持政见各异，但所有这些学者们却无一例外地作出了相同的预言，即他们所处时代——不管是1846年、1886年、1946年还是1996年——的资本主义文明注定要自我毁灭。"[①] 赫尔曼指出，文化悲观主义始于尼采，"源于他对当时'病态'和'衰朽'的欧洲社会的猛烈抨击"[②]。自尼采以来，这些唱衰西方文化与资本主义文明的学者们包括戈宾诺、亨利·亚当斯、马尔库塞、斯宾格勒、阿诺德·汤因比、萨特、福柯、海德格尔、法农、德里达、利奥塔、杜波依斯、阿多诺、乔姆斯基等。他们分属于不同时代、不同思想阵营，但基本都是惊才绝艳、影响深远的思想大家。而这种早期针对病态、衰朽的欧洲资本主义制度的抨击，逐渐演化为对以美国为代表的整个西方资本主义工业文明的批判。赫尔曼在他的著作《文明衰落论：西方文化悲观主义的形成与演变》导言中，梳理列举了资本主义文明衰落论调的支持者，如约翰·肯尼斯·加尔布雷思、克里斯托夫·拉希、保罗·肯尼迪、凯文·菲里浦斯、柯奈尔·威斯特、查尔斯·默里等思想家，上至美国副总统阿尔伯特·戈尔，下至"邮件炸弹恐怖分子"等，美国文化悲观主义者遍布社会各个阶层、囊括各种身份。这些人跨越了时代（从20世纪70年代到90年代）、种族（有白人，有有色人种）和社会身份（有美国副总统，有恐怖分子和罪犯，更多的是知识分子）的区隔，从政治学、经济学、文化批判、种族问题、生态问题等多个维度、多个层面，论证了一个主题，即美国文明衰败的必然性。衰败主义悲观论对美国现有文明的抨击主要包含两个层面的内容：以技术文明为代表的美国资本主义现代工业文明的无限度扩张，以及它给人类带来的从肉体到精神的双重灾

---

[①] 〔美〕阿瑟·赫尔曼：《文明衰落论：西方文化悲观主义的形成与演变》，张爱平等译，上海人民出版社，2007，第8页。

[②] 〔美〕阿瑟·赫尔曼：《文明衰落论：西方文化悲观主义的形成与演变》，张爱平等译，上海人民出版社，2007，第7页。

难。他们一致认为,"现代社会是一个物欲横流、礼崩乐坏、人文理念匮乏的社会……现在的关键已不再是美国社会或西方文明能否继续生存下去的问题,而是已经变成它到底有无必要继续生存下去的问题了"①。

事实上,文化悲观主义在法兰克福学派和其他流派的知识分子的推波助澜下,已经演变为一种全球性的浪潮。如何挽救已经陷入危机的西方文明?多元主义的策略不仅仅是批判西方资本主义无限度扩张的技术文明,更将其矛头指向了白人中心主义,指出西方文明的衰败是以白人文化为基础和核心的资本主义文明畸形发展的必然结果。他们认为,建立在白人中心主义基础上的"西方文明完全是文明;在其内部没有文化"②;美国作家、艺术评论家苏珊·桑塔格更是烈声疾呼:"真实的事情是莫扎特、帕斯卡、莎士比亚、代议制政府、妇女解放……挽救了世界上已有的这一特别的文明。白种人是人类历史的弊端。"③ 这些来自美国文化内部的观点虽然非常极端,却得到了一些知识分子的支持,如赫尔曼就貌似委婉实则毫不留情地赞同说"这似乎并不是极端的主张"④,从而隐晦地表达了对白人中心主义文化的反感。批评家乔纳森·克泽尔则将批判的锋芒对准了西方虚伪的平等观念。他匠心独运,从种族对抗角度考察了美国对待黑人的不平等态度与两次世界大战之间的关联性,指出世界大战的本质乃是白人之间的种族政策的合谋。克泽尔愤怒地指出,"奴役、种族暴行、歧视以及剥削"⑤ 就是白人文化的真谛,它既显性地外化为世界大战的狰狞之色,又隐性地潜藏在美国社会道德之中,通过美国社会日常生活的最真实面貌显露其无耻嘴脸,正如他所说:"我认为所有白人都被纠缠于这些事情之中,如果我们用正常的方式参与到美国人的生活中去,并试图继续指

---

① 〔美〕阿瑟·赫尔曼:《文明衰落论:西方文化悲观主义的形成与演变》,张爱平等译,上海人民出版社,2007,第 7 页。
② 〔美〕阿瑟·赫尔曼:《文明衰落论:西方文化悲观主义的形成与演变》,张爱平等译,上海人民出版社,2007,第 388 页。
③ 转引自〔美〕阿瑟·赫尔曼《文明衰落论:西方文化悲观主义的形成与演变》,张爱平等译,上海人民出版社,2007,第 388 页。
④ 〔美〕阿瑟·赫尔曼:《文明衰落论:西方文化悲观主义的形成与演变》,张爱平等译,上海人民出版社,2007,第 388 页。
⑤ 〔美〕阿瑟·赫尔曼:《文明衰落论:西方文化悲观主义的形成与演变》,张爱平等译,上海人民出版社,2007,第 390 页。

导正常生活的话。"① 克泽尔认为，作为一个浅肤色的黑人，美国思想家杜波依斯对种族歧视深恶痛绝。杜波依斯拒斥打着科学旗号风靡欧美的优生学和人种学说，看透了其种族歧视的本质，指出在这些学说的蛊惑下，种族威胁论有了合法依据："肤色正在成为文明与否的标志……白肤色意味着内在的生命力……黑肤色或'有色人种'，尤其是那些敏感的观察家把欧洲犹太人包括在内，其意味着缺少这些素质，甚至对这些素质具有威胁。"② 作为反抗白人中心主义的先锋，杜波依斯针锋相对地提出了他的人种观，强调有色人种的种族优越性、生命活力与创造力，认为"不管是非洲人、亚洲人、土著美洲印第安人还是其他'有色人种'，他们都蕴藏着艺术和文化的创造力，这种创造力有别于甚至高于其白种人对手和压迫者。他们展现了一种深刻的内在生命力和人文主义"，即"生命要素"或"灵魂"。③ 己所不欲，勿施于人。杜波依斯秉持以其人之道还治其人之身的原则，以牙还牙，以眼还眼，难免把自己降低到他所反感、所拒斥的对手的水准。事实上，杜波依斯的人种观在白人掌握话语权的主流话语中没有掀起多大的浪花，而我们可以明显地感受到其山穷水尽、别无他法的无奈和虚张声势。虽然并没有对白人文化造成什么冲击或损害，但这种理论的诞生本身就已经说明白人中心主义的根基被动摇了，白人话语的"一言堂"被他者话语的多元论所打破。

文化多元主义认为，美国白人中心主义表现了一种文化上的精神病症——文化自恋癖。④ 这种自恋的结果必然同纳西索斯（Narcissus）一样，走向自我毁灭；而拯救它的途径，除了通过揭露和批判使之警醒外，便是让它走出夜郎自大的象牙塔，打开眼界，正视自身的视野的狭隘和内在的荒蛮，在杜波依斯所说的具有灵魂的他者文化中汲取活力和美德，从

---

① 转引自〔美〕阿瑟·赫尔曼《文明衰落论：西方文化悲观主义的形成与演变》，张爱平等译，上海人民出版社，2007，第390~391页。
② 〔美〕阿瑟·赫尔曼：《文明衰落论：西方文化悲观主义的形成与演变》，张爱平等译，上海人民出版社，2007，第200页。
③ 〔美〕阿瑟·赫尔曼：《文明衰落论：西方文化悲观主义的形成与演变》，张爱平等译，上海人民出版社，2007，第201页。
④ 〔美〕阿瑟·赫尔曼：《文明衰落论：西方文化悲观主义的形成与演变》，张爱平等译，上海人民出版社，2007，第391页。

而"发现精神的启蒙和放松"①。如此,作为白人文化,尤其是欧洲文化的他者的印第安文化、黑人文化、亚洲文化等边缘文化将获得应有的尊严和地位,离开文化的边缘获得身份的认同,而白人文化也将获得滋养,进而重获生机。结果应该是双赢的,白人文化的衰朽趋势得到扭转,少数族裔得到身份认同。这种构想并非是乌托邦的理想主义,而是结出了一些硕果,文化多元主义在社会现实生活中已经获得了一定的实效。例如,政治选举权方面首先产生了变革。1965年美国最高法院重新解释和修改了选举法以保证少数族裔的民主权利和利益,"自那以后,以黑人为主的议员选举区从17个增加到32个,黑人政党预备会议从26个增加到39个,在拉丁美洲人为主的选举区也有类似的情况,从9个增加到20个"②。而美国出现了历史上第一位黑人总统和第一位华裔州长,这同样可以看作是文化多元主义胜利的明证。学者霍林格乐观地预言,美国梦中的"熔炉",在将来可能"主要有五种成分,白人、黑人、拉丁美洲人、亚洲人和美国印第安那人。他们组成美国的社会结构"③。更重要的是,五大种族各自独立,彼此间平等对话,"这将是五大种族互相对立的熔炉,而不再是以往所有人共享的一个统一的熔炉"④。这个"熔炉"中不再有一个唯一的、至高无上的文化霸主,而是各种族文化多元、平等地存在,互尊互助、相得益彰、共同发展。本质上,这种文化平等主义是在向移民初期的价值观念回归。当然,在当今时代它还只是一个理想,在种族歧视、霸权文化没有完全消失时,它也只能是一个理想。即便在科技文明迅速发展的今天,即便在号称"民主的天堂"的美国,无论是联邦政府还是各州政府,都没有行之有效的、标本兼治的措施,以保证少数族裔享有真正的平等与自由,它"只是从形式上去掉了一些表面的和可能的种族障碍,并

---

① 〔美〕阿瑟·赫尔曼:《文明衰落论:西方文化悲观主义的形成与演变》,张爱平等译,上海人民出版社,2007,第393页。
② 〔美〕奥托·纽曼、〔美〕理查德·德·左萨:《信息时代的美国梦》,凯万、纪元、闫鲜平译,社会科学文献出版社,2002,第59页。
③ 〔美〕奥托·纽曼、〔美〕理查德·德·左萨:《信息时代的美国梦》,凯万、纪元、闫鲜平译,社会科学文献出版社,2002,第59页。
④ 〔美〕奥托·纽曼、〔美〕理查德·德·左萨:《信息时代的美国梦》,凯万、纪元、闫鲜平译,社会科学文献出版社,2002,第59页。

没有从根本上结束种族歧视，仅靠市场机构也并不能够完全破除在受教育、住房、就业和办企业方面的不平等现象……解决问题还需要联邦政府出面采取实际行动，使人们的生活机遇能公正平等化"①。更讽刺的是，科技在持续发展，社会在不断进步，文明的成果在不断增长，只有在推动少数族裔获得平等待遇与身份认同方面进展缓慢，特殊状况下还会停滞不前，甚至倒退。文化平等主义的出现，仅仅是理论上的进步，距离实现真正的平等还很遥远。

社会语境的变化，白人中心主义、欧洲中心主义被质疑、被批判，以及多元主义的兴起，必然对身处其中的舒斯特曼产生深刻影响。

舒斯特曼是美籍犹太人，作为一个生于美国的犹太人、民族上的他者，他必然成为多元主义者中的一员，而思乡则是他思想的坚固内核，成为他哲学、美学思想的根源之一。在其著作《哲学实践：实用主义和哲学生活》的最后一章中，舒斯特曼以"复归神话"为题，阐述了他在从民族寻根到文化寻根的艰辛历程中，为回归故乡、获得身份认同所做的努力。作为民族的他者，舒斯特曼在 16 岁时，受到犹太复国主义思潮的影响，返回以色列去寻找民族之根；而在以色列，在美国所受的教育和 16 年的生活习惯，又使舒斯特曼成了一个宗教和文化上的他者，其漂泊的民族之魂并没有得到安放。于是，他又向美国的文化传统回归，"返回到我那更符合字面意义上的美国故乡"②。从此，舒斯特曼跌落进他所说的"归乡"悖论的陷阱：复归是建立在离开基础上的，只有离开，才有故乡；要想真正地归乡，就必须离开。"当我第一次到达以色列时，它只是在一种非常神秘的、可疑的意义上是我的故乡，要真正返回那里，我就不得不到别处去。"③ 我是谁？我从哪里来？我往何处去？这些本是哲学的根本问题，却成为舒斯特曼日常生活必须面对和回答的问题。作为高级知识分子的舒斯特曼，总是沉溺于身份带来的痛苦，因为作为美籍犹太人，

---

① 〔美〕奥托·纽曼、〔美〕理查德·德·左萨：《信息时代的美国梦》，凯万、纪元、闫鲜平译，社会科学文献出版社，2002，第 61 页。
② 〔美〕理查德·舒斯特曼：《哲学实践：实用主义和哲学生活》，彭锋等译，北京大学出版社，2002，第 210 页。
③ 〔美〕理查德·舒斯特曼：《哲学实践：实用主义和哲学生活》，彭锋等译，北京大学出版社，2002，第 209~210 页。

他始终认为自己是客居他乡，以他者的身份漂泊于他者种族、他者文化之中，成为"一个住在被称作'流放地'的地方的堕落者"①。同所有遭遇到身份认同障碍的他者一样，舒斯特曼饱受"犹太人自我理解和自我定义的相似困难的折磨"②。舒斯特曼在回归种族、民族、文化传统时所遇到的困难，在现实生活中无法得到解决，却在另一个传统——实用主义哲学传统中得到了解决——此心安处是吾乡。以杜威为代表的实用主义，对舒斯特曼来说，不仅仅是一种哲学传统、一个哲学流派、一个思维方法，更是他饱受归乡悖论折磨的心灵得以安放的场域。它使舒斯特曼终于能够以哲学家的身份，在对自己的"一种世俗的犹太以色列人的生活"的实用主义解读中，获得对自我的认知以及对自我价值的肯定。毛崇杰认为，舒斯特曼同罗蒂一样，以实用主义者自居，这表明"再崛起的实用主义在自觉性与自信心上达到了一种新的高度"③；但舒斯特曼对实用主义的自觉回归，对实用主义作为"美国国家思想传统的主要荣耀"④的体悟，与其说是一种高度自信的体现，毋宁说是抓住身份认同的最后一根稻草，高度自信的锋芒背后，隐藏着身份认同、难以归属的焦虑和苦恼。

舒斯特曼凭借自己"世俗的犹太人"身份，站在多元主义的立场上，指出"世俗的犹太人"生活选择的多样性，进而以自己离乡—归乡的切身体验为事实依据，对耶霍舒亚的犹太复国主义理论进行实用主义的批判，从而为自己"离开与回归"生活方式的选择进行辩护。对于舒斯特曼来说，他乡流放地乃是他的情结所在。犹太复国主义对他乡流放地的指控，等于否定了他自出生以来在美国的生活中所感受、所经验、所热爱、所拥有的一切，否定了他生存的意义。承认美国是他乡流放地，也就相当

---

① 〔美〕理查德·舒斯特曼：《哲学实践：实用主义和哲学生活》，彭锋等译，北京大学出版社，2002，第210页。
② 〔美〕理查德·舒斯特曼：《哲学实践：实用主义和哲学生活》，彭锋等译，北京大学出版社，2002，第208~209页。
③ 毛崇杰：《实用主义的三副面孔：杜威、罗蒂和舒斯特曼的哲学、美学与文化政治学》，社会科学文献出版社，2009，第6页。
④ 转引自毛崇杰《实用主义的三副面孔：杜威、罗蒂和舒斯特曼的哲学、美学与文化政治学》，社会科学文献出版社，2009，第5页。

于承认出生在美国的他是被流放的堕落者,是自绝于民族、祖先的罪人。因此他首要消除的,就是这种原罪情结带来的歉疚感。杜威实用主义哲学对传统二元论思维模式的批判和消解,为舒斯特曼提供了自我辩护、自我救赎的武器。批判犹太复国主义在故乡以色列与他乡流放地、犹太人与美国犹太人、救赎与堕落之间进行绝对二分的二元对立思维模式,是舒斯特曼自我辩护策略中的第一步。

  杜威实用主义哲学成为舒斯特曼的指路明灯,分析哲学研究中的逻辑思辨训练,则为舒斯特曼提供了具体辩护的手段。从"归乡"与"流放地"两个核心术语的逻辑辨析切入,舒斯特曼强调,在犹太人的复国神话中,归乡与流放地两者之间关系密切,它们并非非此即彼、矛盾对立的一对范畴,尤其是流放地,乃是归乡神话存在的前提,没有离开、缺席,归乡、回国就无从谈起。"如果大迁徙对于犹太人身份是一种本质性的神话,那么不仅流放地的出现而且在犹太人海外聚居地的实际生活都是大迁徙法案的前提条件,对大迁徙的意义至关重要。如果没有相对照的结局或外地的观念,起始或故乡的观念就毫无意义;如果没有某种从那片土地上的缺席或离开,回国也就毫无意义。"① 舒斯特曼指出,流放地对于犹太人的本质、犹太人的生活都具有无可替代的构成性意义。流放地不仅不是堕落之地,也不是妖魔之地,相反,它是构成犹太复国神话的一个基本要素,它帮助犹太民族建立了国家和宗教,丰富了犹太文化;它成为犹太人本质构成不可或缺的一部分,是犹太人身份认同的必要前提。众所周知,犹太民族的历史是一部多灾多难的迁徙史。在欧洲,犹太人在不同的历史时期,被不同的国家和民族驱逐过。被迫迁徙成为犹太民族史中非常重要的一部分,已经成为犹太民族生命中的特殊印记。因此,"归乡"与"流放地"在犹太民族的文化中具有极其重要的地位。舒斯特曼从哲学高度看待犹太民族的迁徙史,将迁徙视为犹太民族悲壮的生活美学,视为犹太人自我价值实现的必要途径,他说:"通过移往国外和大迁徙、离开和复归以色列的循环,就有持续不断的犹太人自我表达

---

① 〔美〕理查德·舒斯特曼:《哲学实践:实用主义和哲学生活》,彭锋等译,北京大学出版社,2002,第216页。

和自我实现的生活。"①正是在探讨流放地对于犹太民族重要意义的基础上，舒斯特曼借着多元主义的东风，提出了犹太人生活方式多样性选择的合理性。舒斯特曼认为，一个人的种族属性和性别特征都是偶然性的，是命运的强加，个人无从选择，也无法逃避，而"把强加的偶然性转化为有意义的创造"②，则是个人能够自由选择的、能够实现自我价值的重要方式。在这个过程中，偶然性的内容表达不重要，例如是否以纯粹犹太人的方式生活不重要，重要的是如何赋予生活以创造性的价值，如何使自己的经验成为一个故事，成为一种具有审美价值的自我叙述。显然，这一点舒斯特曼做到了，且出色地将自己成长过程中的阵痛，创造性地打造成为具有审美价值的自我讲说，甚至将之升华为一种实用主义哲学生活的审美方式。在舒斯特曼看来，纯粹自律甚至以禁欲为基础的犹太人的以色列生活方式，基本已经成为幻梦，因为在信息如此发达、物质如此丰富的今天，以色列的文化不可避免地受到他者文化，尤其是美国文化的影响。舒斯特曼发现，今天以色列文化正在不断地模仿美国文化，从内容上看，从日常生活、大众传媒到艺术，模仿的范围十分宽泛；而从模仿者的身份看，以色列学者受到的影响更甚于普通人，他们的工作、论文发表、度假都离不开美国，甚至在美国找份工作都可以作为提高职业声望的手段，美国已经成为以色列人生活的理想国度。既然以色列文化本身正在趋向多元化，那么，舒斯特曼顺应潮流选择回到美国也是理所应当的。

在价值观的多元主义转向中，舒斯特曼完成了对自己生活方式的选择的辩护；同样是在多元主义的立场下，舒斯特曼完成了对自己作为一个哲学家的生活实践的反思，也就是对实用主义哲学方法的反思。由此可见，实用主义的方法，已经成为舒斯特曼自我理解、自我实现的唯一选择。

## 二　方法论转向：由区分转向整合

舒斯特曼的审美复兴，是要以古典实用主义的灵魂人物杜威的思想为

---

① 〔美〕理查德·舒斯特曼：《哲学实践：实用主义和哲学生活》，彭锋等译，北京大学出版社，2002，第221页。

② 〔美〕理查德·舒斯特曼：《哲学实践：实用主义和哲学生活》，彭锋等译，北京大学出版社，2002，第223页。

核心，批判性地汲取实用主义经典理论中合理的、具有现实意义的成分，并广泛吸收其他思想家的思想观念，从而积极地、交互性地建构一种间性的实用主义新视域。从方法论上看，这一诉求呈现出有机、多元、建构的特征。

西方文明在现代社会的一个重大转折，就是思维方式由对立、区分转向了统一、整合，二元对立的传统思维方式由系统论的有机统一原则所取代，现代文明秩序构成的过度区分化、制度化追求受到对话理论的批判和挑战就是其证明。而这种思维方式的转向，恰好构成了舒斯特曼间性建构理论的方法论基础。

对于二元对立我们已经太过熟悉，它是西方哲学根深蒂固的传统思维模式，几千年来始终对西方思想界进行着无形的统治，造成哲学、美学中存在诸多问题，这是舒斯特曼倡导实用主义多元理论的原因。这种思维模式在古希腊时期人对客观存在进行追问的本体论哲学中就已经萌芽了。自西方思想史上最早的哲学流派米利都学派开始，哲人们对于世界本源问题的思考就是从客观世界的外部视角来进行的。将宇宙的起源无论是看作水，还是活火，这种视角本身都暗含着将人与自然二分开来审视的因子。① 这种二分因子在柏拉图和亚里士多德的思想中得到了较为系统的展示。柏拉图提出"理念"（eidos）说，认为感官感觉到的事物是变化无常的，不是真正的存在，只有理性认识的对象——理念世界才是真实、绝对的存在，因此导致了"可知的理念世界和可感的具体事物世界、理性认识和感性认识，两个世界和两种认识的彼此对立和分离"②。亚里士多德虽反对理念论，却赞同柏拉图关于认识和知觉的观点，认为人的认识有感性认识和理性认识之分，并将两者视为不相容的对立因素。亚里士多德进一步解释说，感觉与思想都来自灵魂，"营养，感觉，思想与运动诸功能都是属于灵魂的诸机制"③，但是感觉与思想却有着本质上的差异，这表现在它们与身体的关系上："感觉机能与身体不相分离而心识却是离立于

---

① 朱立元主编《天人合一——中华审美文化之魂》，上海文艺出版社，1998，第32页。
② 蒋孔阳、朱立元主编《西方美学通史》第一卷《古希腊罗马美学》，上海文艺出版社，1999，第275页。
③ 〔古希腊〕亚里士多德：《灵魂论及其他》，吴寿彭译，商务印书馆，1999，第88页。

身体的"①。由此，感性认识、理性认识与身体的关系截然不同：感性认识是依靠身体感官获得，而理性认识则是独立于身体、凭借灵魂而获得的。亚里士多德认为，依靠身体感官获得的感性认识是暂时的、偶然的，而脱离身体凭借灵魂自身获得的理性认识则是永恒不灭的；感性存在不是真正的存在，只有脱离了身体的理性存在才是真实的存在，心识"只有在它'分离了'以后，才显见其真实的存在。只有在这种情况下，它才是'不死灭的，永恒的'"②。于是，感性与知性、感觉与思想、身体与灵魂、客体与主体等，就成为对立的二元因子，在理论上被分割开来。

由于古希腊文化在西方文化史中的巨大影响力，古希腊哲学中感性与知性、感觉与思想、身体与灵魂、客体与主体截然分立的二元对立思维模式，成为西方文化最基本的构架方法，主客二分的哲学思路甚至"为整个欧洲的哲学思想的发展奠定了基础，也限定了基本走向"③。此后，它在中世纪基督教神学"天国"与"俗世"、善与恶的二元对峙中得以发展，在近代哲学创始人笛卡尔的理性主义认识论中趋向完型。笛卡尔断言"我思故我在"，并将思维者视为灵魂或心灵，从而坚持心与物为两个完全不同的实体的存在，这造成心与物、思维与存在的彻底分裂，使二元对立的思维模式成为西方哲学思想中占统治地位的基本模式，使二元论成为西方哲学理论的基本形态。最终，二元对立的思维模式与二元论贯穿于整个西方思想史，受此思维模式的影响，西方思想界创造出了主体与客体、思维与存在、理性与感性、人与自然、精神与肉体、彼岸与此岸、月上世界与月下世界等诸多互不相容的对立范畴。

从皮尔斯到杜威，再到舒斯特曼，实用主义思想家们从不同的角度对二元论的滥用造成的奇特文化现象进行了质疑和批判。皮尔斯发现，学术界存在着两种迥异的思维方式，一种是实验科学家的，一种是哲学家的，两种思维方式不相容：实验科学家"总是按照实验室里的思维方式来思考一切问题"，而一般的哲学家则缺乏实验科学家的那种严谨和缜密，"在推理上失之松散"，而且很容易"被偶然的偏好所左右"，因此实验科

---

① 〔古希腊〕亚里士多德：《灵魂论及其他》，吴寿彭译，商务印书馆，1999，第148页。
② 〔古希腊〕亚里士多德：《灵魂论及其他》，吴寿彭译，商务印书馆，1999，第152页。
③ 朱立元主编《天人合一——中华审美文化之魂》，上海文艺出版社，1998，第35页。

学家与没有受过严格的思维训练的人之间"犹如水与油的关系,即使把它们放在一起加以摇晃,但它们很快就会明显地分离,各自走上不同的思想道路,除了彼此沾染一些气味之外,别无任何效果"。① 皮尔斯发现,这两种迥异的思维方式的应用,人为地造成了科学与宗教之间的矛盾和分歧:"科学和宗教被迫采取敌对的态度。就专家而言,科学似乎很少谈论或者根本不谈论与宗教相关的事情。"② 詹姆士则认为,两种思维方式造成的冲突与对立已经遍及人类文化整体,在哲学上表现为经验主义与理性主义两种哲学派别的对立,前者"喜爱各种各样原始事实",后者则"信仰抽象的和永久的原则";前者总是迟疑悲观,后者则是纯粹"乐观主义"的;前者"从局部出发……不讳称自己为多元论的",而后者则"始终是一元论的",看待问题总是"从整体和一般概念出发";前者是"宿命论"的忠实信徒,而后者则是"自由意志"的坚定信仰者;前者是"犹豫不定"的怀疑论者,后者则是更为武断的莽撞之徒……③詹姆士对上述有趣的现象进行了剖析,从心理学角度运用气质理论对这些对立现象进行了分析。詹姆士认为,这些冲突与对立现象的存在,其原因在于人类本性中存在着"柔性的"和"刚性的"两种截然相反的"气质"。气质的影响贯穿了人类的历史,"哲学史在极大程度上是人类几种气质冲突的历史"④。

杜威则从哲学高度系统地探究了既弥散于哲学、科学、教育等诸多学科之中,又遍布于诸多学科之间的分裂与对立现象,这在他的著作中随处可见,在《对科学的反抗》一文中,杜威揭示社会上几乎存在于一切领域的反抗科学的现象,它在教育方面表现得尤为突出。此时学校教育中人文和科学两种文化的对立已经导致了严重的问题,但人们不仅没有认清问题的本质及其严重性,反而本末倒置,将"现在学校系统的失调和失败"视为"'人文学科'屈从于科学的结果"⑤。在《经验与自然》的序

---

① 涂纪亮编《皮尔斯文选》,涂纪亮、周兆平译,社会科学文献出版社,2006,第3、4页。
② 涂纪亮编《皮尔斯文选》,涂纪亮、周兆平译,社会科学文献出版社,2006,第350页。
③ 〔美〕威廉·詹姆士:《实用主义》,陈羽纶、孙瑞禾译,商务印书馆,1979,第8~9页。
④ 〔美〕威廉·詹姆士:《实用主义》,陈羽纶、孙瑞禾译,商务印书馆,1979,第9、7页。
⑤ 〔美〕约翰·杜威:《人的问题》,傅统先、邱椿译,上海人民出版社,1965,第129页。

言中，杜威开宗明义，指出现代社会普遍存在着现代与传统之间的对立与冲突问题："无论在集体文化中或个人生活中，都发生着裂痕和冲突。现代科学、现代工业和政治已经给予我们大量的材料，而这些材料是与西方世界所最珍贵的理智遗产和道德遗产不相合的，时常是不相容的。这就是我们现代思想上发生窘困和混乱的原因。"① 杜威认为，现代与传统，科学文化及其应用在工业、政治上取得的成果与道德、人文文化之间的对立与不相调和，乃是现代哲学困境的根源所在。因此，现代哲学的各种思潮、各个流派，都为解决这一问题进行了尝试，他的哲学思想也不例外。他的"经验的自然主义"，或曰"自然主义的人文主义"，其核心宗旨是探究人的经验与自然之间的关系，这种探究的理论基础就是对思想史上"把人与经验同自然界截然分开"② 的理论传统进行批判；而在《艺术即经验》中，杜威更为犀利地揭示了二元对立思维造成的生活与艺术问题。二元对立思维在生活方面的表现是制度化区分："生活被分区化，而这种制度化的分区按照高下划分开来；它们的价值也同样依照世俗与精神、物质与理想区分开来。……职业和利益的分区化，导致了活动方式的分离，通常称之为'实践'的活动与洞察力分离，想象与实际去做分离，有重大意义的目标与工作分离，情与思和做分离。它们各自画地为牢。"③ 杜威认为这种区分的观念侵入了艺术领域，是艺术与生活、通俗艺术与高雅艺术分离乃至对立的祸首。艺术走进了象牙塔，远离了生活，也就远离了生命的动力源泉。对此，杜威的应对策略是，以经验为中心，恢复自然与人、生活与艺术、高级艺术与通俗艺术等诸多对立的二元之间的连续性，并为这种连续性找到合法性依据。

半个多世纪后，舒斯特曼发现，杜威的策略是不成功的。杜威当年认识到的问题并没有得到解决，杜威试图弥补的裂痕仍旧存在，那个他无奈地称为"我们文化的顽固的、占主导地位的二元论"④ 的"怪兽"仍旧

---

① 〔美〕约翰·杜威：《经验与自然》，傅统先译，江苏教育出版社，2005，"原序"第1页。
② 〔美〕约翰·杜威：《经验与自然》，傅统先译，江苏教育出版社，2005，第1页。
③ John Dewey, *Art as Experience*, London: George Allen & Unwin Ltd., 1934, pp. 20 – 21.
④ Richard Shusterman, *Body Consciousness: A Philosophy of Mindfulness and Somaesthetics*, New York: Cambridge University Press, 2008, Introduction, p. 3.

发挥着它的威力。在《实用主义美学》中，舒斯特曼批判了将通俗艺术与精英艺术对立起来的狭隘的艺术观念，反对"将通俗艺术视为不具有美学的合法性而垄断地排除在外"[1] 的独断论和艺术霸权理论。他犀利地指出，那些将他对通俗艺术的欣赏等同于对高级艺术进行抵制的人，大多是二元论者，他们抱持的是一种非此即彼的二元对立思维模式。二元对立思维模式最常见的"逻辑错误"便是以排他性的惯性思维，顽固地强调"二者中的一个选择严格地排除另一个"，完全无视、否定两者可以兼顾的可能性。[2] 在《哲学实践：实用主义和哲学生活》中，舒斯特曼对哲学内部存在的分裂与对立现象也予以观照。舒斯特曼指出，哲学发展至今，形成了两种主要的传统形式：一种是学院式哲学，它以知识，尤其是近代以来的自然科学知识为基础，对自然、人性、人类知识以及人类社会的制度进行阐释和批判，它是书写的、理论的哲学；另一种是生活哲学，它强调哲学与生活之间的密切联系，将理性、知识和真理看作人自我修养、自我完善并建立美好、幸福生活的一种工具。舒斯特曼认为，在哲学史上，这两种哲学形式被看作不相容的、对立的，在文本书写与物质生活、理论和实践之间有一条人为划出的鸿沟。同样，在《哲学实践：实用主义和哲学生活》这部著作中，舒斯特曼批判了当今学术界对待传统的轻率态度，指出学术界几乎未加丝毫质疑，便接过了二元对立的思维传统，接受了理性与审美、现代性与后现代性之间二元对立的观念，这又衍生出更多的似乎无法解决的二元论问题。如西方的世俗思想为实现生活进步的理想所提供的两种乌托邦策略，似乎是不相容的："理性法则及其可测量的、理性化的生活进步"，与"色情化的审美主义及其享乐主义的幸福允诺"，就分别以理性和审美为特征，因此是对立分裂的。[3] 在《生活即审美：审美经验和生活艺术》中，舒斯特曼指出，当代美学最强有力的一个倾向，是将自然主义与历史主义二分，这种二分在诸多的艺术定义中得到呈现。

---

[1] Richard Shusterman, *Pragmatism Aesthetics: Living Beauty, Rethinking Art*, Lanham, Md.: Rowman & Littlefield Publisher, INC, 2000, p. 140.

[2] Richard Shusterman, *Pragmatism Aesthetics: Living Beauty, Rethinking Art*, Lanham, Md.: Rowman & Littlefield Publisher, INC, 2000, Second Edition, p. 4.

[3] 〔美〕理查德·舒斯特曼：《哲学实践：实用主义和哲学生活》，彭锋等译，北京大学出版社，2002，第127页。

更重要的是，舒斯特曼始终都在关注一个重要的二元论问题，即身体与心灵、肉体与精神之间的分离问题，舒斯特曼在多部著作中对二元论问题进行了解剖、阐释。舒斯特曼看到，自远古时代起，人们就将身体看作与精神、灵魂相对立的一种事物，将其贬抑为"人类失败、残缺、弱点（包括道德败坏）的最清晰的表现"①。与此相呼应，身体意识也受到蔑视，在哲学家看来，身体意识是"令人困窘的麻烦"，即便是在普通民众眼中，身体意识也被视为"主要意味着不满足感，我们与美、健康和实践的统治理想相去甚远的部分"②。舒斯特曼发现，从哲学到宗教再到伦理道德领域，对身体的贬抑始终都是一个普遍存在的现象。同时，这种根深蒂固的学术偏见也深刻影响了日常生活中的经验，从理论到现实生活，身体始终被赋予了堕落、罪恶等负面的道德内涵。身体被视为原罪的化身，肉身被看作是脆弱与罪恶的，身体意识的相关训练也被看作对心理学、认识论与道德的潜在威胁而时常遭到攻击。③ 总之，在传统观念中，有关身体的自我意识始终是"一种禁锢在个体、一元、不生不灭也毫无变化的灵魂中的自我"④，附属于总是同崇高、理性、至高无上的知识等概念联系在一起，似乎具有崇高品格的精神与灵魂。在舒斯特曼看来，对身体的极度贬抑，乃是二元论哲学传统中身体与精神、肉体与灵魂、感性与理性二元对立的必然结果。舒斯特曼也亲身体验到二元论带来的苦恼，他发现他的坚持包括性析取立场的多元论，总是被误读为非此即彼的二元论而招致严厉的批评，如将他"对通俗文化的辩护，曲解为对高级艺术的声讨"，将他"对拉谱的兴趣，误解为蔑视奉为神圣的高雅形式的确凿证据"等。⑤ 尤其是在倡导建立身体美学过程中，他遇到了难以想象的困

---

① Richard Shusterman, *Body Consciousness: A Philosophy of Mindfulness and Somaesthetics*, New York: Cambridge University Press, 2008, Preface, p. xi.
② Richard Shusterman, *Body Consciousness: A Philosophy of Mindfulness and Somaesthetics*, New York: Cambridge University Press, 2008, Preface, p. xi.
③ Richard Shusterman, *Body Consciousness: A Philosophy of Mindfulness and Somaesthetics*, New York: Cambridge University Press, 2008, Preface, p. xi.
④ Richard Shusterman, *Body Consciousness: A Philosophy of Mindfulness and Somaesthetics*, New York: Cambridge University Press, 2008, Introduction, p. 8.
⑤ Richard Shusterman, *Pragmatism Aesthetics: Living Beauty, Rethinking Art*, Lanham, Md.: Rowman & Littlefield Publisher, INC, 2000, Introduction to the Second Edition, p. xi.

难。其根本原因在于,"在我们文化的顽固的、占主导地位的二元论中,精神生活通常是与我们的身体经验尖锐对立的"①。因此,舒斯特曼倡导身体愉快常常被质疑是否在宣扬低级愉快,他的身体美学理念承受着来自各个领域的质疑与抨击。即便如此,舒斯特曼仍旧对于建立一种间性的实用主义理论保持信心,并乐此不疲。

二元对立思维的最大弊端在于,它是一种非此即彼的思维模式,它对"对立"双方的性质未能予以辩证的认识和分析,只专注于双方外在、现象上的差异性和矛盾性,无视甚至质疑、否定双方本质上可能存在的关联性与相容性,因此易于在所谓"对立"的双方之间人为地制造出不能跨越的鸿沟。而当人们深受二元对立思维模式的影响,将二元对立视为唯一的思维模式,甚至将之转化为一种僵化的思维习惯,面对问题只能无意识、自动化地运用二元对立模式进行思考时,就不自觉地放弃了思维的多维性、视界的多面性与解决路径的多元性,自然也便放弃了创造与突破僵化思维习惯的可能性。这个弊端在哈贝马斯和罗蒂的论争中得到了体现,他们的执着正是"非此即彼"的思维模式的绝佳写照,当然,他们的偏执也使他们自己放弃了融合理性与审美的机会,而此时贝塔朗菲已经为人们提供了一种解决问题的新视角、新方法,这就是系统论。

只着眼于局部和要素,以孤立、静止、平面化的方式进行思考的惯性思维,在20世纪被思维方式的革命性变革所颠覆。这场由系统论、信息论、控制论和复杂科学(包括耗散理论、协同学、混沌学等后现代科学)等新兴科学所引发的思维方式的革命,为人们提供了更为宽广、开放的学术视野和更加宽容、多元的学术策略。20世纪中叶,即在哈贝马斯和罗蒂的青年时代,美籍奥地利学者贝塔朗菲提出了一种新的方法论——系统论。实际上自1924年开始,贝塔朗菲就开始发表系列论文阐述他的系统论思想,他反对以机械论的观点来看待生命有机体,要求将有机体看作一个整体或系统来予以考察。1937年,贝塔朗菲提出了一般系统论的概念,宣称要创立一门一般系统论的学科,但由于战争的影响以及某些压力的阻

---

① Richard Shusterman, *Body Consciousness: A Philosophy of Mindfulness and Somaesthetics*, New York: Cambridge University Press, 2008, Introduction, p. 3.

碍，他的理想没有得到实现。20世纪四五十年代，在贝塔朗菲和其他研究者的共同努力下，系统论终于成为一门成熟的新兴科学，并以其整体、系统的动态、多元、立体的思维方式，超越了根深蒂固的孤立、静止、平面化方式的思维习惯，打破了二元对立的传统思维模式，为舒斯特曼的实用主义间性建构方案的提出奠定了丰实的方法论基础。

那么何谓"系统"？《现代汉语词典》给出的解释是："同类事物按一定的关系组成的整体。"① 就词语构成本身来看，系统的"系"是指"组成系统的各要素之间的联系"，系统的"统"是指"要素之间联系成为一个统一的有机整体"，所以"系统"一词强调的是同类事物之间的内在关系，即联系性与统一性，尤其强调联系基础之上的统一。② 而所谓"系统论"之"系统"，在贝塔朗菲看来，有狭义和广义的区别："狭义的一般系统论（G.S.T），把系统定义为相互作用着的各组分的复合体"；广义的系统论则"具有基础科学特征，同时也与应用科学有联系，有时归于统一的'系统科学'名下"。③ 冯毓云先生认为，贝塔朗菲的"系统"概念是一个多重意义的建构，实际包含着三个层面的意涵："首先，系统必须有两个或两个以上的要素按一定的方式较紧密、较稳定地联系在一起，并相对独立于其他事物；其次，按一定方式联系在一起的要素与整体必须具有新质；再次，这个整体与周围环境发生联系，并且是特定环境中的一个子系统。"④ 也就是说，系统论首先认可各组成要素的独立性，并尊重要素之间的差异性与区别性，在此基础上再强调要素之间的联系性与要素组成的整体的统一性，尤其强调系统的活力来自要素之间、要素与整体之间相互作用形成内耗而产生新质的内环境，更来自整体与外部世界相互作用进行能量补充而产生新质的外部环境。显然，系统论的思维方式是联系、多元、动态、立体化的，它恰好弥补了孤立、单一、静止、平面化的二元对立思维模式的缺陷，为舒斯特曼以间性建构方法融合诸多对立的二

---

① 《现代汉语词典》（第7版），商务印书馆，2016，第1407页。
② 霍绍周编著《系统论》，科学技术文献出版社，1988，第24页。
③ 〔美〕冯·贝塔朗菲：《一般系统论：基础、发展和应用》，林康义等译，清华大学出版社，1987，第84页。
④ 冯毓云：《文艺学与方法论》，社会科学文献出版社，2002，第178页。

元提供了合法性依据。

贝塔朗菲一般系统论的提出是受"科学大一统"目标的影响。他发现在现代科学发展过程中，暗藏着由分化走向综合的趋势——"各种不同的学科，包括自然科学和社会科学，有着走向综合的普遍趋势"，于是他将追寻这种趋势，并进一步地"寻找出能统一'纵向地'贯穿于各个单个科学的共性的原理"作为自己的研究主旨。① 这个具有"科学大一统"功能的原理就是系统论。由于系统论与自然科学的密切关联，于是系统论是否能够跨界应用于人类自身，应用于人的心灵、认识、观念、价值等精神领域，就遭到了质疑（这种质疑无疑是人与自然二元对立观念的又一体现）。欧文·拉兹洛的《系统哲学引论——一种当代思想的新范式》回应了这个问题。在为这本著作所写的序言中，贝塔朗菲清晰地阐明，古典科学，包括自然科学和社会科学，其研究的出发点也是其最大的弊端在于，总是将研究重点落在个体元素上，进行孤立的研究，然后用概念或实验从中归纳总结，最后升华出一般的整体结论或系统。这种研究思路忽视了不同个体元素间的相互关系，其结果是人为地设置出一个个壁垒分明的学科单元格，看不到不同的学科单元之间共同的某些特性，如整体性、等级结构、"稳态的逼近和维持"、"目标导向"或者"对应性和同型性"等。而这些相通或相似的特性，恰好是系统所具有的基本性质。它们存在于所有学科系统之中，无论是自然科学系统，还是人的精神领域，都处在一般系统的关系网络之中。于是贝塔朗菲不无欣慰地说，"系统哲学明显地涉及人和世界的关系以及永恒的哲学问题"，如果说系统理论可以应用到自然科学是因为自然是"一个有机整体的等级体系"，是"终极的和唯一'真实'实在的世界"，而且是"由概率事件支配的"，那么人类的精神世界、观念世界、意象世界也同样如此，"由价值、符号、社会实体和文化组成的世界也是非常'真实'的某种东西"。更重要的是，人类的精神世界、观念世界、意象世界在世界文化、文明系统中，还发挥着不可或缺的沟通、融合作用："它作为等级结构的宇宙秩序的一部分，有

---

① 〔美〕冯·贝塔朗菲：《一般系统论：基础、发展和应用》，林康义等译，清华大学出版社，1987，第35页。

利于沟通 C. P. 斯诺的'两种文化'的对立：科学与文学；技术和历史；自然科学和社会科学的对立；或者，任何其它形式的对立。"① 贝塔朗菲和拉兹洛有力地证实了将系统理论应用于哲学、艺术和人类社会生活的合理性、合法性。

依据贝塔朗菲等学者的系统论理论来看，世界是一个系统的存在，宇宙间万事万物都是系统地构成的。以此类推，人类所有的文化就是世界巨系统的一个子系统；而文化自身又成为次一级的观念的巨系统，由诸多的文化子系统构成，其中包括物质文化系统、精神文化系统和社会文化系统这三个再次一级的子系统；同样，物质文化系统、精神文化系统和社会文化系统作为人类文化的组成要素，本身将构成再次一级的巨系统，容纳了诸多更次一级的文化内容，如物质文化系统包括生产文化子系统、生活文化子系统，精神文化系统则包括文学艺术子系统、哲学子系统、心理学子系统等下一级别的文化内容。作为组成要素和子系统，生活文化、生产文化、哲学文化与艺术文化可以独立运动，保持自身的独立性；但作为次一级的巨系统，要想保持系统的生命力，就必须互相之间或者与系统外的他系统之间发生作用，进行能量的交换，交汇融合、互补互启，在对话与沟通中促使本系统产生新质、增强活力，才能生生不息，生存下去。所以，生产、生活、哲学、艺术的发展，都是既在系统外又在本系统内不断地交换能量，进行交流沟通的结果。否则，生产、生活、哲学、艺术的系统之间甚至系统内各子系统间各自孤立，彼此间缺乏能量、信息的交流与互补，就必然会因为内耗走向无序，并因为这种熵增而趋于瓦解，最终消亡。目前人们在精神文化系统中所遭遇的哲学、美学和艺术衰落的恐慌，在物质文化系统中对物质文化虚假繁荣、人文精神丧失和人性异化的焦虑等，皆是物质文化系统与精神文化系统之间以及系统内部各子系统之间的疏离、对立、缺乏交流而致使文化巨系统混乱无序的表现。交流沟通，则系统保持活力，生机勃勃；疏离封闭，则系统一潭死水，走向毁灭。由此，物质文化与精神文化两个系统间进行交流，物质文化内部的子系统之

---

① 参见〔美〕欧文·拉兹洛《系统哲学引论——一种当代思想的新范式》，钱兆华、熊继宁、刘俊生译，商务印书馆，1998，第 11~12 页。

间、精神文化内部的子系统之间,以及两种文化的巨系统、子系统彼此之间进行对话,使两个系统皆成为生气勃勃的有机整体,这是人类文化巨系统的整体性、稳定性要求保持系统的活力、动态与平衡的必然结果。

系统论为杜威的实用主义哲学提供了方法论基础。虽然没有确切资料可以证明杜威阅读过贝塔朗菲系统论相关论文与专著,但在杜威的实用主义哲学与美学著作中,处处可见系统论相关理论的身影。杜威的实用主义哲学的宗旨中,包含着对二元论的批判和解构,这个目标是通过对审美经验的有机整体性的系统建构而达到的。杜威从心理学、发生学入手追溯了二元论的起源,认为二元对立思维模式之所以受到推崇,其根源在于对经验的忽视以及经验方法的缺失。杜威的实用主义美学更是试图用审美经验的"一个经验"理论来恢复诸多对立的二元之间的连续性,从而推翻二元对立的惯性思维和美学艺术的区分观念。杜威认为这些对立和区分将有机的、具有整体性的人的经验和行为残忍地分割为各自独立、互不关联的碎片、部分,而这种对立和分割甚至已经成为人的一种习惯和无意识,被误认为是"人的本性结构所固有的"必然结果,使"我们的不同感官没有联合起来,讲述一个共同的并得到详述的故事"。[①] 不过,杜威的审美经验概念并没有完全排除和否定对立和分割的存在价值。恰好相反,杜威认为对立和分割是审美经验萌芽的必不可少的条件和必经历程,他说:"只有当一个有机体在与它的环境分享有秩序的关系之时,才能确保一种对生命至关重要的稳定性。并且只有当这种分享在分裂和冲突一段时期之后才出现时,它在自身之中就会产生类似于审美的巅峰经验的萌芽。"[②] 可以看出,杜威强调审美经验产生于有机体在环境中同其他部分、要素进行竞争、发生冲突之后,即产生于有机的、结构性的、联系的、稳定而又变化、动态、相互作用的过程之中,不同部分的有机物同它的环境共同构成一个开放性的、秩序性的整体系统。这是杜威的有机整体论超越了传统整体论的优越性所在。杜威的有机整体是系统中由部分构成的有机整体,他所强调的经验的整体性、有机性、联系性、动态性都是系统的特性。尤

---

① John Dewey, *Art as Experience*, London: George Allen & Unwin Ltd., 1934, p. 21.
② John Dewey, *Art as Experience*, London: George Allen & Unwin Ltd., 1934, p. 15.

其是整体性，它"是系统的最为鲜明、最为基本的特征之一"①。由此，杜威的经验论可以看作对系统理论的一种自觉运用和回应，系统理论为杜威批驳二元论，恢复对立的二元之间的连续性、恢复审美经验和生活之间的连续性提供了最佳的确证。系统论对整体、有机、联系、动态的强调，是对二元论片面、线性、孤立、静止的缺陷的完美弥补。思维方式由二元对立向整体有机的系统论转向，杜威实用主义美学有机统一原则的合理性的确证，成为舒斯特曼以"亦此亦彼"的多元论来替代"非此即彼"的二元论的间性建构方法的坚实的理论基石。

### 三 美学转向：由逻辑分析到生活实践

分析方法是西方学术界发展得最为纯熟的技巧之一。这种技巧的诞生得益于人类对安全、稳定的有序世界的企盼，它是人类追求秩序的渴望得到满足时产生的一种附加物。在人类发展史上，一直贯穿着对秩序的追求。无论是中国传统文化中的天人合一，还是西方古典文化中的天人分立，最终表达的都是对井然有序的世界的渴求。为了赋予世界以结构、秩序，必然有了分类观念的萌发。分类是人类在漫长的进化过程中形成的一种特殊能力，同命名一样，都是语言的功能之一。② 英国思想家鲍曼从哲学高度对分类进行了界定，他说：

> （分类）意指分离，分隔。它意味着，首先假定世界是由各具特点、互不相连的实体所组成；然后假定每一实体各有一组自己所归属的（并因此使自己与其他一些实体相对的）相似或相近的实体；最后将那些独特的行动模式与不同的实体种类联系起来（某一特定行为模式的唤起成为该种类的操作性定义），通过这一方式使假定成真。换言之，分类就是赋予世界以结构：控制其或然性；使一些事件较之另一些事件更具可能性；作用时就像事件并非随机，抑或限制或消除了事件的随机性。③

---

① 魏宏森、曾国屏：《系统论》，清华大学出版社，1995，第201页。
② 〔英〕齐格蒙特·鲍曼：《现代性与矛盾性》，邵迎生译，商务印书馆，2003，第3页。
③ 〔英〕齐格蒙特·鲍曼：《现代性与矛盾性》，邵迎生译，商务印书馆，2003，第3~4页。

根据鲍曼的理解，分类就是求同，为了赋予世界以结构、秩序而剔除差异性，因而付出的代价是差异性的泯灭。人类通过运用复杂而细致的区分能力，以分类的方法竭力排除一切差异、对立和矛盾，杜绝或压制随机、突发与偶然，将纷繁复杂、灵动鲜活的世界规范为条理分明又乏味死寂的"文件柜"。当对秩序的追求向一种极端的方向演化时，便衍生出西方哲学解决问题的一种基本方法——化约、拆零法，或曰拆分、分析法。

化约、拆零或曰拆分、分析，本质上是一种粗暴的奥卡姆剃刀式的方法。"它声称某一种类的东西能够用与它们同一的更为基本的存在物或特性类型来解释"①，即企图通过单一的分析手段，将复杂的事物尽量简单化。它的特点是尽可能地以几何与数学运算为手段，按照物理学的概念来解释一切现象，将一切都纳入强大的逻辑的威慑之下。从19世纪开始，这种方法在自然科学的发展中得到了极致的运用，成为解决问题的行之有效的最佳手段。据言许多专家和诺贝尔奖得主，都是这种方法的受益者。于是，分析法逐渐成为西方学术史上最受欢迎、最纯熟的方法之一。分析美学的出现，便是对这种方法的信心膨胀到极致，最终其侵入了美学领域的证明。

分析美学诞生于20世纪40年代末50年代初，60年代达到鼎盛，80年代衰退。② 分析美学的生命如此之短暂，除了受到外部因素影响，如遭到其他思潮如解构主义的排挤，主要原因在于它自身。本质上说，分析美学是分析方法在哲学领域大显神威、大施拳脚后产生的"副作用"，是一种衍生物、副产品——"由摩尔与罗素始创、由维特根斯坦和其他美学家（这些人来自逻辑原子论、逻辑实证主义和日常语言分析的不同阶段）承继发展哲学的分析方法时产生的一个后果（虽然可能不只是一个副产品）。"③ 舒斯特曼发现，作为分析哲学副产品的分析美学，在创始之初，其宗旨与分析哲学完全一致，那便是只关注局部与要素的问题分析，不涉

---

① 〔英〕尼古拉斯·布宁、余纪元编著《西方哲学英汉对照辞典》，人民出版社，2001，第862页。
② 尚新建、彭锋：《国外分析美学研究述评》，《哲学动态》2007年第71期。
③ Richard Shusterman, "Analysing Analytic Aesthetics", in Richard Shusterman ed., *Analytic Aesthetics*, Oxford, UK; New York, NY, USA: Basil Blackwell, 1989, Introduction, p. 4.

猎全局与整体的体系建构,即罗素所说的:"哲学的主要目的是分析,而不是哲学体系的建构。"① 但是对于分析美学家来说,他们具体应该以什么作为分析对象,却不像宗旨所言那么肯定。事实上,他们对于"能够精确分析的对象是什么,是概念、意义还是命题,具有相当大的歧义和不确定性"②,他们更无法解决语言的言意关系这一古老问题。在中国传统文论中,言意关系问题被总结为言可尽意还是言不可尽意问题;在西方文论中,言意关系问题可以概括为"分析悖论",即分析的精确性与语言意义生成的丰富性之间的矛盾问题。

"分析悖论"是 C. H. Langford 在《摩尔哲学的分析观念》中提出的著名命题,其内涵是,"一般地,任何**分析项**能够完全精确地符合它的**被分析项**,并且仍旧具有丰富的意义"③,这是一个难题。语言的精确性和语言所表达的意义生成的丰富性,乃是鱼和熊掌的关系,不能兼得,这就是分析悖论。但即便面对着"分析悖论"这个无法逾越的障碍,分析美学仍旧坚信分析方法的有效性,认为瑕不掩瑜,或干脆忽视"分析悖论",甚至会毫无理由地对这个悖论的解决报以盲目的乐观态度,"因为对分析方法的一般优越性充满信心,也因为他们显然骄傲于在其他的领域中获得的骄人业绩",于是美学家们"趋向于搁置(即便不是彻底忽视)这些难题,认为这些问题都是可以解决的而且绝不会妨碍客观性和一致性,就像在某些特殊的案例中所做出的出色的分析那样"④。不过副产品毕竟不是正品,分析方法可能在哲学那里无往不利,但在解决美学问题时,却不可避免要遇到挫折。分析哲学是"语言学转向"的第一个成果,对语言真理性的信奉是分析哲学的一个基本原则,正如彭锋所言,"作为一种哲学方法,分析哲学主要集中于对以往的哲学、科学

---

① Richard Shusterman , "Analysing Analytic Aesthetics", in Richard Shusterman ed. , *Analytic Aesthetics*, Oxford, UK; New York, NY, USA: Basil Blackwell, 1989, Introduction, p. 4.
② Richard Shusterman , "Analysing Analytic Aesthetics", in Richard Shusterman ed. , *Analytic Aesthetics*, Oxford, UK; New York, NY, USA: Basil Blackwell, 1989, Introduction, p. 4.
③ Richard Shusterman , "Analysing Analytic Aesthetics", in Richard Shusterman ed. , *Analytic Aesthetics*, Oxford, UK; New York, NY, USA: Basil Blackwell, 1989, Introduction, p. 4.
④ Richard Shusterman , "Analysing Analytic Aesthetics", in Richard Shusterman ed. , *Analytic Aesthetics*, Oxford, UK; New York, NY, USA: Basil Blackwell, 1989, Introduction, p. 4.

等语言形式进行语言分析,"而"作为一种哲学观念,分析哲学认可一种绝对的、纯然的真理,一种元语言的、元逻辑上的真理"。① 由此,对语言的逻辑分析也成为分析美学推崇的主要论证方法。事实证明这种方法最终使分析美学陷入了难以摆脱的困境,那就是它始终无法避开"分析悖论"。

"分析悖论"虽是 C. H. Langford "最早做出明确表述"的,用来强调无法兼顾语言表达的精确性和意义生成的无限性,但追本溯源,这一命题来源于德国数学家弗雷格和英国哲学家摩尔。② 弗雷格关注语句分析的合法性与精确性,强调不能忽视语句间关系和参照背景对于语句分析的影响,认为"当我们判定一个语句的分析性时,多个语句纠缠在一起,作为背景不可忽略"③。在《论意义和所指》中,弗雷格集中探讨了意义与所指的关系,要求对所指和意义做出区分,指出"表达式的所指指该表达式所指称或代表的对象,而表达式的意义指对它的所指的一种表达方式,它可以作为我们把握所指对象的一种描述或一种手段"④。也就是说,弗雷格认为,"意义"指的是一个合乎语法的正确的表达式的含义,而不是所指对象的内涵,意义和所指不具有同一性。弗雷格运用数理逻辑来分析语言,严格强调语言的意义和所指的客观性、精确性,竭力排除意义和所指的主观性、模糊性,避免任何可能造成错误的混乱的语言,由此来保证一个表达式中所指与意义的唯一性和确定性。他极力主张意义只存在于表达式本身,真假由语言表达的逻辑真理决定,力求语言表达的客观性,排除人的主观感觉、经验的影响。

在弗雷格的影响下,C. H. Langford 提出了"分析悖论",其最常见、最通俗的表述是对"兄弟即男性同胞"这一命题的分析:如果"兄弟"与"男性同胞"两个概念意义相同,那么"兄弟即男性同胞"就等同于"兄弟即兄弟",如此"兄弟即男性同胞"这一命题犯了同义反复的错误,

---

① 彭锋:《从分析哲学到实用主义——当代西方美学的一个新方向》,《国外社会科学》2001 年第 4 期。
② 李大强:《分析悖论的分析》,《哲学研究》2006 年第 6 期。
③ 李大强:《分析悖论的分析》,《哲学研究》2006 年第 6 期。
④ 洪汉鼎:《语言学的转向》,(台北)远流出版公司,1992,第 76 页。

命题本身毫无意义,是"微不足道的";如果"兄弟"与"男性同胞"两个概念意义不相同,那么"兄弟即男性同胞"这一命题就是一个错误的表达。结果是,无论"兄弟"与"男性同胞"两个概念的意义相同还是不同,这个命题都是错误、不成立的。总之,"兄弟即男性同胞"这一命题或者是微不足道的,或者是错误的,它陷入了悖论中。① 也就是说,如果意义在于表达式本身,意义就存在于语句之中,命题中的主、谓项两个概念具有同一性,那么就不可能同时要求它具有含义的丰富性,即"所阐述的分析项能够完全符合它的被分析项"与意义丰富性不可能同时兼顾。这就是命题的语言分析遭遇到的尴尬悖论。

"分析悖论"是分析哲学必须面对的一个难题,它吸引了许多专家学者的目光,学界迄今为止也提出了多种研究思路和解决方案,如摩尔方案、Ackerman 方案或弗雷格—丘奇—怀特—卡尔纳普方案(简称 FCWC 方案)等。② 但这些解决办法要么忽视语境,纠缠于概念和表达式、语词的内涵和外延的区分,要么陷于语词分析同义反复的空洞循环之中,甚至可能付出很大的代价——"改变了我们使用日常语言说话的方式"③。这些思路和方案暴露出同样的问题,即将句法和语义割离开来,不能兼顾句法层面的语言学分析和语义层面的词典学分析,这是以语言分析方法为核心的分析哲学的致命缺陷。当语言分析方法被分析美学全盘照搬拿去使用时,这个缺陷也让分析美学很快尝到了同样的苦果。分析美学早期的研究手段是挥舞"奥卡姆剃刀",简单粗暴地试图将一切语言现象简化还原为最基本的语象原子、语象分子、语象离子:"将概念、事实或想象的实体简化还原为更基本的成分或性质,这些成分或性质是组成它的充分和必要条件,这种分析通常以追求形而上学的还原论为目的。"④ 例如 Malcolm Budd,这位专注于审美本质问题研究的"深深

---

① 参见李大强《分析悖论的分析》,《哲学研究》2006 年第 6 期。
② 参见李大强《分析悖论的分析》,《哲学研究》2006 年第 6 期。
③ 参见李大强《分析悖论的分析》,《哲学研究》2006 年第 6 期。
④ Richard Shusterman , "Analysing Analytic Aesthetics", in Richard Shusterman ed. , *Analytic Aesthetics*, Oxford, UK; New York, NY, USA: Basil Blackwell, 1989, Introduction, p. 4.

地根植于英美分析传统中的哲学家"①，就曾纯熟地利用简化还原法分析"审美"一词。他认为审美具有永恒的本质，但"审美是一个可以简化的概念"，因此审美概念可以"用非审美的方式表达出来"②。这里所谓审美概念的简化，就是运用简化还原法对审美作出界定；而所谓"非审美的方式"，便是逻辑语言分析的模式。具体操作流程是：从众多审美范畴中选出一个范畴，然后运用逻辑分析方法，以此范畴为中心界定其他范畴。Budd 发现了审美研究中存在的三个问题：第一，审美的本质与审美范畴相关，审美范畴有很多，如审美判断、审美愉快、审美价值、审美态度等，而且即便审美范畴多到无法穷尽，"审美总是超出不同范畴所列的项"；第二，虽然美学家们所偏爱的审美范畴各不相同，但对审美范畴进行界定的套路却完全相似，即"赋予审美范畴中的某一范畴以特权，给予它以基础地位，依据它去解释其他范畴"；第三，虽然对于哪一个审美范畴才是最根本、最基础、不证自明的范畴美学家无法达成共识，但是结果都一致，即他们都以自己选中的审美范畴作为不证自明的基础范畴，用它去解释、界定其他范畴。由此 Budd 得出第一个结论，即"审美的多样范畴是可以交互定义的"。③ 例如，以审美价值为核心的、不证自明的基础范畴，审美判断、审美愉快、审美性质乃至审美情感、审美经验等所有其他与审美相关的概念都可以得到界定：

审美判断是一种归因于（正面或负面的）审美价值的判断。

审美愉快是一种由审美价值的明显的感知或想象的实现带来的愉快。

判断项的审美性质是任何具有审美价值的性质。

……④

---

① Richard Shusterman , "Analysing Analytic Aesthetics", in Richard Shusterman ed. , *Analytic Aesthetics*, Oxford, UK; New York, NY, USA: Basil Blackwell, 1989, Introduction, p. 4.
② Malcolm Budd, "Aesthetics Essence", in Richard Shusterman and Adele Tomlin eds. , *Aesthetic Experience*, New York: Routledge, 2008, p. 17.
③ Malcolm Budd, "Aesthetics Essence", in Richard Shusterman and Adele Tomlin eds. , *Aesthetic Experience*, New York: Routledge, 2008, p. 17.
④ Malcolm Budd, "Aesthetics Essence", in Richard Shusterman and Adele Tomlin eds. , *Aesthetic Experience*, New York: Routledge, 2008, p. 18.

围绕着审美价值这个所谓的基础范畴，可以无限地对相关的审美概念作出界定。据此，Budd 得出他的第二个结论，即"如果任何一个范畴可以以非审美的方式得到界定，那么所有的范畴都可以"①。通过这样的简化还原法，Budd 可以毫无负担地界定所有的审美范畴，并乐观地表示，最终可以解决美学的基本问题，找到审美的本质。但实际上，通过这样似是而非的论证方式，审美概念的界定问题并没有得到实质性的解决。Budd 最终回避了那个致命的问题：到底哪一个范畴，才是真正最根本、最基础、不证自明的核心范畴，才是审美的本质？他明确了解美学家们的争论，但他最终也没能够提供真正为学界所认可的合理答案。从表面上看，Budd 的逻辑分析论证方法非常清晰、没有任何歧义，但这个方法缺乏确定的、核心的基础范畴，因而他的"交互定义"只是一种循环论证。他的所有努力都如西西弗斯推巨石上山，无论他费了多大力气把它推上去，最终巨石还是会滚下山的，所有心血都付诸东流。更为重要的是，Budd 的逻辑分析只停留在审美概念的语词层面，丝毫没有触及审美意义的丰富性与复杂性，这样的简化还原法已经完全废黜了"美"、消解了艺术的灵韵，是对美学和艺术的一种祛魅。所以，Budd 对审美本质的逻辑证明是不成功的。

再以分析美学对"审美经验"一词的分析为例。Adele Tomlin 发现分析美学家们对这个概念的认知不仅差异极大，有的还完全对立，以至于学者们由于对这个概念界定唯一性的信心丧失，否定了这个概念的价值，甚至否定了这个概念的存在：

> 人们将审美经验描述为能够传达知识，或者不能；无意志力，或者无利害；充满生气，或者消极；宣泄情绪，或者深省。有些人认为它与其他经验相比没有什么本质上的差异，而另一些人却认为它具有区别于其他经验的独特性。为它找到任何明确的定义的性质，或者任何唯一的特征，能够囊括所有不同的意见，已经被证明是极端困难的。结果，在 20 世纪，尤其是在英美传统中，不仅审美经验的价值，

---

① Malcolm Budd, "Aesthetics Essence", in Richard Shusterman and Adele Tomlin eds., *Aesthetic Experience*, New York: Routledge, 2008, p. 18.

而且连审美经验的存在都受到了质疑。①

最终作为分析哲学创始人的维特根斯坦也承认,语言逻辑分析方法不是万能钥匙,至少在类似审美经验这样难以界定的概念的分析上是失败的:"'审美经验'这个概念难以定义和表述,也许事实上它也不能用逻辑语言来定义和表述。"②

所以,早期分析美学家们从语言学角度追寻审美本质的努力实际上是徒劳无功的。因此 Adele Tomlin 得出结论说,分析美学更普遍地致力于基础主义的寻求,即定义审美,明确地将审美与非审美区分开来,例如依据一种特殊的审美维度来定义审美态度、审美经验、审美判断或逻辑地区分概念的类型,但"所有这些尝试都是不能令人满意的"③。当然,这些尝试本身的价值毋庸置疑。他们的失败在于方法的选择,这是选择简化还原法的必然结果。简单还原法的最大弊端在于,它只完成了鲍曼所阐释的"分类"的第一步,即分的过程,而忽略或根本无视"合"的部分,因此在解决问题时,只能着眼于局部、细部,忽视乃至遗忘整体,更疏忽要素所处的语境,只能抽象、孤立、片面地分析问题,缺乏对事物之间关联性的认识,对事物系统性、整体性特质的关注更加匮乏。美国学者阿尔文·托夫勒认为,现代科学对分析技巧的过度应用,本质上是逃避问题复杂性的一种表现,他辛辣地批判说:

> 在当代西方文明中得到最高发展的技巧之一就是拆零,即把问题分解成尽可能细小的部分。我们非常擅长此技,以致我们竟时常忘记把这些细部重装到一起。这种技巧也许是在科学中最受过精心磨炼的技巧。在科学中,我们不仅习惯于把问题划分成许多细部,我们还常常用一种有用的技法把这些细部的每一个从其周围环境中孤立出来。

---

① Adele Tomlin, "Contemplating the Undefinable", in Richard Shusterman and Adele Tomlin eds., *Aesthetic Experience*, New York: Routledge, 2008, Introduction, p. 1.

② Adele Tomlin, "Contemplating the Undefinable", in Richard Shusterman and Adele Tomlin eds., *Aesthetic Experience*, New York: Routledge, 2008, Introduction, p. 1.

③ Richard Shusterman, "Analysing Analytic Aesthetics", in Richard Shusterman ed., *Analytic aesthetics*, Oxford, UK; New York, NY, USA: Basil Blackwell, 1989, Introduction, p. 8.

这种技法就是我们常说的 ceteris paribus，即"设其他情况都相同"。这样一来，我们的问题与宇宙其余部分之间的复杂的相互作用，就可以不去过问了。①

在面对复杂问题时，化繁为简固然是一种必要的手段，但将视界仅仅局限在简单、细节、局部上，对局部与局部间、局部与整体间的连续性以及问题的复杂性、多样性视而不见，无异于盲人摸象。而过于依赖这种研究方法，研究结论则可能不具有科学合理性。那些对审美经验进行分析的尝试，就是企图以语言逻辑分析为主要手段，从单一的视角出发去澄清审美经验概念，再以此为切入点去研讨美学与艺术家族的整体。它的目的，仍旧是建立一个有序的理性世界，将有关美学与艺术的知识、语言乃至一切，都纳入一个统一的"文件柜"中，最终予以确定的把握。实际上这就是化繁为简，将对复杂、多元、立体、意义丰富的审美经验现象的解读，还原成简单、单一、线性、祛除魅力的语词概念的分析，这实际上取消了美学作为一门人文学科的独特性。

化约、拆零的技巧在西方自然科学发展中受到极度推崇，进而导致西方文化发展中"博物馆式"的理解方式的流行，但显然这种技巧与理解方式并不适用于美学与艺术领域。"博物馆式"的理解方式"将人类活动割裂成碎片，并将这些碎片锁定为各种孤立的现象，分别用时间、地点、语言、种类和学科予以标签"，因此不能以宽广开放的胸襟气度来看待生活。② 西方科学发展中还原论的风行和工业文明进程中过度的专业化，都是这种"博物馆式"的理解方式流行的必然成果。拆零技巧与"博物馆式"的理解方式都致力于将问题尽量简化，但过度的碎片化必将导致特定群体知识理解的偏狭和立场的僵化，不能对异己的观念持宽容开放的态度，从而造成自身发展的停滞或衰退。分析美学在美学舞台上快速退场，就是执着于单一的方法，不能以宽容态度对待异己观念的必然结局。

---

① 〔比〕伊·普里戈金、〔法〕伊·斯唐热：《从混沌到有序：人与自然的新对话》，曾庆宏、沈小峰译，上海译文出版社，2005，前言第 1 页。
② 〔美〕马歇尔·伯曼：《一切坚固的东西都烟消云散了——现代性体验》，徐大建、张辑译，商务印书馆，2003，第 1 页。

分析美学的衰落，是西方现代哲学试图将现代科学思维和科学方法应用于美学而失败的明证。事实上，现代科学思维和科学方法在哲学上的应用也没有成功，因为分析哲学同样也衰落了。万俊人曾批判西方哲学的现代化诉求乃是不切实际的幻想："因为哲学是一种人生智慧。一种智慧怎么现代化？"① 即便智慧可以现代化，显然语言分析的科学现代化路径是万万行不通的。哲学恰恰是在"知识科学化"的现代化诉求中，失去了其自身的特性，即失去了对人类的生存状态和人的现实生活的关怀，"失去了它自己原有的一些话语方式和话语力量"，那就是日常化的话语方式和话语力量。② 万俊人认为这是西方哲学陷入困境的根本原因之一，分析哲学当然也囊括其中。分析哲学在快速发展、"踌躇满志"的同时，自挖陷阱而陷入困境，从而遭到来自分析哲学家自身的质疑。"如果哲学的目的只在于分析语言的逻辑结构，澄清语言使用中的混乱，如果哲学的方法只是对语言形式和语言用法进行细致入微的分析，那么，它是否还应该被称作'哲学'。"③ 这是作为分析哲学创始人之一的维特根斯坦的心声。维特根斯坦清醒地认识到分析哲学无法解决现实生活问题这一致命缺陷，于是痛苦地自省说："学哲学有什么用，如果它给予你的一切，就是使你能够就深奥的逻辑问题谈论一些似是而非的道理，如果它不能使你更好地解决日常生活的重要问题的话？"④ 哲学自困于语言的逻辑分析，脱离了现实生活，便失去了存在的意义，丧失了生命活力。因此万俊人认为，要想走出困境，哲学只有重回生活世界："哲学的危机也是哲学获得新生的机遇。因为危机意味着必须要改变，这种改变使哲学家向社会现实、向生活世界靠拢。"⑤ 回归生活世界是哲学脱困的良方，同样也适用于分析美学。基于这种思考，分析美学虽然衰落了，但舒斯特曼并没有对它失去信心，

---

① 左高山执笔，曹孟勤、彭定光采访、整理《回归生活世界的哲学——万俊人教授访谈录》，《东南学术》2003年第5期。
② 左高山执笔，曹孟勤、彭定光采访、整理《回归生活世界的哲学——万俊人教授访谈录》，《东南学术》2003年第5期。
③ 江怡:《维特根斯坦：一种后哲学的文化》，社会科学文献出版社，1998，第1页。
④ 转引自〔美〕巴特利《维特根斯坦传》，杜丽燕译，东方出版中心，2000，第4页。
⑤ 左高山执笔，曹孟勤、彭定光采访、整理《回归生活世界的哲学——万俊人教授访谈录》，《东南学术》2003年第5期。

他乐观地认为,分析美学"仍旧是非常活跃的"①。舒斯特曼对分析美学之所以如此信任,就是因为他已经在分析美学中看到了向生活实践靠拢的趋向。舒斯特曼发现,分析美学的研究方法除了早期的简化还原法外,还有一种"澄清法"。与简化还原法相比,这种"澄清法"不以找到一个简单明了、逻辑清晰的形而上学定义为己任,但可以有效地处理类似于审美经验这种内涵非常模糊的概念。这种方法的目的很简单,即要"澄清某些对话领域中所使用的模糊的、有问题的概念,区分这种概念的复杂性与不同用法,即使没有能够产生一个精确而单一的、有关它的本质条件的定义"②。也就是说,这种方法更注重解决实际问题,从虚无的形而上学逻辑分析转到了关注现实的生活语言实践问题。美学研究从语言逻辑分析转向回归生活世界,生活世界成为舒斯特曼建构生活哲学的又一个理论平台。

哲学研究"向生活世界回归",是"20世纪哲学的一个重要转向"③。之所以说这种转向是"回归",是因为传统哲学以日常生活实践为主要研究对象。万俊人指出,无论是中国还是西方,哲学的研究对象和哲学话语,都与人的生活实践有关,他说:"在古希腊、中国先秦时期乃至中世纪,哲学都是与实际的社会生活,与人类的生存状态密切相关的……哲学话语都是非常日常化的。"④ 舒斯特曼非常赞赏古代哲人将哲学当作一种生活方式、一种生活艺术的哲学姿态,他欣羡梭罗"在瓦尔登湖的生活试验",在他看来那不是对现代生活的抗拒和逃避,而是"复兴古代哲学的实践",是一种"苛刻而值得"的生活方式;他赞赏第欧根尼·拉尔修报告中的说辞,认为哲学家不是靠哲学著作,而是靠现实生活实践中的品行来教诲世人;他完全赞同伊壁鸠鲁对哲学的认识,认为"哲学的首要

---

① Richard Shusterman, "Analysing Analytic Aesthetics", in Richard Shusterman ed., *Analytic Aesthetics*, Oxford, UK; New York, NY, USA: Basil Blackwell, 1989, Introduction, p. 1.
② Richard Shusterman, "Analysing Analytic Aesthetics", in Richard Shusterman ed., *Analytic Aesthetics*, Oxford, UK; New York, NY, USA: Basil Blackwell, 1989 Introduction, p. 4.
③ 衣俊卿:《理性向生活世界的回归——20世纪哲学的一个重要转向》,载衣俊卿编《社会历史理论的微观视域》(下),黑龙江大学出版社、中央编译出版社,2011,第604页。
④ 左高山执笔,曹孟勤、彭定光采访、整理《回归生活世界的哲学——万俊人教授访谈录》,《东南学术》2003年第5期。

目的是实现一种幸福生活",或者说,哲学是获得美的、幸福的生活的工具。① 在舒斯特曼看来,关注生活、实践生活、获得幸福,才是哲学的真正本质。但哲学的这个本质,这个首要任务,却在哲学的现代化诉求中,在科学理性的影响下,逐渐被"遗忘"、被丢弃了,因此在现代哲学走入困境之际,哲学开始向关注生活世界的古代传统回归。向古代生活哲学的传统回归,就是现代哲学脱困的一种具体策略。

这条向生活哲学传统回归之路,究竟通向怎样的"生活世界",实际上也是不明确的,因为"生活世界"这个概念本身就是内含丰富的。据言,胡塞尔本人在不同时期,对"生活世界"的解释也是不同的,理解上的多元性必然对生活哲学回归生活世界造成影响。在冯契、徐孝通主编的《外国哲学大辞典》中,"生活世界"这个术语被界定为:

> 德国胡塞尔用语。其含义前后有变化,大体是指人们生活于其中的现实具体的周围世界,是唯一实在的、通过知觉实际地被给予的、并能被经验到的世界。20 世纪 20 年代起成为其哲学的基本概念。胡塞尔认为,这个世界是人类所有的实践的基地和领域,相对于受到科学理念的规范而出现的世界,它是前科学的世界;包括科学在内的人的整个实践生活是在这个世界上发生的;科学的归纳并不改变生活世界是一切有意义的归纳的地平圈这一本质意义;这个世界比人们实际地真实地看到的世界要丰富得多。对世界的科学的考察是一种有目的的活动,这种根本目的必定存在于前科学的生活中,并且必定跟它的生活世界相关联;人们通过对非我的经历构造了主观间的生活世界,在它的基础上,又根据观念建立起自然科学的客观有效性。由此得出自然科学中的世界是人们生活世界活动的沉淀物的结论。但由于一切科学既是发现又是掩盖(它掩盖了科学的目标及科学方法发展、发挥作用的原因),以致人们虽然不断地在运用和发展科学,却因于对科学本身的自明性的探索。只有回到生活世界,才能获得解决这一问题的线索。②

---

① 〔美〕理查德·舒斯特曼:《哲学实践:实用主义和哲学生活》,彭锋等译,北京大学出版社,2002,"导言"第 2~4 页。
② 冯契、徐孝通主编《外国哲学大辞典》(上),上海辞书出版社,2000,第 186~187 页。

很显然，从这本哲学辞典对"生活世界"的这一界定中可以看出它包含了两个层面的生活世界。第一个是我们生活的这个世界。它是实实在在存在的，能够通过人的感官及其知觉能力被感知到，能够通过它与人的交往被经验到。这个生活世界具有实在性、被给予性等特征。它独立于科学世界而存在，因此是前科学的。这个世界不能为科学立法，不能证明科学的客观有效性。第二个是与科学相关联的生活世界，它能够为科学立法，能够证明科学的客观有效性。这个生活世界有以下几种特性。第一，先验性。因为"包括科学在内的人的整个实践生活是在这个世界上发生的"，所以它并不是生活实践本身，而是生活实践得以在其中发生的所在，它是先于生活实践的实在，是先验的。第二，意义丰富性。"这个世界比人们实际地真实地看到的世界要丰富得多"，说明它也并不是我们的肉身生活于其中的、每时每刻都能亲切体验到的那个真实世界，而是一个本真的生活世界，具有意义丰富性的生活世界。第三，主体间性。生活世界是人在与他人交往过程中，在超越了自我的异己经验的基础上构造出来的，具有主体间性。第四，不证自明性。生活世界是自然科学的生活世界的基础，科学的生活世界不是自明的，生活世界才具有自明性质。这两个生活世界概念，都在胡塞尔的著作中出现，如果不加以区分，不辨析两者间的关系，必然造成理解的混乱。据E. W. 奥尔特考证，《胡塞尔全集》第 4 卷曾给予生活世界以这样的界定："生活世界是自然而然的世界——在自然而然、平平淡淡过日子的态度中，我们成为与别的作用主体的开放领域相统一的、有着生动作用的主体。生活世界的一切客体都是由主体给予的，都是我们的拥有物……"① 胡塞尔此时所谈到的生活世界，是自然的生活世界，是我们的肉身生活于其中的、每时每刻都经验到的"平平淡淡过日子"的生活世界，是实践活动得以在其中自然发生的世界，因此它是经验的，而不是先验的；在其中我们同他人交往，进行实践活动，给予客体以存在的证明，我们自己则是自明性的。在自然而然的状态中，我们生动的实践活动，使这个世界具有了

---

① 转引自〔德〕E. W. 奥尔特《"生活世界"是不可避免的幻想——胡塞尔的"生活世界"概念及其文化政治困境》，邓晓芒译，《哲学译丛》1994 年第 5 期。

意义；这个世界本身不具有意义，它的意义是人的实践活动赋予的，而这里没有提到还存在高于这个世界的另一个意义世界。不仅如此，这个生活世界并非是真实的世界，"尽管在自然态度中的世界、即生活世界对我们来说是'第一世界'，它却并非'真实的世界'。毋宁说，'这第一个经验现实是一片未开垦的土地，从中应当通过科学研究而锻造出真实的世界作为其果实'"①。这个自然的生活世界不仅不是本真世界，它也不是本真世界的一种样态，它甚至与先验的本真世界之间还是分裂的："尖锐的裂痕却仍然存在于一般先验的生活和自然的生活之间，在前者中，有一个实在世界作为其中所相信的世界而建立起来；在后者中，自我拥有一个周围世界，并把它当作人的自我来适应。"② 总之，生活世界是自然世界，在它之外的先验世界才是真实的世界；但这个生活世界又是先验世界得以存在的基础，没有了生活世界，先验世界也就不复存在。所以，胡塞尔一方面要求"还原到生活世界"③，另一方面又强调生活世界不能用自然世界的经验的态度来研究，只有通过先验哲学使它得到先验的理解。

所以这里有两个生活世界，一个是经验的自然生活世界，一个是先验的本真生活世界。前者关注活生生的人类现实生活、现实世界，后者仍旧继承形而上学的传统，关注抽象的本真先验世界。哲学向生活世界回归，应该归向哪一个生活世界？因为上述两种生活世界各有拥趸，于是形成了回归生活世界的两条路线：推崇先验的生活世界理论的，仍旧选择走高端、精英的形而上学路线，这是一条"自上而下"的"道成肉身"的回归之路；尊崇经验的生活世界思想的，选择走自然的、肉身的鲜活接地气的路线，这是一条"自下而上"的"肉身成圣"的回归之路。一般认为，胡塞尔的生活现象学、列菲伏尔的日常生活批判哲学和哈贝马斯的生活世界理论，选择的都是第一条路线，因为它们分别从现象学、社会批判和语言学的高度，在理论上俯瞰现实生活实践，去分析、抽象，甚至胡塞尔的

---

① 转引自〔德〕E. W. 奥尔特《"生活世界"是不可避免的幻想——胡塞尔的"生活世界"概念及其文化政治困境》，邓晓芒译，《哲学译丛》1994年第5期。
② 转引自〔德〕E. W. 奥尔特《"生活世界"是不可避免的幻想——胡塞尔的"生活世界"概念及其文化政治困境》，邓晓芒译，《哲学译丛》1994年第5期。
③ 〔德〕E. W. 奥尔特：《"生活世界"是不可避免的幻想——胡塞尔的"生活世界"概念及其文化政治困境》，邓晓芒译，《哲学译丛》1994年第5期。

现象学仍旧是形而上学的,这样的生活世界与古代哲人所说的生活世界相去甚远,甚至可以说背道而驰。

美学研究到底应选择一条怎样的道路、意图归向何方?现代哲学、美学的困境,分析美学的失败,以现象学为代表的生活哲学理论的探讨,成为舒斯特曼思考美学发展之路的巨人肩膀,它们共同为舒斯特曼指明了方向。舒斯特曼选择回归被近代科学和哲学共同"遗忘"[①]的真正的生活世界,那个承认人的肉身的、实实在在的、生动的、鲜活的、充满人情世故的生活世界,从而建构起自己的作为一种生活方式的生活哲学。他的具体构想是,实施身体美学策略。

总之,从欧洲中心主义走向多元主义的价值观转向、从区分走向整合的方法论转向以及从语言分析走向生活实践的美学转向,共同构成了舒斯特曼实用主义审美复兴的语境,成为承载舒斯特曼实用主义美学理想的广阔平台。

---

① 李文阁:《遗忘生活:近代哲学之特征》,《浙江社会科学》2000 年第 4 期。

# 第二章　哲学的实践立场的间性建构

杜威提出对传统哲学进行改造，在舒斯特曼看来，"改良的冲动是实用主义的中心所在"①。舒斯特曼哲学思想的中心命题是"哲学生活"，他的以哲学生活为核心的实用主义哲学包含两个方面的内容：一是要恢复哲学的实践本质，强调哲学和生活之间的关联性，将哲学看作一种生活方式，一种具有诗性品格的生活艺术；二是重申哲学的实践目的，强调哲学研究的最终目的不是为哲学而哲学，不是在远离现实生活的形而上学的象牙塔中推演逻辑、摆布术语，而是要在自我改造的基础上完成对社会的改造。其路径具体就是增进以身体经验为核心的自我经验，完善人类内在的自我，从而提升人性、完善人格，进而改造社会现实。这两个哲学宗旨的实现，都依赖于间性建构的方法，即舒斯特曼所说的"包括性析取法"。在舒斯特曼的哲学实践的建构蓝图中，包括性析取法，即亦此亦彼的思维方法的运用表现为，在当下多元主义语境下对生活世界的不确定性、过程性、偶然性和开放性的洞悉。舒斯特曼的哲学实践理论始终受到杜威生活哲学观念的影响和启发，可以说，舒斯特曼与杜威的实用主义思想都表现出一定的浪漫主义色彩，是"内在和外在完善、自我和社会实现的双重理想"②的深沉表达。具体地说，舒斯特曼以间性建构的方法对杜威的生活哲学观念的继承与发展表现为：首先，反本质主义，强调实在的变动性、开放性与偶然性；其次，倡导实践论，倡导人类行为和目的相对于真

---

① 〔美〕理查德·舒斯特曼：《哲学实践：实用主义和哲学生活》，彭锋等译，北京大学出版社，2002，第8页。
② 〔美〕理查德·舒斯特曼：《哲学实践：实用主义和哲学生活》，彭锋等译，北京大学出版社，2002，"中译本序"第2页。

理的优先性;最后,强调生活哲学的间性建构,复兴生活哲学的传统哲学观念,恢复生活与哲学之间的关联性。

## 一 反本质主义的哲学实在论

"反本质主义"(anti-essentialism)是美国哲学家理查德·罗蒂提出的重要范畴,它主要针对的是分析哲学的本质主义,是对分析哲学所推崇的本质主义的反动;但同时它的攻击范围又远远超出了分析哲学,它"作为一种从现代贯穿到后现代的思潮,不仅指对分析哲学的本质主义的颠覆,还泛指上承尼采的对亚里士多德、培根到笛卡尔以理性为中心的传统形而上学的颠覆"①。对本质主义的批判始于英国哲学家卡尔·波普尔,他发现相信事物由本质和现象构成、推崇本质、否定现象的本质主义二元论已经作为一种常识普遍地存在于学术界,人们将它作为一种不证自明的理论不加质疑地予以接受。② 具体来说,所谓本质主义,是"认为事物均有其本质,可以通过现象的认识加以揭示的理论。持该理论者把对象的特性分为本质属性和偶有属性。本质是完全的理想形式,是不容怀疑的,真实的,确切的;事物是理想形式的不完全摹本,是可争议的,不真实的,不确切的"③。从古希腊的柏拉图的知识论,到当代美国逻辑学家索尔·克里普克的模态逻辑语义学的指称因果-历史论中,都可以看到本质主义二元论的身影。本质主义以片面的、静止的、决定论的观点来认识世界,认为事物有唯一的、固有的、确定的本质,而且这个本质是永恒不变、不容置疑的。王治河主编的《后现代主义辞典》在"反本质主义"这一条目中总结道,"本质主义有三种典型的表现:绝对主义、基础主义(原子主义)和科学主义"。从本体论上说,绝对主义"主张每一类事物都有惟一不变的普遍本质",这个绝对的本质构成世界的本源;从认识论上看,这个绝对的本质构成知识和真理;从方法论上看,绝对主义认为"只有一类方法具有揭示事物普遍本质的奇效"。基础主义认为,世界可以分析简化为最终的成

---

① 汪民安主编《文化研究关键词》,江苏人民出版社,2007,第59页。
② 〔英〕卡尔·波普尔:《猜想与反驳——科学知识的增长》,傅季重等译,上海译文出版社,1986,第146、148、162页。
③ 冯契、徐孝通主编《外国哲学大辞典》(上),上海辞书出版社,2000,第148页。

分；科学主义则对科学方法抱有强大的自信，认为所有一切都可以依靠科学方法来解决……①这种本质主义的缺陷是显而易见的。但就是这样的本质主义，曾经作为"一座精神古堡"屹立于人类哲学文化的伊甸园，"以它为据点，人类怀着必胜的信念，建筑了人类知识的大厦"。② 直到20世纪，这座大厦的虚假光环才被打破。尼采、罗蒂、韦伯、波普尔、维特根斯坦等诸多思想家清醒地认识到，本质主义不但不能构筑人类知识大厦的根基，反而会成为人类文明进步的绊脚石。毫无疑问，本质主义与西方近代经典科学的机械决定论一样，都以绝对、片面、静止、顽固的立场，造成了理论世界与现实世界的对立和疏离。

以牛顿力学为代表的西方经典科学中始终存在着一个基本信念，"即相信在某个层次上世界是简单的，且为一些时间可逆的基本定律所支配"③。这种科学主义的自然观可追溯到古希腊时期，"从古希腊原子论者的时代起，在西方思想中便出现了一种冲动，想把自然界的多样性归结为由一个幻象结成的蛛网"④。这种将繁杂鲜活的自然世界简化为规则冰冷的数理世界的冲动在牛顿那里达到了顶峰，这个幻象在牛顿经典力学体系中幻化为永恒静止的自然图景，其特点是时间可逆，且被化约为一个参数，过去与未来等价，确定而永恒。这是一个与随机性、偶然性、经验以及历史无关的"神明空间"，一个与人类的生活实践相背离的世界：在人类的现实生活中，世界是混乱复杂的，时间一去不复返（不可逆），世事无常，千变万化，充满了随机、偶然与不确定性。科学的进步成功地"开创了与自然的一次成功的对话"，但是其"首要成果就是发现了一个沉默的世界"，于是形成"经典科学的佯谬"，即牛顿力学理论所描绘的自然图景与人类经验世界的悖谬。⑤

---

① 王治河主编《后现代主义辞典》，中央编译出版社，2004，第110页。
② 王治河主编《后现代主义辞典》，中央编译出版社，2004，第109页。
③ 〔比〕伊·普里戈金、〔法〕伊·斯唐热：《从混沌到有序：人与自然的新对话》，曾庆宏、沈小峰译，上海译文出版社，2005，"导论"第8页。
④ 〔比〕伊·普里戈金、〔法〕伊·斯唐热：《从混沌到有序：人与自然的新对话》，曾庆宏、沈小峰译，上海译文出版社，2005，"导论"第3页。
⑤ 〔比〕伊·普里戈金、〔法〕伊·斯唐热：《从混沌到有序：人与自然的新对话》，曾庆宏、沈小峰译，上海译文出版社，2005，"导论"第7页。

比利时物理学家普里戈金等分析了经典科学的佯谬产生的原因,认为其根源在于科学家们试图运用自然科学原理去衡量人的一切活动。17世纪以后,自然科学领域获得的极大成就,使很多科学家对自然科学研究的方法产生极为盲目的乐观和自信,认为它可以解决人类世界过去、现在甚至将来面临的所有问题。如牛顿就试图从机械的运动理论和逻辑推演、数理预算等方法出发考察人的生活世界,沟通人与自然,将亚里士多德的恒星世界与人类的月下世界统一起来,认为恒星世界与月下世界都遵循引力定律与运动定律。在经典科学佯谬的影响下,形成了对自然发展的三个核心问题的争论,即是否存在时间之矢,时间是否可逆问题;假如存在时间之矢,那么自然界的演化是否有序问题;自然界的发展是否具有确定性,是否服从决定论问题。① 牛顿的经典力学体系坚信数理运算推演的结果,支持时间可逆,否认时间之矢的存在,认为自然界的演化服从决定论,从而彻底否认了人的生活世界的任何经验性、直觉性、偶然性和随机性的作用。从科学史上看,牛顿的经典力学体系为科学发展作出了卓越贡献,它确实表明"科学开创了与自然的一次成功的对话";但这次对话的弊端也非常明显,普里戈金等犀利地指出:"这次对话的首要成果就是发现了一个沉默的世界……一个僵死的、被动的自然,其行为就像是一台自动机,一旦给它编好程序,它就按照程序中描述的规则不停地运行下去。在这种意义上,与自然的对话把人从自然界中孤立出来,而不是使人和自然更加密切。"② 这是一个失去了人性的世界,一个拒绝想象力和诗意的世界,一个人与自然的和谐关系完全崩裂的世界。这个世界中孤立的不仅是人自身,自然也被孤立并被祛魅了。自然的祛魅"意味着否认自然具有任何主体性、经验和感觉",亦即"否认自然具有任何特质"。③ 而祛除了主体性、经验和感觉的自然,对于人类来说不具有任何意义,也不会产生任何内在价值。自然的祛魅最终使"自然失去了所有

---

① 〔比〕伊·普里戈金、〔法〕伊·斯唐热:《从混沌到有序:人与自然的新对话》,曾庆宏、沈小峰译,上海译文出版社,2005,"译后记"第315页。
② 〔比〕伊·普里戈金、〔法〕伊·斯唐热:《从混沌到有序:人与自然的新对话》,曾庆宏、沈小峰译,上海译文出版社,2005,"导论"第7页。
③ 〔美〕大卫·格里芬编《后现代科学——科学魅力的再现》,马季方译,中央编译出版社,2004,"引言"第2页。

使人类精神可以感受到亲情的任何特性和可遵循的任何规范"①，由此人类的生命自主了，但同时也异化了。人与自然分别被孤立，自然被祛魅、人被异化，导致知识、理论的世界与现实生活世界互为参商，不相一致，知识、理论世界成为一个自律自洽、自给自足的系统，却不具有现实意义，无法回应、解答现实生活世界中产生的问题。

后现代科学的发展则展示了一个完全不同的世界"本质"。它告诉我们，我们生活在一个充满不确定性、随机性和偶然性的世界中，"不确定性总是伴随我们，它决不可能从我们的生活（无论是个人还是作为社会整体）中完全消除。由于不确定性的存在，我们对过去的理解和对未来的预测总是模模糊糊"②。因为这种不确定性，我们生活的世界，"小变化能够产生大影响"③。冯毓云先生认为，不确定性、偶然性、随机性甚至可以在某个系统中起到决定性作用："偶然性、随机性不仅大量存在于自然界和人类社会之中，而且其作用在系统的进化中越来越大，有时甚至起支配作用。"④ 如果对充斥于生活中的不确定性、随机性和偶然性视而不见，还要盲目、固执地去追求"现象间的单纯性、一样性和统一性"⑤，去发掘那个支配一切的永恒不变的本质，必然会越发远离现实生活。实用主义的哲学改造，就是要剔除墨守成规、无视生活现状、固守本质主义的旧哲学，重建能够面对当下生活实践、解决当下生活实践所遇到的问题的新哲学。舒斯特曼与杜威反本质主义的哲学实践的间性建构，首先表现为对实在的生发性与变化性的充分肯定。

舒斯特曼继承了杜威的反本质主义立场，但其反本质主义立场并不具有否定的彻底性，否则便背叛了包括性析取的间性立场。舒斯特曼的包括性析取法，就是以亦此亦彼的间性思维，取代非此即彼的极端思维。如果

---

① 〔美〕大卫·格里芬编《后现代科学——科学魅力的再现》，马季方译，中央编译出版社，2004，"引言"第3页。
② 〔美〕亨利·N. 波拉克：《不确定的科学与不确定的世界》，李萍萍译，上海科技教育出版社，2005，第3页。
③ 〔美〕亨利·N. 波拉克：《不确定的科学与不确定的世界》，李萍萍译，上海科技教育出版社，2005，第55页。
④ 冯毓云：《文艺学与方法论》，社会科学文献出版社，2002，第131页。
⑤ 〔美〕约翰·杜威：《哲学的改造》，许崇清译，商务印书馆，1934，第19页。

对本质彻底否定，显然就走向了另一个极端。舒斯特曼亦此亦彼间性思维下的反本质主义，明显区别于另一位实用主义哲学家罗蒂的非此即彼思维下的反本质主义。罗蒂认为："对我们实用主义者来说，不存在任何像 X 的非关系特征这样的东西，就好像不存在像 X 的内在本性、本质这样的东西一样。"① 罗蒂的反本质主义立场旗帜鲜明。他不仅用"反本质主义者"来称呼"我们实用主义者"，而且还提出杜威是一位"反本质主义者、实用主义者和平等主义者"②。罗蒂认为当代哲学虽海纳百川，百家争鸣，但反本质主义是其基本特征，他说："这个当代哲学的舞台就是以反本质主义为基本特征的多元主义的汇合。"③ 但事实上，罗蒂与杜威的反本质主义立场并不一致，"杜威不像罗蒂那样反对关于本质的理论，更不像他那样反对事物的本质存在"④。杜威与罗蒂的最大差别在于，杜威仍旧信仰普遍本质的存在，"科学探索事物本质是他哲学的基本出发点"⑤，对实在本性的合理改造就是杜威的本质理论的具体表现。

在探讨哲学改造的合理性时，杜威分析了科学因素对哲学的影响。他指出，近代科学革命同经济、政治和宗教的变革并起，使自然世界、物理世界和人的信仰世界都发生了巨大的变化，其中最大的变化就是迫使人们认识到不确定性因素的慑人威力：它带来了"一个开放的世界，它的内部构成变化无定，不容加以限制，它的外部伸展超出任何假设的境界，没有涯际"⑥。开放、变化、没有边际、无法限定是这个新世界的特质。面对这样的新世界，传统的宇宙观和实在论无法发挥其效用。杜威认为，传统的宇宙观和实在论是固定不变、静止长存、整齐划一的，同时也是封闭、僵化的，与近代自然科学机械论一脉同源，它们同样误以为等级有列、规则有序是世界的本质：

---

① 〔美〕理查德·罗蒂：《后哲学文化》，黄勇译，上海译文出版社，2004，第136页。
② 〔美〕理查德·罗蒂：《后哲学文化》，黄勇译，上海译文出版社，2004，第140页。
③ 毛崇杰：《实用主义的三副面孔：杜威、罗蒂和舒斯特曼的哲学、美学与文化政治学》，社会科学文献出版社，2009，第119页。
④ 毛崇杰：《实用主义的三副面孔：杜威、罗蒂和舒斯特曼的哲学、美学与文化政治学》，社会科学文献出版社，2009，第121页。
⑤ 毛崇杰：《实用主义的三副面孔：杜威、罗蒂和舒斯特曼的哲学、美学与文化政治学》，社会科学文献出版社，2009，第121页。
⑥ 〔美〕约翰·杜威：《哲学的改造》，许崇清译，商务印书馆，1934，第29页。

如同我们品第动植物一样，宇宙间一切物亦各有等级。一切物各因其性质而所属部类不同，这些部类便形成一个品级的系统。自然界亦各有等级存在。宇宙按贵族制构成，认真地讲，是按封建制构成。种和部类是不会混淆或重复的，只有偶然陷于混沌而已。此外一切都已预定属于一定的部类。各部类均在"实在"的品级中各有一定的位置。宇宙确是一个整洁的处所。①

很显然，这是一个理想世界。它整洁有序，除了"偶然陷于混沌"，几乎完美无瑕。而后现代科学却证实，这个完美有序的世界与人的经验世界不相符，或者说正相反，它完全背离了人的经验世界。不可否认，人类真实的生活世界包含有序、确定、简单、整洁的一面，但它在生活世界中只占很小的比例；人类的生活世界更多呈现的是与此截然不同的另一面，即混沌、不确定、复杂、混乱的一面。自然世界、物理世界和人的信仰世界，都是混沌和有序、不确定和确定、复杂和简单、混乱和整洁等的混杂合一。两者在理论上可以区别，但在现实生活中完全无法割裂开来。正如杜威所描述的：

> 我们是生活在这样一个世界之中，它既有充沛、完整、条理、使得预见和控制成为可能的反复规律性，又有独特、模糊、不确定的可能性以及后果尚未决定的种种进程，而这两个方面（在这个世界中）乃是深刻地和不可抗拒地掺杂在一起的。它们并不是机械地，而是有机地混合在一起，好像比喻中的小麦和稗子一样。我们可以区别它们，但我们不能把它们分开来。②

传统的理想主义的世界观和实在论的宏大叙事只青睐这个世界的确定性与规律性的一面，"盼望这个真实存在的世界具有完全的、已完成了的和确切的特性"③，因此不能够真正地观照真实的生活世界的本来面目。它得益于有序、确定、简单和整洁，但这也意味着静止、僵化和死寂，被

---

① 〔美〕约翰·杜威：《哲学的改造》，许崇清译，商务印书馆，1934，第31页。
② 〔美〕约翰·杜威：《经验与自然》，傅统先译，江苏教育出版社，2005，第32页。
③ 〔美〕约翰·杜威：《经验与自然》，傅统先译，江苏教育出版社，2005，第32页。

迫要面对灵动、生机、美和诗意的魅力的丧失："当自然被看作一套机械的交互作用时，它的意义和目的就完全丧失了。它的荣光也被剥夺了。性质的差别既已泯灭，它的美跟着消逝。对于自然否定了向往理想的一切内心的憧憬和愿望，就是隔离了自然和自然科学与诗、与宗教和与神圣事物的接触。所剩下的只有严厉的、残忍的、无生气的、机械力的展览。"①杜威认为，哲学家的使命，绝对不是"展览"这个毫无生气、失去了情感的感染力和人生的诗意性的冷冰冰的世界。他指出，古代人是因为没有正确认识自然的能力，才在处理人与自然关系时强调支配和命令的作用——命令就等于法则，普遍支配万物万象。近代科学不缺乏正确认识自然的能力，却偏执于用同一法则一统自然世界与人的生活世界，只求同，不关注差异："天上高贵的理想的势力与地下的卑贱的物质的势力的区别……天上地下的物质和势力的差异性被否定了，所肯定了的却是处处运行着的同一法则，自然界处处的物质和变化过程都有同质性。"② 当然，这一论述仅仅表明，杜威关注到了近代科学尤其是牛顿力学对同一性的追求，对差异性、多元性的摒弃，并不意味着他对这种现象抱有批判质疑态度。实际上，杜威当时只是赞美近代科学废除自然界与实在的封建等级制度的进步性，他关注的是近代科学的价值观带来的"变化"本身，对变化造成的后果及其附带的不良影响未加思考、未予置评。

杜威认为，"变化"是社会进步、文明发展的表征，更是实在的新的本质特征。他批判了旧的宇宙观和实在论，强调随着近代科学对于自然界认识能力的提高，旧的实在论失去了生存空间，应该用新的实在论加以取代，这个新实在论的本质就是"变化"。杜威指出：

> 现在科学已代这个密闭的宇宙而付与我们一个于时间和空间均无定限，既无边际也无终竟，而于内部构造则无限复杂的宇宙了。从此它也就是一个开放的世界，一个在古代的意义就不能叫做宇宙的世界。这样的复杂，这样的广阔，既不能撮其大要，也就不能括入一个公式里面。现在成为"实在性"或存在的功能（energy of being）的

---

① 〔美〕约翰·杜威：《哲学的改造》，许崇清译，商务印书馆，1934，第37页。
② 〔美〕约翰·杜威：《哲学的改造》，许崇清译，商务印书馆，1934，第34页。

标准的已不是"固定",而是"变化"了。变化是无处不有的。……变化已不会被人家看作美德的衰落,实在的缺损,或"实有"的不完的表征。①

也就是说,"变化"已经代替"固定"成为实在的新的性质,成为新的秩序观念的标准。

为何传统的宇宙观和实在论如此推崇"固定"而贬抑"变化"?杜威从社会心理学角度,通过阐释人与环境的间性关系,就此问题提出了自己的解答。杜威认为,"固定"就是信仰恒一、确定性,对确定性的追求则源于人与环境之间相互联系和相互作用的现实经验。在人的感性经验里,他们所生存的世界是"动荡的和不安宁的"②,不能满足人安全本能的需求。人时刻被笼罩在威胁、恐惧的阴影下,"逃避危险"的本能迫使人寻求相对平静、稳定的生存环境。其结果是,人将"确定性"等同于"安全性",而将"不确定性"等同于"危险性"。当具备了将零散的经验进行理性归纳的能力后,人们就总结出比较粗糙的规律:人在现实世界中的实践活动是变化、不确定的且充满危险的,而运用大脑进行的抽象的思维活动能够帮助人逃避危险,获得高度的稳定性、确定性和安全性。"实践活动有一个内在而不能排除的显著特征,那就是与它俱在的不确定性……关于所作行动的判断和信仰都不能超过不确定的概率。然而,通过思维人们却似乎可以逃避不确定性的危险。"③ 在这种简单的因果逻辑影响下,凡是变化的、不稳定的、"化成"、"生灭"、"有限"或不完整的东西,包括人的行动,都被认为不具有理性的安全的保障,是危险的、不能信任的,不被视为真正的实在;相反,"任何可能具有安定性的东西就被假定构成最后的存在"④。既然只有固定、永恒不变的精神世界才能给人以足够的安全感,人们于是得出结论:常住性的精神世界才是真正的、最后的实在。总之,推崇"固定"而贬抑"变化",乃是由人的现实需求决定

---

① 〔美〕约翰·杜威:《哲学的改造》,许崇清译,商务印书馆,1934,第32、61页。
② 〔美〕约翰·杜威:《经验与自然》,傅统先译,江苏教育出版社,2005,第29页。
③ 〔美〕约翰·杜威:《确定性的寻求:关于知行关系的研究》,傅统先译,上海人民出版社,2004,第4页。
④ 〔美〕约翰·杜威:《经验与自然》,傅统先译,江苏教育出版社,2005,第19页。

的；传统的哲学实在观，便从人类对安全性、确定性的本能需求中衍生出来。

不过，杜威自己也感觉到用"变化"代替"秩序"，似乎也仅仅是一种"代替"，将"变化"作为秩序观念的新标准，本质上仍旧摆脱不了形而上学的嫌疑。如何避免走回形而上学的老路？杜威的选择是强调新的秩序标准与传统的秩序标准之间的差异。他认为，与传统实在论相比，这种新的秩序观念并不追求"物理的"、"形相的"或"形而上的"的永恒存在，而是强调关联性、关系的永恒价值："事物的作用和机能的永久不变……互相联系的变化的叙述或推算的一个公式。"① 也就是说，杜威对实在论的哲学改造是把实在论从"物质实体实在论"转变为一种"关系实在论"。

"关系实在论"概念是学者罗嘉昌提出的。这种实在论不再将事物的基础、本质、原因看作某种先于事物而独立存在的物质实体，而是用关系来代替。"关系实在论"的具体观点是，强调"关系即实在，实在即关系，关系先于关系者，关系者和关系可随透视方式而相互转化"②。具体地说，关系实在论包含五个方面的论题："1. 关系是实在的；2. 实在是关系的；3. 关系在一定意义上先于关系者；4. 关系者是关系谓词的名词化；5. 关系者和关系可随关系算子的限定而相互转换。"③ 关系实在论认为，事物的本质不是由绝对的、独立不变的、不证自明的实体所规定，而是存在于相对的、变化的、内在的、不可还原的、先于人的意识而存在的、生成性的性质与关系相互转化的关系网络之中，或者说存在于"多种间性之中，并且是在间性中相互规定、影响，甚至造就他者的"④。杜威对何谓关系也提出过解释，他提出："关系是相互作用的方式……将注意力固定在事物的相互影响，它们的冲突与联合、实现与受挫折、推动与被阻碍、相互刺激与抑制的方式之上。"⑤ 杜威认为关系具有普遍存在的

---

① 〔美〕约翰·杜威：《哲学的改造》，许崇清译，商务印书馆，1934，第32~33页。
② 罗嘉昌：《从物质实体到关系实在》，中国社会科学出版社，1996，第8页。
③ 罗嘉昌：《从物质实体到关系实在》，中国社会科学出版社，1996，第8页。
④ 冯毓云、刘文波：《科学视野中的文艺学》，商务印书馆，2013，第161页。
⑤ 〔美〕约翰·杜威：《艺术即经验》，高建平译，商务印书馆，2005，第148页。

性质,无论是在自然、生活还是在艺术领域,关系无时无刻不在发生作用。在此基础上,杜威进一步强调实在也存在于"事物的作用和机能"之中,即存在于事物与事物、事物与环境之间的相互作用、相互联系之中。所以,实在不是恒一、固定不变的,而是事物与事物相互作用、相互联系时产生的变化性质。这种"属性与关系相互转化的过程",是变化性质的"生成和退化的过程,也是现象如何成为实在,实在又如何在一定条件下消解的过程"。① 总之,杜威用关系来解释实在的立场,就是坚持一种"关系实在论"的立场。对实在的生成性与变化性的强调,表现出杜威的间性建构思考路径。

舒斯特曼继承了杜威对实在变化性本质的认识,并将杜威的实在"变化"性质进一步地界定为实在的本性,提出"实在的本性是变动的、开放的和偶然的"②。舒斯特曼对实在的本性的把握,建立在对实在与生活世界关系的建构的基础上。他指出,变动是生活世界的本来面目:

> 我们通过人的经验所了解的世界,并不是一个绝对固定或永久不变的世界。不仅我们个人的经验,而且外在的世界都是一个不断变动的世界,其规律性和稳定性都存在于一种变动的框架之中,且其大多数的变动并不为人注意。甚至我们所看到的永久形象,譬如山脉,都是变动的产物,并且还由于侵蚀或者其他自然和人力的作用而在持续地变动。③

舒斯特曼的实在变动性观点指出,实在是日常生活世界的实在,这个日常生活世界既包括人的经验世界这一内在世界,又包括自然世界这一外在世界。总之,是真实的现实世界,而不是形而上学的虚幻世界。这个日常生活世界的实在的本性是变化性,所有的秩序、规律、稳定等性质都处于"变动的框架之中"。这可以说是对杜威的"事物的作用和机能的永久

---

① 罗嘉昌:《从物质实体到关系实在》,中国社会科学出版社,1996,第16页。
② 〔美〕理查德·舒斯特曼:《实用主义对我来说意味着什么:十条原则》,李军学译,《世界哲学》2011年第6期。
③ 〔美〕理查德·舒斯特曼:《实用主义对我来说意味着什么:十条原则》,李军学译,《世界哲学》2011年第6期。

不变"以及"互相联系的变化的叙述或推算的一个公式"的观点的准确解读。更重要的是,实在的变动不是外在地产生的,因为实在来自事物与事物、事物与环境、人与事物乃至人与人、人与环境等诸多元素之间的相互联系、相互作用甚至相互转化,是生成性的,因此变动性是实在内在的、固有的、与生俱来的性质,它存在于多种间性之中。

舒斯特曼并没有停留在对实在的变化性的认知上,他进一步提出,实在是开放的。杜威虽然认识到近代科学为我们创造的新世界具有开放性质,但他并没有进一步地将这种性质与实在联系在一起。当然我们可以认为,杜威对世界的开放性的认识,对摒弃旧的传统观念所推崇的秩序的热衷,就已经包含了对实在的开放性的肯定。杜威曾强调:"非至关于固定不变的类型和种,高低阶级的安排,暂时的个体对于普遍或种类的从属等信条,在人生科学上的权威受到摇撼,新观念和新方法应用在社会、道德生活里面是不可能的。"① 只有封闭的、僵化的传统观念真正地被破除,以开放的、变化的立场和观点解决现实生活中不断产生的新问题,科学的发达才可以完成,哲学的改造才可以实现。② 舒斯特曼将杜威的潜台词明确化,认为包括杜威在内的实用主义者的宇宙观是开放的、变动的,这种宇宙观、实在论,为个人、世界和哲学都带来了积极的影响。舒斯特曼指出:"世界开放的、易变的本性促进积极行动的自由理念,这一积极行动自由理念对世界产生了重要的影响。实用主义宇宙观所带来的进一步结果是,就像介入这个变动世界的人的活动一样,哲学也可以有助于改变这个世界。"③ 舒斯特曼在此勾勒了一个运动的、进化的脉络,一条由人与世界、人的哲学与世界之间相互作用、相互影响而产生多米诺骨牌效应的运动、变化并进化的路径:世界、实在的开放性、变化性促使人产生积极活动的观念→人的积极活动的具体实施改变世界→世界发生变化→人的观念发生变化→哲学观念发生变化→哲学帮助世界进一步改变、开放……如此良性循环,周而复始,回环往复。这是一幅美好乐观的个人观念、世界与

---

① 〔美〕约翰·杜威:《哲学的改造》,许崇清译,商务印书馆,1934,第40页。
② 〔美〕约翰·杜威:《哲学的改造》,许崇清译,商务印书馆,1934,第40页。
③ 〔美〕理查德·舒斯特曼:《实用主义对我来说意味着什么:十条原则》,李军学译,《世界哲学》2011年第6期。

哲学（知识）三者并肩积极进化的恢宏图景。舒斯特曼始终乐观地坚信，通过个人的自我关怀和修养的提升，不仅可以改造哲学，更可以"内圣开外王"，进一步改变世界、改善生活、改造社会。

实在还具有偶然性。舒斯特曼对实在的偶然性的认识仍旧承自杜威。杜威发现，虽然表面上看哲学史中各种派别林立，甚至有的流派之间彼此观点相悖，似乎"达到绝对对立的极端"①，但实际上，这些对立与分歧都被纳入了同一个思维框架之中，乃是同一目标之下的对立与分歧，这一目标就是对确定性、普遍性的推崇，对变化性、偶然性的贬抑。尊崇必然性、否定偶然性是诸种哲学流派的默契与合谋，其差异仅在于否定的具体手段各不相同：

> 一切不同的哲学派别都具有一个共同的前提，而它们之间的分歧是由于接受了这个共同的前提。不同的哲学派别可以被视为提供一些如何否认宇宙具有偶然性的秘诀的不同的方式，而宇宙是不可分离地具有这种偶然性的，于是对于偶然性的否认就使得从事于思维的心灵找不到一个线索，而使得后来的哲学思考惟有听命于个人的气质、兴趣和局部的环境条件了。②

偶然性是人的生活世界不可或缺的组成部分，偶然性可能给人的生活制造了难以预料的烦恼、无奈和痛苦，但也正是因为偶然性的存在，人也有了机会去体会生活中无限的情趣、惊喜和欢乐，去感受人生中的别样风景。杜威认为偶然性也是实在的基本属性，他辩证地分析了偶然与必然的关系，指出二者互益互补、相互对立而存在，互为对方存在的前提。杜威指出："必然性就意味着动荡和偶然性，一切都是具有必然性的，世界就不会是一个必然世界，它就只会是存在而已……必然并不是为了必然而必然，它是为某些别的东西所必需的，它是为偶然所制约的，虽然它本身是充分决定偶然的一个条件。"③ 偶然性是必然性存在的前提，一个没有偶

---

① 〔美〕约翰·杜威：《经验与自然》，傅统先译，江苏教育出版社，2005，第32页。
② 〔美〕约翰·杜威：《经验与自然》，傅统先译，江苏教育出版社，2005，第32页。
③ 〔美〕约翰·杜威：《经验与自然》，傅统先译，江苏教育出版社，2005，第43、44页。

然性的世界貌似是没有缺陷的、完善的世界，它本身就是极致的"存在"了，再没有任何需要、满足产生的可能，因此也就没有了变化。因为已经得到了终极的满足和结果，于是一切活动就停滞不前、失去了价值和意义。这个世界，既是一个圆满的世界，是"存在"，同时也是一个死气沉沉的世界，"热寂"后的世界。舒斯特曼承继了杜威的这一观念，并进一步指出偶然性对于人的生活世界的意义所在："偶然性意味着机会是生活中不可或缺的部分，即人的行为过程和社会过程甚至自然法则都是偶然的事情，而不是绝对必然的事情，绝对必然是不容许有惊奇、例外或偏差的。"① 舒斯特曼强调，偶然性为生活提供了活动的需要，提供了活动的前提和机会，是人的生活世界中的生生不息的生机与活力、源源不绝的兴味与情趣的来源。没有"惊奇、例外或偏差"的绝对必然的生活和世界，只有结果，没有过程，人的行为和社会便丧失了趣味和诗意，失去了存在的意义和价值。

同时舒斯特曼指出，对实在偶然性的肯定是达尔文进化论影响的结果，它为实用主义的改良论提供了理论依据，即可谬论存在的合理性。实在的偶然性是人的实践活动的意义和价值存在的前提，正因为生活中存在缺陷，人才有了获得的欲望和需要，有了以行动改变生活的机会和动力；同样，正因为思维中存在缺陷，人类当前的知识和信念不完善，人才有了以行动去完善的机会和动力，这就是舒斯特曼所说的："我们当前正当的信念或创立的知识总是有待于依据未来的经验来改善和修正。"② 这是合理的可谬论，而不是极端的怀疑主义。

舒斯特曼继承了杜威的衣钵，以开放的、多元的间性建构立场确认实在的变化性、生成性、偶然性，反对追求静止、固定、一成不变的本质主义实在论，是实用主义批判旧的传统实在论、建构新实在论的历史进步性的体现与证明。

---

① 〔美〕理查德·舒斯特曼：《实用主义对我来说意味着什么：十条原则》，李军学译，《世界哲学》2011 年第 6 期。
② 〔美〕理查德·舒斯特曼：《实用主义对我来说意味着什么：十条原则》，李军学译，《世界哲学》2011 年第 6 期。

## 二 坚持人类行为和目的优先性的实践论

所谓"行为与目的的优先性",包含两个层面的意涵。首先,行为的优先性。这是对理论与实践之间关系的确认,指生活实践活动先于抽象理论,理论源于生活实践。其次,目的的优先性。这是对理论与实践的意义和价值的确认,指无论是理论还是实践,最终目的都不是理论与实践本身,而是改变世界、改善生活、改造社会。就这两个层面的关系而言,行为的优先性是目的的优先性的前提,目的的优先性是行为的优先性所要达到的结果。

当然,对于日常生活世界被遗忘问题,并不是只有舒斯特曼才把它揭示出来。在20世纪中叶,胡塞尔在他的《欧洲科学危机和超验现象学》一书中,就对这一问题进行了阐释。胡塞尔认为,生活世界被遗忘是近代自然科学发展的结果,或者说,是近代自然科学极端发展结出的苦果。生活世界本来是科学研究和科学方法的根本目的和"意义基础",但从伽利略开始,在自然科学的"理念化"过程中日常生活世界被取代,它的重要性完全被忽视了。① 胡塞尔指出,日常生活世界本来是"最为重要的值得重视的世界",它是"唯一实在的,通过知觉实际地被给予的、被经验到并能被经验到的世界",但是自然科学概念化、证明、公式化等方法对量化、数字化、技术化的追求,造成了"一个致命的疏忽",就是不再关注日常生活世界的意义基础,不再"回过头来探问原初的意义所给予的成就……这一成就是在原初的一切理论的和实践的生活——直接地被直观的世界(在这里特别是指经验地被直观的物体世界)——的基础上所取得的理念化的成就"。② 胡塞尔认为,以伽利略为代表的自然科学家们沉迷于自然科学研究的游戏,将科学方法和技巧的应用看作最终目的,不再对研究的意义与目的进行反思。即便反思,也仅仅局限于科学方法本身,"他们没有把反思进行到底,不追问从前科学的生活和它周围世界中产生出来的新的自然科学,及其与之不可分割的几何学,是为何种根本目的服

---

① 〔德〕埃德蒙德·胡塞尔:《欧洲科学危机和超验现象学》,张庆熊译,上海译文出版社,1988,第58~59页。
② 〔德〕埃德蒙德·胡塞尔:《欧洲科学危机和超验现象学》,张庆熊译,上海译文出版社,1988,第58~59页。

务的。——这种根本目的必然定存在于这种前科学的生活中,并且必定跟它的生活世界相关联"①。胡塞尔指出,对改善日常生活世界这一"意义基础"和根本目的的遗忘,是欧洲科学陷入危机的真正根源所在。因此,胡塞尔的现象学的宗旨,就是为向日常生活世界回归提供合理证明,胡塞尔也认为与科学研究追求的真理目的相比,改善日常生活世界的实践目的具有优先性,他强调科学研究所追求的真理,只是按照日常生活世界的标准量体定做的一件"理念的衣服"②。既是外衣,便不是根本。

胡塞尔在自然科学与日常生活世界的关系中,确定了日常生活世界目的的优先性;舒斯特曼则是从理论与实践的关系入手,强调人类行为与目的的优先性。舒斯特曼认为:

> 人类在成为理性思想的主体之前,首先是行动的生物。我们获取知识不是像唯理论者的目标那样为真理而真理,而毋宁说是以更有效的行为去实现我们生活的目的。……实用主义坚持理论与实践、知识和行动的统一。理论来自于在行动或实践的经验中所遇到的问题,并根据其在解释、预测以及改善经验和实践方面的作用来检验。因而行动、生存和对我们需求的满足比真理和知识的观念更为基础,这意味着生活优先于真理。③

人的生存行动等实践活动既是理论产生的前提和基础,又是理论存在的意义和目的所在,这是"人类行为与目的的优先性"原则的本质内涵。舒斯特曼看到了传统哲学舍本逐末,舍生活实践而追逐形而上学的抽象理论的谬误,如唯理论,它的目的是"为真理而真理",遗忘了改善日常生活世界的根本目的,而这种谬误在西方传统哲学领域屡见不鲜、不胜枚举。

---

① 〔德〕埃德蒙德·胡塞尔:《欧洲科学危机和超验现象学》,张庆熊译,上海译文出版社,1988,第60页。
② 〔德〕埃德蒙德·胡塞尔:《欧洲科学危机和超验现象学》,张庆熊译,上海译文出版社,1988,第61页。
③ 〔美〕理查德·舒斯特曼:《实用主义对我来说意味着什么:十条原则》,李军学译,《世界哲学》2011年第6期。

舒斯特曼对优先性原则的阐发，蕴含着丰富的内在信息，明确地表明了他的实践论立场，传达了他的实践观：他申明了唯物主义以及进化论的立场，认为实践与行动是第一性，是真正的基础，而理论与知识则是第二性，它来源于作为生物的人类在实践中获取的经验；他指出理论与实践并不是不相容的对立关系，相反，二者是衍生关系，实践经验是理论之源，知识和理论的正确性也要回到实践中检验，在实践中获得最后的确认和肯定；他提出了实践目的论，即理论和知识的获得不是最终目的。人类寻求真理、建构哲学，目的不在于获得理论和知识，而在于超越自身。哲学的目的不是为哲学而哲学，不是为真理而真理，追求真理、知识只是方法、手段，是改造世界、改善生活和改变社会的方法和手段，改造世界、改善生活和改变社会，才是哲学的终极目的。毋庸置疑，舒斯特曼对于理论和实践关系的阐释，显露出与杜威哲学改造的理论之间的继承关系。

哲学的本质是永恒不变的真理，还是不确定、富于变化的行为实践？这个问题本身，就是二元对立思维的一种具体化。而二元对立正是杜威坚决批判的对象，据言，"杜威终其一生，都在为克服理论与实践之间的古老的二分而斗争"[1]。杜威认为，哲学危机的根源就在于二元论的哲学传统所造成的诸多缺陷和弊端，其中最基本、最核心的缺弊，便是方法的误用致使观念无效。显然，这是长久以来忽视、蔑视经验和经验方法的必然结局。忽视经验和经验方法导致二元论诞生，并最终造成现实生活的碎片化；贬低情感、行动、社会实践以及社交生活，导致了生活中信仰的幻灭、人性的冷漠以及价值和意义的缺失；盲目依赖自然科学方法，无视经验的方法，导致了哲学思考的武断和偏见；等等。在杜威看来，解决这些问题的最佳办法，就是倡导实用主义，以经验自然主义的一元论消解传统形而上学的二元论。舒斯特曼则在继承杜威的实用主义哲学立场的同时扬弃了一元论，代之以间性建构的多元论，以克服传统形而上学的弊端。舒斯特曼强调哲学的实践性质，并以经验的方法作为哲学实践的理论基石。舒斯特曼对杜威的实践哲学的继承与发展具体表现为，批判哲学理论化的

---

[1] John R. Shook and Joseph Margolis eds., *A Companion to Pragmatism*, Blackwell Publishing, 2006, p. 57.

错误倾向，强调哲学理论与实践的内在统一性。

杜威认为，哲学的本性乃是实践与理论二者的统一，但重理论、轻实践却成为漫长的哲学史上的一种普遍倾向。从古典哲学到现代哲学，都将哲学的理论化视为必然。杜威从发生学角度出发，探究了哲学的源头，提出传统哲学乃是经验实践与抽象理论二者的统一，由此批判了重理论、轻实践而最终导致理论与实践分离的不合理性。

杜威指出，在远古时代，哲学成为一门科学，必须满足两个条件，两者缺一不可。第一个条件是保存在记忆中的经由实践而逐渐积累的经验，它"表明人性与兽性之间的区别，文化与纯粹物质的性质之间的差异"①，是人之所以为人的本质特征，也是"哲学最终从中诞生的材料"②。在杜威看来，哲学来自人类在日常生活实践中对所获得经验的反复记忆与总结；哲学从中诞生的这种材料，"是比喻的，是恐惧和希望的象征，由想象和暗示构造而成"，它是诗性的、戏剧的，而非科学的、真理的，"它远离科学的真理和谬误"。③诗性的、戏剧的经验记忆要想升华为哲学，还必须具备第二个条件，即个人经验的集体化、社会化，零散、偶然的经验碎片的理论化、系统化，即"信仰的观念和原理的组织和一般化"。而这个过程要想获得有效性，还必须有一个基本的动机作为前提，即人类理想与现实知识相统一的动机，就是"在体现于传统法典中的道德准则和理想与日益增长的现实的实证知识之间进行调和的要求"。④也就是说，从源头上看，哲学的产生是理想与现实、理论与实践两相调和的结果。

杜威从社会关系的外部环境着手，探究重理论、轻实践的偏好逐渐成为一种根深蒂固的传统的原因，认为其根源在于社会阶级关系的消极影

---

① John Dewey, *Reconstruction in Philosophy*, New York: Henry Holt and Company, 1920. 〔美〕杜威：《哲学的改造》（英文珍藏版），张君审，张莉娟校，陕西人民出版社，2005，第1页。
② John Dewey, *Reconstruction in Philosophy*, New York: Henry Holt and Company, 1920. 〔美〕杜威：《哲学的改造》（英文珍藏版），张君审，张莉娟校，陕西人民出版社，2005，第4页。
③ John Dewey, *Reconstruction in Philosophy*, New York: Henry Holt and Company, 1920. 〔美〕杜威：《哲学的改造》（英文珍藏版），张君审，张莉娟校，陕西人民出版社，2005，第4页。
④ John Dewey, *Reconstruction in Philosophy*, New York: Henry Holt and Company, 1920. 〔美〕杜威：《哲学的改造》（英文珍藏版），张君审，张莉娟校，陕西人民出版社，2005，第6页。

响。杜威提出，诗性的和戏剧的经验记忆逐渐化为信念，与在日常经验基础上形成的知识一道，成为主宰当时人类精神生活的两种主要的知识力量。但是，两种知识力量的地位和价值有差别，功用也不同：由对诗性的和戏剧的经验记忆的反省演化成的抽象的理想和习惯，由于具有启示人生的价值，因此逐渐"获得了明确的社会的、政治的价值和功能"①，一般由统治阶级所把握，用来治理国家；通过实践获得的已验证的技术知识和机械知识体系，则掌握在被统治的劳动者手中，用以作为谋生手段，由此也被看作一种较为低级的知识。不言而喻，前一种精神成果获得了较高的社会地位，受到珍视和尊崇；而后一种知识类型则与所属的阶级一道，备受蔑视和贬低。于是，伦理道德理想和科学技术知识就成为对立的两面。诡辩论者运动是两种知识体系发生冲突的最早体现，苏格拉底则是冲突的最早的调和者。他试图从实践出发，以实践调和抽象的原则与日常技术知识、调和理想与日常生活。杜威认为，苏格拉底正是由于侧重于日常生活实践，站在了平民立场上，站在了统治阶级的对立面，因此最终被判处死刑，成为两种信仰、两种对立的知识体系斗争的最早的殉道者。在当时的社会历史条件下，统治阶级的权力是一种决定性的力量，直接影响着哲学家们哲学思考的立场，重理论、轻实践自然成为他们必然的选择。这是重理论、轻实践传统形成的外部原因。

重理论、轻实践的内在根源，则在于哲学自身。杜威指出，虽然从源头上说，哲学的基本精神就是辩护、批判，就是实践，但其论证形式却是逻辑推理。这是因为在阶级、党派的利益驱使下，无论多么伟大的观念，都不免"掺杂着先入为主的信念"，并且"往往给哲学带来一种不诚实的因素"，于是造成了构成哲学思想的质料的空洞、虚伪甚至是不合理。②为了粉饰哲学内在的贫弱，哲学便只能以宏大的体系建构、精美的逻辑技巧和华丽的术语辞藻取胜，于是"尽力依赖逻辑的形式"③；而统治者的

---

① John Dewey, *Reconstruction in Philosophy*, New York: Henry Holt and Company, 1920.〔美〕杜威：《哲学的改造》（英文珍藏版），张君审，张莉娟校，陕西人民出版社，2005，第7页。
② John Dewey, *Reconstruction in Philosophy*, New York: Henry Holt and Company, 1920.〔美〕杜威：《哲学的改造》（英文珍藏版），张君审，张莉娟校，陕西人民出版社，2005，第11页。
③ John Dewey, *Reconstruction in Philosophy*, New York: Henry Holt and Company, 1920.〔美〕杜威：《哲学的改造》（英文珍藏版），张君审，张莉娟校，陕西人民出版社，2005，第11页。

权威也有丧失其震慑作用之时，在这种情况下，冥想就成为一种无奈的选择，登上舞台发挥作用。正如杜威所言："当不能再仰赖习惯和社会权威的命令，又不能依靠经验的证明，要想获得令人信服的真理的学说，除了夸大严肃思想和刻板论证的证据外，别无他法。"① 于是，严格、刻板、抽象、晦涩的理论哲学成为占据优势的主流形态。杜威犀利地揭示了理论哲学精美华丽的外袍下孱弱空洞的本质，指出在这种理论倾向的支配下，最好的时候，哲学是"一种对体系的为体系而体系的过度依恋，一种对确定性的过度自负的主张"，最坏的时候哲学就沦落为"一种对精美术语的卖弄，一种吹毛求疵的逻辑，一种对全面而又细微的论证的纯粹外部形式的虚假热爱"。② 对纯粹的抽象、逻辑推理、形式论证的追捧贯穿整个西方哲学史，这也是哲学的实践性与理论性从未得到公平对待的内部原因。正因如此，杜威才不无讽刺地指出，哲学从来就不是"以一种公正的方式从开放、不偏不倚的源头产生出来"③。

杜威还强调，哲学家选择与偏爱的主观倾向性也是一种重要的影响因素。杜威认为，哲学家们不仅从来没有公正、公平地对待哲学得以诞生的两个条件，而且逐渐以确保知识的确定性和无可置疑性的基础为己任，这一使命加深了哲学家对理论性的偏爱。为了完成这个所谓的使命，哲学家们前赴后继，极为默契地将知识的确定性和无可置疑性的基础推崇到不可侵犯的权威地位上去。而达成这一目的手段是区分两个世界，即实在世界与日常生活世界："哲学妄自以证明超验的绝对的或内在的实在的存在，并为人们揭示这个终极的更高的实在的性质和特征为己任。所以它宣称，它拥有一个比实证科学和日常实际经验所使用的更为高级的认识的官能，并主张这个官能具有更高的尊严和重要性。"④ 由此，在对普遍性、确定

---

① John Dewey, *Reconstruction in Philosophy*, New York: Henry Holt and Company, 1920. 〔美〕杜威：《哲学的改造》（英文珍藏版），张君审，张莉娟校，陕西人民出版社，2005，第11页。
② John Dewey, *Reconstruction in Philosophy*, New York: Henry Holt and Company, 1920. 〔美〕杜威：《哲学的改造》（英文珍藏版），张君审，张莉娟校，陕西人民出版社，2005，第12页。
③ John Dewey, *Reconstruction in Philosophy*, New York: Henry Holt and Company, 1920. 〔美〕杜威：《哲学的改造》（英文珍藏版），张君审，张莉娟校，陕西人民出版社，2005，第10页。
④ John Dewey, *Reconstruction in Philosophy*, New York: Henry Holt and Company, 1920. 〔美〕杜威：《哲学的改造》（英文珍藏版），张君审，张莉娟校，陕西人民出版社，2005，第13页。

性的永恒世界的追求中，哲学赋予实在世界以超越日常生活世界的地位和价值，并逐渐遗忘并远离了它的经验本源。

杜威坚决否定这种脱离了生活、脱离了实践、脱离了日常经验的哲学能够把握其他学科所不能企及的真理的观点，他认为这种哲学不过是一种"非人"（impersonal）的哲学，一种站在人的生活之外的"旁观者"（beholder）式的哲学而已。① 它所谓的确定的、无可置疑的基础，对于人类现实生活中的具体困难与问题的解决没有起到丝毫作用。因此，哲学家应该致力于哲学的改造，即牢记初心，重返哲学的最初目的，以增进经验而非把握所谓的永恒真理作为哲学的最终追求和准则。从哲学的发生学入手，将经验确立为哲学的源头，由此，重理论、轻实践的传统哲学的合法性便被消解了。

舒斯特曼继承了杜威对哲学实践性的思考，也赞同哲学的本性乃是实践性与理论性二者的统一。但舒斯特曼比杜威更激进，杜威将实践性与理论性看作地位平等的两种性质，两者平等地统一于哲学；而舒斯特曼则更为彻底地降低了理论的地位，将理论纳入实践范畴，将理论视为实践的一个种属，二者的统一是在实践系统内的统一。确立了理论和实践之间的种属关系，从这一点上看，舒斯特曼对实践立场的坚守态度比杜威要更强硬、更决绝。

舒斯特曼同杜威一样，对理论哲学在哲学史上根深蒂固的优势地位持批判态度。在他看来，哲学并不仅仅是解释世界的一种知识、一种理论，获得知识也并非哲学的最终目的。他一再强调人类行为、实践和目的相对于知识、理性和理论的优先性，从进化论的视角提出，"人类在成为理性思想的主体之前，首先是行动的生物。我们获取知识不是像唯理论者的目标那样为真理而真理，而毋宁说是以更有效的行为去实现我们生活的目的"②。正因为实践优先于真理，行动优先于知识，所以哲学应当始终随着现实的变化而变化，而非一成不变、一劳永逸的："哲学应该是改造

---

① John Dewey, *Reconstruction in Philosophy*, New York: Henry Holt and Company, 1920.〔美〕杜威：《哲学的改造》（英文珍藏版），张君审，张莉娟校，陕西人民出版社，2005，第14页。
② 〔美〕理查德·舒斯特曼：《实用主义对我来说意味着什么：十条原则》，李军学译，《世界哲学》2011年第6期。

的，而不是基础的。哲学与其说是一种构成我们当前的认识和文化活动的基础的元科学，不如说它应该是一种旨在重构我们的实践和体制以便提高我们生活的经验质量的文化批评。增进的经验，而不是原初的真理，是哲学的最终目的和准则。"① 也就是说，舒斯特曼并没有因为对知识、理性和理论的优先性持批判态度，便滑向完全否定知识、理性和理论价值的另一个极端。我们在西方哲学史中，时时可以瞥见这种极端性的身影。事实上，舒斯特曼从未贬低过理论与真理的价值和地位，他只是反对将理论与真理的研究当作哲学研究的唯一甚至最高的目标。在他看来，传统哲学舍本逐末，因此一再强调"行动、生存和对我们需求的满足比真理和知识的观念更为基础……生活优先于真理"②。基于此，舒斯特曼运用亦此亦彼的"包括性析取"的间性建构方法，构架理论与实践的内在统一性。具体的策略是，将理论纳入实践的框架之中，将理论看作哲学实践的一种类型，将哲学本身视为一种实践。舒斯特曼赞同杜威的说法，认为批判、自我反省的实践性才是哲学的本性，但舒斯特曼比杜威更激进，他的批判也更具有彻底性。具体表现为，舒斯特曼提出存在两种基本的哲学实践形式，一是理论的哲学实践，二是实际行动的哲学实践。舒斯特曼尤其强调，两种实践形式不是互不相容的对立关系，因此绝对不存在要在这两种实践形式之中被迫做出选择的两难困境："尽管一个人可以有效地在作为理论的哲学和作为精明生活的哲学之间——在书本和生活之间——作出区分，但他一定不要将这种区分确立为一种错误的二分。"③ 在舒斯特曼看来，书写即理论的哲学也是一种实践形式，它与生活实践不仅不是必然对立的关系，甚至还可以成为实践的哲学的工具和保证："关于世界的哲学理论，典型地充当哲学生活艺术赖以发展和得以保护的逻辑基础或指导方向。"④ 以

---

① 〔美〕理查德·舒斯特曼：《哲学实践：实用主义和哲学生活》，彭锋等译，北京大学出版社，2002，第179页。
② 〔美〕理查德·舒斯特曼：《实用主义对我来说意味着什么：十条原则》，李军学译，《世界哲学》2011年第6期。
③ 〔美〕理查德·舒斯特曼：《哲学实践：实用主义和哲学生活》，彭锋等译，北京大学出版社，2002，第3页。
④ 〔美〕理查德·舒斯特曼：《哲学实践：实用主义和哲学生活》，彭锋等译，北京大学出版社，2002，第4页。

此类推，舒斯特曼提出的实用主义哲学的核心命题，即"作为生活艺术的哲学"，同样既包括实际行动的实践，也包括理论研究的实践。这是舒斯特曼对杜威的实践概念的进一步思考、发展与扩充。舒斯特曼认为，杜威的实践概念从内涵到外延再到语词的意义与魅力都有短板，即过于局促。他的应对方略是，扩展实践概念的内涵与外延，由此生发开去，最终实现"扩大哲学实践的意义和魅力"① 这一理想目标。显然，深厚的分析哲学研究素养，使舒斯特曼在解决问题时，仍旧习惯于从术语入手，选择以语词分析作为切入点。但舒斯特曼的进步之处在于，语词分析只是他解决问题的行之有效的手段，而非目的。

就立场而言，在纯粹理论实践问题上，舒斯特曼仍然承继了杜威的观点，对强调纯粹理论的哲学实践的经院哲学持批判态度，反对"为哲学而哲学"或"为真理而真理"。不过，他抛弃了经院哲学这个术语，根据现代语境下学术发展的学院化特点，将这种哲学研究的典型形态重新命名为学院哲学。舒斯特曼指出，理论的哲学实践，即学院哲学是以"对世界——包括人的本性、知识和人类社会制度的一般的、体系的观点的明确表达或批评"② 为标准主题的。学院化的哲学研究逐渐成为哲学界的权威模式，并日渐走上了专业化乃至职业化的道路。哲学的现代性学院制度有其不可否认的优势，曾经将哲学发展推向顶峰，业绩辉煌的近现代哲学史就是明证，但它的缺陷也是不容回避的事实：它囿于言辞，以形而上学、本质主义、普遍性追求为己任的专业化、职业化导向，都使它被迫面对日益边缘化的窘境，其发展前景日渐黯淡，不容乐观。

同杜威一样，舒斯特曼对当代哲学的专业化、职业化进行了批判。他征引梭罗在《瓦尔登湖》中的观点，指出"如今只有哲学教授，没有哲学家"③，批评当代社会哲学职业化造成了理论哲学与生活的分离。以哲学为职业的哲学家的语言书写、理论书写与他的生活书写之间分离，最终

---

① 〔美〕理查德·舒斯特曼：《哲学实践：实用主义和哲学生活》，彭锋等译，北京大学出版社，2002，第3页。
② Richard Shusterman, *Practicing Philosophy: Pragmatism and the Philosophy Life*, New York and London: Routledge, 1997, Introduction, p. 2.
③ 转引自〔美〕理查德·舒斯特曼《哲学实践：实用主义和哲学生活》，彭锋等译，北京大学出版社，2002，第1页。

致使哲学生命力枯竭。哲学教授与哲学家的区别在于，哲学教授只是匠人，以传授知识为目的，仅仅将哲学当作一种工作、一种职业，甚至只是谋生的手段。哲学教授在制度范围内从事哲学的研究、著述和讲授工作，即深陷于研究、著述、讲授那种囿于言辞的，以形而上学、本质主义、普遍性为基本特征的"理论"哲学，最终将哲学凝固化成为一种平庸板滞、缺乏生命力的知识、学问，甚至对哲学与自身生活剥离的状况一无所觉。而哲学家则将哲学与生活融合在一起，哲学不再是单纯的工作，而是生活方式的一种体现。哲学便是哲学家自身的生活，是哲学家的安身立命之本。哲学教授们的职业哲学，将本性复杂、具有争论性的哲学强行束缚在"一个单一的形式或功能中"①，从而衰减了哲学的生命力。因此舒斯特曼提出，专业哲学显然忽视并贬低现实生活因而与我们生活无关，其科学价值日益受到质疑，在现实生活中正日益边缘化，这对专业哲学的发展是有害而无益的。哲学若想获得拯救，只有将处于分离状态的哲学研究、著述、讲授工作与哲学家自身的生活重新纳入"熔炉"之中，将哲学研究、著述与讲授的工作性书写，升华为哲学家身体力行的人生轨迹的实践书写，复兴生活艺术的哲学观念，恢复哲学的丰富性、复杂性的本性，即走诗性的哲学生活的复兴之路。

### 三 生活哲学的间性建构

舒斯特曼继承了杜威实践哲学的基本立场，同时也继承了杜威实践哲学的核心宗旨，就是将哲学的实践性落实在哲学与生活的密切关系上；同时，舒斯特曼又将这种理论向前推进，提出了"哲学生活"这一概念范畴。舒斯特曼将理论纳入实践的框架之中，将理论视为一种实践，"哲学生活"概念的提出，就是他将这种"理论的实践"观念付诸实践的明证。在西方哲学史上，占据主导地位的哲学是形而上的思辨哲学，其构建方法是将哲学视为一种知识、一种元科学，一种借由逻辑分析、判断、推理等手段构成的纯粹的抽象理论。这是一种抛弃了哲学家以及哲学家的现实生

---

① 〔美〕理查德·舒斯特曼：《哲学实践：实用主义和哲学生活》，彭锋等译，北京大学出版社，2002，第2页。

活的、以哲学文本为研究中心的唯文本论、一元论。舒斯特曼的革新就是打破唯文本的一元论，建构强调哲学文本、哲学家、哲学生活之间关系的多元论，即在抽象的哲学文本和创造这种抽象理论的哲学家及其具身性的生活之间建立起联系，在这种广义的文本间性之中建构"哲学生活"理论。

之所以说杜威的实践哲学的核心是生活哲学，原因在于杜威将哲学的任务看作对当下社会生活问题的积极回应，看作为现实中的社会生活事务和所遭遇的问题提供解决办法。杜威审视了美国哲学的现状，发现与现实生活脱轨是美国哲学研究的显著特征，"许多哲学家都有撤回到过去和远古的倾向"[①]。而显然，哲学研究远离现实生活已经成为美国哲学家的一种职业习惯。杜威深入探究了这种现象背后存在的复杂原因，认为其根源主要有两个。一是政治因素，"过去提供了一种氛围，在其中想象力可以尽情挥洒而思想则很少受到束缚"[②]。也就是说，当时的政治氛围比较紧张，思想与言论的自由被限制，哲学家们为自保只有回避现实问题，而过去则为哲学家逃避复杂的政治现实提供了一个相对自由的场所。二是文化因素，美国现代文明建立在殖民的基础上，"在一种大部分建立在舶来传统基础上的文明中，思想家更关注如何转化舶来品，而不关注当代的新鲜的元素"[③]。也就是说，是美国殖民文化的生成特点影响甚至决定了哲学家的研究倾向，他们更关注舶来文化传统的本土融入、转化与再生，忽视了当下现实问题的产生与解决。杜威认为这两种因素造成了美国的专业哲学同充满活力的现实生活的分离，并"采取了从实际环境中抽取出来的、最为刻板的理智公式"。这种脱离了活生生的现实生活的哲学，只是"冷漠地玩弄着"理智的、思辨的公式，虽然也有这样或那样的"理想主义、

---

① Jo Ann Boydston ed., *John Dewey: The Later Works, 1925-1953*, Vol. 3, Carbondale: Southern Illinois University Press, 1984, p. 115.
② Jo Ann Boydston ed., *John Dewey: The Later Works, 1925-1953*, Vol. 3, Carbondale: Southern Illinois University Press, 1984, p. 115.
③ Jo Ann Boydston ed., *John Dewey: The Later Works, 1925-1953*, Vol. 3, Carbondale: Southern Illinois University Press, 1984, p. 116.

现实主义或实用主义",但是"没有清醒地在美国生活中留下一丝涟漪"。① 各种理想主义、现实主义和实用主义只是一种新奇的思想快餐,在形而上学的理论象牙塔中昙花一现,虽美轮美奂,却不能给予美国的现实生活以实质性的、有效的助力。更有甚者,美国的专业哲学不仅不能对现实生活产生任何有益的影响,它还束缚了美国哲学的想象力和创造力,致使美国哲学苍白、贫弱,不能为人类思想发展、进步的大厦添砖加瓦。杜威认为,这样的美国哲学前途堪忧,而解决这个问题的唯一方法,就是让哲学直面现实,发挥干预现实生活的功能。此时美国的现实生活最显著的特征,是自然科学成果的广泛应用:"引发关注的核心事实是,在现代生活中,最积极的力量是与自然科学,尤其是与自然科学发明的技术的应用相一致的习俗的增长。特别是我们现代的工商业技术发展的每个阶段,都源于某地实验室中,从事物理或化学研究的科学家们取得的实验成果。"② 由此杜威得出结论,美国哲学应当关注科学技术的应用引发的现实问题,美国的当代哲学就应该研究由生活现实变化带来的生活问题,为这些问题提供解决的途径与工具,这是哲学存在的价值之所在:"当前的研究理所当然地认为人类正生活在经历着广泛而加速变化的世界之中,而物理科学和技术工业则是引起变化的原因。这种认识的基础涉及当代文明的特征,问题是:哲学怎么说?"③ 杜威批评对生活现状"疏离、冷漠、无动于衷"的研究态度,强调哲学研究"必须倾听现实的声音"并给予解答。④ 杜威认为当时美国哲学萎靡的状态与专业哲学家的研究态度密切相关。专业哲学家的研究是远离现实生活的,甚至与自然科学的研究对象、研究目的相去甚远,而且与自然科学在现实生活中的应用成反比:"似乎工业和商业中通过自然科学的使用越多

---

① Jo Ann Boydston ed., *John Dewey: The Later Works, 1925 - 1953*, Vol. 3, Carbondale: Southern Illinois University Press, 1984, p. 117.
② Jo Ann Boydston ed., *John Dewey: The Later Works, 1925 - 1953*, Vol. 3, Carbondale: Southern Illinois University Press, 1984, p. 118.
③ Jo Ann Boydston ed., *John Dewey: The Later Works, 1925 - 1953*, Vol. 3, Carbondale: Southern Illinois University Press, 1984, p. 115.
④ Jo Ann Boydston ed., *John Dewey: The Later Works, 1925 - 1953*, Vol. 3, Carbondale: Southern Illinois University Press, 1984, p. 115.

地改变现实生活,专业哲学家们就越忽视当代的语境。"① 杜威改造哲学理念的提出,就是要改变哲学忽视生活现实的不良研究倾向。在杜威看来,实用主义就是要将人的生活作为研究的核心,实用主义应该"表现为作为一种试验和责任感的理性生活的结果"②。既然所有的哲学问题都是人的问题、人的生活问题,那么改造了的哲学,就是为解决人的现实生活问题提供思路和办法。

毫无疑问,舒斯特曼继承了杜威的生活哲学的宗旨。舒斯特曼的实用主义哲学的可贵之处在于,它并未停留在对这位哲学巨人的理论进行阐释上,而是站在诸多前辈巨人的肩膀上进行理论创新,提出了"哲学生活"的间性建构理论。首先,"哲学生活"观念的提出,是理论向生活世界回归这一思想潮流的影响下结出的丰硕果实。哲学理论回归生活世界,是20世纪西方哲学发展史上的一个重大事件,也是哲学研究的一个重大转向。胡塞尔的"生活世界"理论、维特根斯坦的"生活形式"理论、海德格尔的"日常共在的世界"理论以及列菲伏尔的"现代世界的日常生活"理论等,分别从现象学、语言哲学、存在主义和日常生活批判理论等角度回归生活世界,共同汇聚成20世纪哲学研究向生活世界回归的滚滚洪流。③ 舒斯特曼"哲学生活"理论的提出,既是这个转向的影响在实用主义哲学领域的体现,又是其成果的证明。舒斯特曼对日常生活与哲学家哲学观点之间关系的关注,就是建立在汲取生活世界理论尤其是列菲伏尔的日常生活批判理论的资源的基础上的。舒斯特曼倡导的"哲学生活"理论与列菲伏尔提出的"一种作为活动的哲学"④ 理论以及哲学活动与日常生活之间的互逆关系理论等密切相关,但又体现出自己独特的思想维度。列菲伏尔认为,哲学是一种活动,哲学家是活动者,哲学活动与日常

---

① Jo Ann Boydston ed., *John Dewey: The Later Works, 1925 – 1953*, Vol. 3, Carbondale: Southern Illinois University Press, 1984, p. 116.
② Jo Ann Boydston ed., *John Dewey: The Middle Works, 1899 – 1924*, Vol. 13, Carbondale: Southern Illinois University Press, 1984, p. 307.
③ 衣俊卿:《理性向生活世界的回归——20世纪哲学的一个重要转向》,载衣俊卿编《社会历史理论的微观视域》(下),黑龙江大学出版社、中央编译出版社,2011,第604~610页。
④ 〔法〕亨利·列菲伏尔:《哲学与日常生活批判》,载衣俊卿编《社会历史理论的微观视域》(下),黑龙江大学出版社、中央编译出版社,2011,第517页。

生活之间有着密切的联系：哲学活动可以看作生活中的"最辉煌的时刻"，日常生活的常态则是"简单时刻"，这两种生活之间是"互逆"关系。① 所谓的互逆关系，是指日常生活与哲学生活的相互作用、相互批判的互动关系。列菲伏尔强调日常生活是"肥沃的土壤"，是构成哲学生活的"原材料"；而哲学生活是在日常生活这一土壤和原材料基础上形成的"高级的、分化了的以及高度专业化的活动"，它的价值在于对日常生活形成直接或间接的批判，指导或纠正日常生活；更为重要的是，不仅高级的哲学活动会对日常生活形成批判，反过来，日常生活也会发挥能动作用，对高级的哲学活动进行批判，发挥干预哲学活动的作用。② 强调日常生活的批判功能，是列菲伏尔的日常生活批判理论的核心主旨。因此，作为一种活动的哲学与日常生活实践是不可分离的。哲学活动的价值，只有在日常生活实践中才能得到确认、检验和实现，其意义才得以显化：

  在日常生活之中，并且仅仅是在日常生活之中，那些被哲学和哲学家以或普遍或抽象的术语所定义的相互作用、相互渗透得到了具体的实现。由此可见，当哲学家回到真实的生活之后，那些通过高度专门化的活动以及从日常生活中抽象出来的方法而得出的普遍概念并没有丢失。与此相反，那些普遍概念获得了一种属于生活经验的新的意义。③

当然，从这里不难看出，虽然列菲伏尔也强调哲学活动与日常生活实践之间是互逆关系，但这种互逆仍然建立在等级区分基础之上，哲学活动是"高级活动"，那么相比较而言日常生活就是低级活动了；哲学活动是生活中的"最辉煌的时刻"，日常生活则是"简单时刻"；哲学活动是得到了控制的生活内容，日常生活则是不可控制的；哲学活动虽也称"活

---

① 〔法〕亨利·列菲伏尔：《哲学与日常生活批判》，载衣俊卿编《社会历史理论的微观视域》（下），黑龙江大学出版社、中央编译出版社，2011，第518页。
② 〔法〕亨利·列菲伏尔：《哲学与日常生活批判》，载衣俊卿编《社会历史理论的微观视域》（下），黑龙江大学出版社、中央编译出版社，2011，第518~519页。
③ 〔法〕亨利·列菲伏尔：《哲学与日常生活批判》，载衣俊卿编《社会历史理论的微观视域》（下），黑龙江大学出版社、中央编译出版社，2011，第529~530页。

动",但仍被看作"思维"活动,日常生活则是实践活动;虽然强调实践是思维的基础,指出"实践活动永远是'纯粹'思维的基础,即使是最为极端的纯粹思维,即纯粹的沉思仍然是以实践活动为基础的"①,但"基础"不免隐喻着垫脚石的功能,是要被思维踩在脚下的。在这种区分与命名中,包含着明显的价值判断,它似乎仍旧赋予了哲学活动高于日常生活的特殊意义和价值。我们能够在列菲伏尔的"哲学作为一种活动"观念中,清楚地洞察到马克思主义哲学"人的生活活动"理论的身影:"马克思主义首先把文学理解为人的一种活动,并建立了'文学活动论'。马克思实际上把文学艺术看成是人的活动,即人的生活活动。'人的生活活动'在马克思的学说中,是一个十分重要的观念。"② 显而易见,列菲伏尔将马克思主义哲学的"文学活动论"套用到了哲学上,提出了"哲学活动论"。从这个角度看,无论是文学还是哲学,都是一种"人学",都是人的生活活动的具体体现。不过,马克思主义哲学关注的是人的生活活动与动物的本能活动之间的区别,关注的是文学作为一种生活活动与人的本质力量之间的关系;而列菲伏尔更关注哲学的社会性与实践性,关注哲学作为一种生活活动与人的日常生活之间的区别与关联,试图在生活活动内部进行细致的再划分。

舒斯特曼借鉴了列菲伏尔"哲学作为一种活动"以及哲学活动与日常活动不可分离的联系观念,但他比列菲伏尔走得更远。列菲伏尔探讨的仅仅是抽象、笼统、普泛的生活活动以及日常生活的理论问题,舒斯特曼则将生活活动具体落实到哲学家身上,强调哲学家的具身性生活对于哲学的价值。这是向以苏格拉底为代表的生活哲学传统的自觉回归,重申生活哲学这一在哲学史上长时间地遭受漠视的哲学传统的现实价值。在舒斯特曼看来,哲学家自身的日常生活,是哲学家哲学理论建构的不可缺少的组成部分。舒斯特曼超越了列菲伏尔,摒弃了在高级活动与低级活动、理论和实践、书写与人生、哲学与生活之间进行区分的二元对立思维,打破了高级活动与低级活动、理论和实践、书写与人生、哲学与生活之间的区

---

① 〔法〕亨利·列菲伏尔:《哲学与日常生活批判》,载衣俊卿编《社会历史理论的微观视域》(下),黑龙江大学出版社、中央编译出版社,2011,第519页。
② 童庆炳主编《文学理论教程》,高等教育出版社,2004,第15页。

隔,将列菲伏尔的互逆理论落实到底。哲学理论和哲学家的生活之间不再是外在的互相作用、互相批判关系,而是内在的互文关系。舒斯特曼将哲学理论研究视为实践活动的一种,将哲学家的具身性生活也视为一种书写。也就是说,哲学理论研究活动和哲学家的生活活动都是实践活动,也都是书写的一种方式。如果非要有个高下之分,也并不是哲学活动高于日常生活活动。舒斯特曼认为日常生活活动是更高的哲学实践,而理论则是实现这种哲学实践的工具:"理论被视为对更高的哲学实践——聪明而健康的生活艺术——的一个有用的工具。"① 他甚至效仿杜威对科学与生活关系的见解,认为理论也是生活这种高级的哲学实践的"侍女"。在舒斯特曼看来,由哲学家具身性的日常生活活动所形成的实践书写,是大写的哲学书写,其价值要远远高于落于笔墨的理论书写。由此,舒斯特曼在抽象的文本和书写者哲学家之间建立起新的文本关系,并构成了对后结构主义者"作者之死"的反动。②

那么,如何在哲学与生活之间建立起联系?如何使"哲学与生活等同"③,获得"哲学生活与生活哲学"两者之间"'零距离'的整合"④ 的合法性?舒斯特曼的策略是考察哲学家个性化的生活方式,以此为依据建构"哲学生活"的范例。他精心选择了三位哲学家即杜威、维特根斯坦与福柯,通过对三位哲学家的哲学生活个案的分析、论证,确立哲学家的哲学观点和具身性的生活实践两者之间的关联性,由此证明他的实用主义"哲学生活"观念的合理性。具体来说,他的论证包括两方面的内容。一方面,从外部条件看,甄选的合理性表现为传统与现实的统一。对于秉承多元主义、承认生活艺术的多元性,却又仅仅将视线局限在这一时代的三位哲学家身上这种多元与单一之间的矛盾,舒斯特曼给予了解释。他明确

---

① 〔美〕理查德·舒斯特曼:《哲学实践:实用主义和哲学生活》,彭锋等译,北京大学出版社,2002,第6页。
② 毛崇杰:《实用主义的三副面孔:杜威、罗蒂和舒斯特曼的哲学、美学与文化政治学》,社会科学文献出版社,2009,第140页。
③ 〔美〕理查德·舒斯特曼:《哲学实践:实用主义和哲学生活》,彭锋等译,北京大学出版社,2002,第11页。
④ 毛崇杰:《实用主义的三副面孔:杜威、罗蒂和舒斯特曼的哲学、美学与文化政治学》,社会科学文献出版社,2009,第141页。

指出，选择以此三位哲学家为代表是经过认真考量的，既兼顾了传统，又考虑到了现实。"生活哲学"观念有着丰富的传统理论作为建构的基石，对"漫长的哲学生活传统有更为透彻的探究"[①]是建构生活哲学观必要的前提条件，但同时也必须认识到时间的距离带来的诸多差异性。传统精神需要继承，不过却不能不加批判地实行拿来主义，要认识到它价值的局限性，认识到"尽管它可以有效地再次适应新的环境，但古代思想还是太陈旧了，以至于不能为今天的哲学生活的追求提供真正的选择"[②]。这一选择针对的是现实生活中的问题，因此择定的对象不仅要具有典型性，还应当具有当下性，能够为解决现实生活产生的问题提供有益的帮助。所以，舒斯特曼将视线聚焦在20世纪，因为他认为，相比较而言，时间距离越近，所处环境越相似，则哲学家的哲学生活就越具有可借鉴性："那些在更接近我们当前条件中进行实践的哲学生活，就更有可能在对我们自身的塑造中起作用。"[③]而杜威、维特根斯坦和福柯"三人一起代表了20世纪西方哲学中三个主要潮流（实用主义、分析和大陆理论），同时也代表了20世纪西方哲学的三个不同但又交叉重叠的阶段"[④]，恰好满足了具有典型性与当下性这两个必需条件。因此，虽然这种选择仍旧面临诸多疑问、不够完善，如舒斯特曼自己就提到了选择是否局限于哲学家范围、什么是哲学生活、是否存在普遍一致的哲学生活模式、哲学生活观念的根基是什么等方面都存在连带问题，但经过多方考量、比较，他仍旧肯定了这三位20世纪西方哲学家的哲学生活所具有的典型性和现实价值。

另一方面，从这三位哲学家的哲学观点和具身性生活的价值层面看，甄选的合理性表现为多元性与一致性的统一。所谓多元，指的是三位哲学家的哲学生活观念与具身性生活各具风格，呈现出个性化、多元性的特

---

[①] 〔美〕理查德·舒斯特曼：《哲学实践：实用主义和哲学生活》，彭锋等译，北京大学出版社，2002，第8页。

[②] 〔美〕理查德·舒斯特曼：《哲学实践：实用主义和哲学生活》，彭锋等译，北京大学出版社，2002，第8页。

[③] 〔美〕理查德·舒斯特曼：《哲学实践：实用主义和哲学生活》，彭锋等译，北京大学出版社，2002，第9页。

[④] 〔美〕理查德·舒斯特曼：《哲学实践：实用主义和哲学生活》，彭锋等译，北京大学出版社，2002，第13页。

征；所谓统一，指的是三位哲学家哲学生活价值观念的一致性，即引起舒斯特曼共鸣的实用主义的核心价值观是一致的。这就是舒斯特曼所说的，他们"不仅展示了源自不同艺术观念的不同的审美生活样式，而且展示了价值（生长、诚实、勇敢以及真理与美）的共同核心"[①]。具体来说，舒斯特曼将三位哲学家的哲学生活价值观念总结为六个方面的内容。第一，对哲学功能专门化的批判。抨击哲学研究的抽象化、理论化，认为哲学被哲学家日益狭隘地理解为解决哲学问题而非生活问题的学科，远离生活，不能回应现实，丧失了解决现实问题的功能，精致而虚浮，从而贬低了哲学自身存在的价值。第二，对哲学生活的艺术和美的方式的追求。舒斯特曼提出，哲学生活的方式是多维度的，可以有多种多样的表现，抽象的理论研究仅仅是其中的一个维度。舒斯特曼强调他自己倡导的是一种浪漫的、审美的生活方式，力图通过伦理生活的审美化来发挥哲学家的模范功能。第三，对非推论性的身体经验的推崇。"经验"是实用主义的核心范畴之一，舒斯特曼则将经验具体化为"身体经验"，宣扬身体是哲学家哲学生活理想的整体中不可分割的一个组成部分，是审美经验产生的根基，是超越语言经验界限的依据，更是自我转变得以实现的依凭。第四，强调哲学生活的变动性、发展性和进化性。舒斯特曼抨击本质主义哲学观，认为哲学生活的核心不是固定不变的某种本质，而是自我改变、自我发展、自我完善，更是自我超越，是个体生活审美风格的塑形。第五，对生活经验丰富性的倡导。舒斯特曼承认圆满、完整的生活经验的价值，但同时也关注碎片、破损的生活经验存在的必要性，强调对死亡等终极经验的体验是哲学生活整体性中不可回避的一环，对哲学生活具有重要意义。第六，强调个体的哲学生活与公共生活环境之间的关系，主张哲学生活的民主化，要求将自我完善与社会改造结合起来，实现个人与社会共同发展、进步的双赢。总之，虽然这三位哲学家的哲学思想和哲学生活各具特色，但舒斯特曼认为，在其中具有实用主义的共通性。

总而言之，舒斯特曼在哲学家的哲学观点和哲学家的具身性生活之间

---

[①] 〔美〕理查德·舒斯特曼：《哲学实践：实用主义和哲学生活》，彭锋等译，北京大学出版社，2002，第13页。

进行的间性建构，主要表现为对身体书写的倡导，这种倡导是通过对三位哲学家的哲学思想和具身性生活进行传记式的梳理、剖析凸显出来的。舒斯特曼认为，哲学家的观点来自具身性的生活实践。哲学家终其一生身体力行，充满人格力量和个性风格的具身性实践，比任何巨著、文本都具有感染力和说服力，身教胜于言传，他说："哲学并非始于范式文本，而是始于一种可仿效的生活，一种生与死的生动原型。"① 因此，舒斯特曼极其推崇苏格拉底所构建的、原初的，融身体、生活与哲学于一体的哲学样态，指出"他的生活就是他的教导；他的生活实践就是他的哲学"，他树立了"'哲学生活'的榜样"，乃是他的"最主要的遗产"。② 舒斯特曼认为苏格拉底言行统一的哲学生活实践，是他的生活哲学理想得以完美呈现的最佳范本。舒斯特曼从苏格拉底那里发现了生活哲学观念的种子，又在杜威、维特根斯坦与福柯身上寻到了它盛放的、五彩斑斓的、风姿特异的花朵。古代哲学传统与现代哲学资源都证明了生活哲学理念不可否认的意义与价值，具身性生活实践与哲学思想的形成不可分离。这促使舒斯特曼坚定了他重塑哲学生活价值的信念，那就是"通过对相关知识的有约束地追求的、作为自我完善的、批判性反省的自我关怀的理想"③。

任何哲学观点都不是凭空产生的，它来自哲学家日常生活实践中的自觉省思，来自哲学家与山川自然、与他者客体的具身性交往对话时的个性体验和感悟。哲学家必须要参与生活，只有具备参与生活、感悟生活、改造生活的气魄胸襟，在具身性交往对话中日渐体悟进而获得内在修养和人格力量的提升，才能进一步凝结出哲学理性的睿智哲思。哲学不是空而又空、玄而又玄的纯粹冥想，哲学家经历日常生活的摩擦摔打，尝遍人生百味，进行身体书写，然后才能凝于笔端以文墨勾勒，形成理论书写。理论书写乃是哲学家生活体悟中人性品格的升华。舒斯特曼指出，这种来自具身性生活实践的身体书写，是具有审美性的。哲学家的具身性实践应当是

---

① 〔美〕理查德·舒斯特曼：《哲学实践：实用主义和哲学生活》，彭锋等译，北京大学出版社，2002，第18页。
② 〔美〕理查德·舒斯特曼：《哲学实践：实用主义和哲学生活》，彭锋等译，北京大学出版社，2002，第18页。
③ 〔美〕理查德·舒斯特曼：《哲学实践：实用主义和哲学生活》，彭锋等译，北京大学出版社，2002，第71~72页。

美的,只有把生活"作为一门艺术来实践",达到哲学、伦理生活与审美的三位一体,才能更好地发挥哲学家的榜样作用。舒斯特曼认为这种审美的哲学生活也源于苏格拉底,他"钟情于把哲学生活描绘为不断追求使哲学家变得高尚的更伟大的美"①;同样,这种哲学生活的审美性质在杜威、维特根斯坦和福柯那里也得到了体现。舒斯特曼梳理并比较了审美的哲学生活理想在三位思想家哲学生活中的体现,发现维特根斯坦与福柯的审美生活观念都具有局限性,他们的审美生活实践都走向了极端:维特根斯坦"极端疯狂"②地强调艺术的原创性和天才的禀赋对于艺术创作的价值;福柯倡导"越界的试验性的审美",他所谓的越界不仅包括艺术的虚拟世界中的创新实验,更指向在现实生活中跨越禁区的身体实践,即对"吸毒、性虐待,以及激进的政治运动"、同性恋等"极端的边界体验方式"的追求。③舒斯特曼对这种极端的审美生活实践并未持有保守立场。他的包括性析取的间性立场,让他以开放、批判的眼光看待福柯的审美生活实践,既承认它具有一种"浪漫的神秘性",同时指出沉湎于极端体验未免流于狭隘的局限性。另外,舒斯特曼还指出,维特根斯坦与福柯都关注现代主义的高级艺术类型,但从时间角度看,他们都忽视了前现代文化;从对象上看,他们同时漠视了通俗艺术。而无疑,前现代文化和通俗艺术中都存有"更为流行的"审美生活模式,因此可以说,现代主义的高级艺术并不是完美的审美生活模型。④ 相比较而言,杜威进行了更为合理、健康的审美生活实践:从理论上说,杜威更为关注通俗艺术的价值,并强调非语言经验的审美价值;从具身性的生活实践上看,杜威亲身体验并倡导亚历山大技法,"将这种强身健体的训练作为他的自我丰

---

① 〔美〕理查德·舒斯特曼:《哲学实践:实用主义和哲学生活》,彭锋等译,北京大学出版社,2002,第27页。

② 参见〔美〕理查德·舒斯特曼《哲学实践:实用主义和哲学生活》,彭锋等译,北京大学出版社,2002,第34页。

③ 〔美〕理查德·舒斯特曼:《哲学实践:实用主义和哲学生活》,彭锋等译,北京大学出版社,2002,第31页。

④ 〔美〕理查德·舒斯特曼:《哲学实践:实用主义和哲学生活》,彭锋等译,北京大学出版社,2002,第34页。

富与成长的哲学的一部分"①，因此其生活实践具有更普泛的通俗性和民主性，也具有更高的榜样价值。以维特根斯坦和福柯为借鉴，以杜威为真正的模范，舒斯特曼展示了审美的哲学生活的典型样态。按照舒斯特曼的理解，只有进入哲学家将生活作成艺术的维度，才能说哲学可以使哲学家感受到美、感受到幸福，它可以"将美和幸福生活带给其实践者"②。而哲学家在具身性的实践活动中亲身体验到幸福感与美感，则会发挥英雄主义式的榜样作用，在日常生活中发挥教化功能，从而作用于社会、感召世人。这是哲学家的观点和哲学家的生活之间关联性的旨归之所在，即从哲学功能上看，哲学家既可以言传，更可以身教，但言传不是目的，身教才是哲学的终极旨归。舒斯特曼一直强调哲学生活方式的审美性质，而只有这种具有诗性情怀和人格力量的身体书写，才能形成美的感悟，形成审美的生活经验；也只有这个意义上的审美化的伦理生活，才能在日常生活中发挥其感召功能，进行审美教育的实践。舒斯特曼坚信，哲学家的理论实践与生活实践结合在一起，哲学的实践书写与理论书写相互作用，哲学、伦理生活与审美三者合一，可以使哲学发挥出强大的改善社会的教化功能，焕发旺盛的生命力，从而使哲学复兴。因为此时的哲学，是最强大的哲学："当这两种实践方式联合起来相互巩固的时候——像它们在古代哲学中所做到的那样，哲学就会最为强大。"③

舒斯特曼的哲学生活观念具有一个令人印象深刻的特征，即对哲学功能专门化的自反性的揭示。自反性是英国社会学家安东尼·吉登斯针对西方现代化的特征提出的概念范畴，他认为，西方在现代化过程中，逐渐产生了对自身的威胁，它不仅可能毁灭现代工业文明的成果，而且可能毁灭现代工业社会自身，这种现象被吉登斯称为"自反性现代化"，即"创造性地（自我）毁灭整整一个时代——工业社会时代——

---

① 〔美〕理查德·舒斯特曼：《哲学实践：实用主义和哲学生活》，彭锋等译，北京大学出版社，2002，第36页。
② 〔美〕理查德·舒斯特曼：《哲学实践：实用主义和哲学生活》，彭锋等译，北京大学出版社，2002，第3页。
③ 〔美〕理查德·舒斯特曼：《哲学实践：实用主义和哲学生活》，彭锋等译，北京大学出版社，2002，第5页。

的可能性"①。所谓"自反性",其首要内涵指反作用于自我,即"自我反抗"②。英国另一位社会学家斯科特·拉什则指出,自反性理论不仅适用于现代化,而且可以适用于任何理论;而任何自反性理论要想构成对自身的反动,都必须具备两个条件:"这种自反性现代性理论或任何一种自反性理论,只有当它与日常生活的中介相关时——不管这种中介是概念性的还是摹拟的,它才具有自反性。只有当自反性理论将其反思对象从日常生活转向'系统'时,这种自反性理论才能成为批评理论。"③ 简而言之,拉什提出自反性理论的成立需要具备两个条件:其一,要以自身的制度、体系、"系统"为批判对象,即对自身进行"反抗";其二,要以日常生活世界的改变为目的,即"自我反抗"的目的是改造现实生活。舒斯特曼的哲学生活观既以改变生活为旨归,又表达了对哲学学科专门化体制的批判态度,完全符合拉什提出的自反性的两个条件,因此可以说,舒斯特曼的哲学生活观具有自反性的特征。而他之所以推崇杜威、维特根斯坦与福柯三位哲学家的哲学思想和哲学生活,也正是因为他们对哲学专门化体制的批判态度引起了他的共鸣。舒斯特曼的哲学思想和哲学生活,与三位哲学家的有很多共通性,对学院派哲学的批判立场是其中比较醒目的一个。而具有讽刺意义的是,舒斯特曼同三位哲学家一样,都是哲学功能专门化、职业化、制度化的现代哲学体制的受益者,他们都拥有一个哲学专业职业身份。自 1883 年在约翰斯·霍普金斯大学攻读博士学位期间教授大学本科的哲学课程起,以哲学为业便不仅仅是杜威的学术理想,同时也成为他安身立命的谋生渠道与身份认同的根基。杜威先后在密执安大学(密歇根大学)、明尼苏达大学、芝加哥大学任教,并担任过密执安大学哲学系主任,芝加哥大学哲学、心理学和教育学系的系主任,芝加哥大学

---

① 〔德〕乌尔里希·贝克:《再造政治:自反性现代化理论初探》,载〔德〕乌尔里希·贝克、〔英〕安东尼·吉登斯、〔英〕斯科特·拉什《自反性现代化:现代社会秩序中的政治、传统与美学》,赵文书译,商务印书馆,2001,第 5 页。
② 〔德〕乌尔里希·贝克:《再造政治:自反性现代化理论初探》,载〔德〕乌尔里希·贝克、〔英〕安东尼·吉登斯、〔英〕斯科特·拉什《自反性现代化:现代社会秩序中的政治、传统与美学》,赵文书译,商务印书馆,2001,第 9 页。
③ 〔英〕斯科特·拉什《自反性及其化身:结构、美学、社群》,载〔德〕乌尔里希·贝克、〔英〕安东尼·吉登斯、〔英〕斯科特·拉什《自反性现代化:现代社会秩序中的政治、传统与美学》,赵文书译,商务印书馆,2001,第 174 页。

教育学院院长以及美国心理学学会、哲学学会会长等职务。① 在他辉煌的一生中,哲学专业毋庸置疑占据着举足轻重的地位。维特根斯坦是"20世纪六个最有影响的哲学家之一",从1911年开始转向哲学研究,1929年完成哲学博士学位论文答辩后留在剑桥大学三一学院任教,担任研究员,1939年成为哲学教授,其间除了由于战争稍有中断之外,"一直坐在这把交椅上"。② 直到1947年,维特根斯坦才抱着"哲学教授"是"一份荒唐的工作"的信念辞职,但至此他已经游刃有余地在专业哲学体制内生活了将近20年。③ 福柯则在中学时就表现出对哲学的兴趣,从巴黎高等师范学院哲学系毕业后,福柯留校任教,后来又相继在里尔大学、瑞典的乌柏沙拉大学(乌普萨拉大学)、波兰大学法国文化中心、德国汉堡法国文化中心、法国克莱蒙-费朗大学、巴西圣保罗大学、法国巴黎大学文森学院等或任教或讲学,并担任过波兰大学法国文化中心和德国汉堡法国文化中心的主任。1970年,经过激烈的竞争、角逐,福柯荣膺法兰西学院讲座教授,至此他的职业生涯达到了顶峰。④ 在他颇具传奇色彩的生命中,哲学所占的比重是不容忽视的。事实上,舒斯特曼同样是现代哲学体制的受益者:他先后在以色列耶路撒冷大学、美国费城天普大学、美国佛罗里达亚特兰大大学、法国巴黎国际学院任教,并担任过天普大学哲学系主任职务。包括舒斯特曼在内,四位哲学家一方面在体制内享受着现代哲学专门化的丰沛资源和丰硕成果,以哲学为业,将哲学研究作为基本的生活方式;另一方面,他们又对这种哲学的专门化、职业化、制度化持反抗态度,将批判的矛头指向了哲学专门化的制度。他们同样看到,职能专门化的哲学,一方面达到了其发展的高峰,另一方面又因为远离生活世界而生命力枯竭,进而陷入发展困境,因而他们在体制内对这种哲学的自反性进行揭示和批判,倡导回归生活世界的实践哲学。事实上,舒斯特曼与三位哲学家以哲学家身份对哲学自反性进行揭示与批判,强调哲学家的理论

---

① 参见〔美〕简·杜威《杜威传》,单中惠编译,安徽教育出版社,1987,第72~75页。
② 〔美〕巴特利:《维特根斯坦传》,杜丽燕译,东方出版中心,2000,第1~3页。
③ 参见百度百科,https://baike.so.com/doc/4358920-4564427.html。
④ 参见王治河《福柯》,湖南教育出版社,1999,第4~10页。

与哲学家的生活之间的关联性,"为生活世界争取空间"①,这本身已经构成了又一层级的哲学自反性。

总之,舒斯特曼的哲学理论一方面表现为对杜威的实用主义哲学观的自觉回归与继承,另一方面又表现出不同于杜威的实用主义哲学观的理论独特性,他站在巨匠杜威的肩膀上向前迈进。事实上,舒斯特曼在多大程度上继承了杜威的实用主义哲学观并不重要,重要的是,他将杜威的实用主义立场和方法与当下的哲学现实结合起来,从而形成了自己独特的反本质主义的哲学立场,即批判孤立、静止、僵化、固定不变的本质主义和抽象、冥思、概念化、理论化的知识性哲学,强调以间性的立场和方法建构生活与哲学之间的关联性,建构哲学家的理论与哲学家的生活之间的关联性,以此来回应当下哲学所面临的问题,力图使哲学脱离困境,为哲学生命力的恢复提供了一种新的策略。不可否认,在理论哲学发展陷入自反性困境的现实面前,舒斯特曼的哲学实践立场和方法独树一帜,表现出其独特的价值和意义,使其哲学理论成为当代哲学的星空中一颗璀璨的明星。

---

① 〔英〕斯科特·拉什:《自反性及其化身:结构、美学、社群》,载〔德〕乌尔里希·贝克、〔英〕安东尼·吉登斯、〔英〕斯科特·拉什《自反性现代化:现代社会秩序中的政治、传统与美学》,赵文书译,商务印书馆,2001,第175页。

# 第三章 经验整体论的间性建构

经验与理性一道，构成西方哲学体系建构的基石。把经验作为一个桥梁，将诸多对立的二元连接起来进行间性建构，这种方法并非始于杜威，也不会终结于杜威。杜威哲学的理想蓝图是以经验为核心连接人内部的心理世界和外部的自然界，建立起科学的大一统。这种大一统的理想蓝图当然并非来自杜威，事实上，大一统理想蓝图在哲学、物理学等学科发展的历史上时常显现，只不过其核心概念各有不同，有人称它为"理式"，有人称它为"绝对精神"，有人称它为"引力"，有人称它为"超弦"，诸如此类，不一而足。杜威的大一统理想蓝图的核心是"经验"。他认为，心理学研究人的"内部世界"，物理学研究自然的"外部世界"，两者都是关于经验的。经验可以作为桥梁，沟通人的内部世界与自然的外部世界，科学统一性由此建构起来。虽然杜威以经验为桥梁建构科学统一性的方法遭到了逻辑实证主义的代表人物马赫的批判，但逻辑实证主义者并未取消经验，相反他们仍然关注经验的重要性，使经验主义在哲学中得以延续下来。到了舒斯特曼时代，分析哲学的逻辑分析方法的挫败促使他另辟蹊径，去寻找哲学研究的有效方法，于是他重新思考了经验论的相关问题，将强调经验视为焕发哲学生命力的唯一途径。舒斯特曼借鉴和继承了杜威关于经验的整体论观点，同样也将经验作为自己哲学与美学的核心范畴，但同时又表现出不同于杜威的经验理论的差异与分歧，提出对经验的新的理解，即站在包括性析取立场上，运用间性建构的方法，完成审美经验的复兴大业。

舒斯特曼认为，整体性原则是实用主义的基本原则之一。他指出，实用主义的整体论包含两个层面的内容：

第一，实用主义具有一种依据整体性而非二元论看待事物的倾向。……第二，实用主义的整体主义指的是我们信仰、欲望、实践和目的的整体性。这些事物在孤立的情况下不具有意义。相反，它们连接成一个复杂的网状系统，并且它们通过与其它元素的关系在那个网状系统中衍生出它们的意义、价值和效用。①

舒斯特曼是从两个角度来理解并界定实用主义整体论的：第一个角度是方法论角度，强调整体性思维是反驳、抵抗西方哲学传统二元论的一种有效的思维方式；第二个角度是语境论角度，强调语境的整体性对具有互文性的各哲学元素的重要意义，认为诸如信仰、欲望、实践和目的等哲学元素只有存在于一个整体的哲学网络，即一个整体语境之中，彼此之间相互影响、交互作用，才能进一步衍生出意义、价值和效用等哲学价值观念。更通俗地说，诸如信仰、欲望、实践和目的等概念，只有作为元素在整体性的语境中，与其他元素发生关系、交互作用，其存在的意义才能够显现。舒斯特曼对实用主义整体性的认识，仍旧是在杜威实用主义哲学的整体主义风格影响下形成的，而其间性建构方法的使用，则表现出对杜威整体主义的一种新变，具体地说，这种间性建构的整体主义表现在以下几个方面。

## 一 自然主义与历史主义的统一

杜威实用主义哲学理论中的整体性特质，主要体现在他的经验论上。众所周知，杜威的经验论是在近代自然科学尤其是达尔文的自然进化论的影响下形成的。与他自己直面自然科学对生活产生重大影响的现实态度相呼应，杜威将他的哲学观称为"经验自然主义"、"自然主义的经验主义"或"自然主义的人文主义"。这些名称可见于杜威的代表作《经验与自然》。在这部名作的开篇，杜威解释了将其命名为《经验与自然》的原因，他说："本书题名为'经验与自然'，就是想表明这里所提出的哲学或者可以称为经验的自然主义，或者可以称为自然主义的经验论；如果把

---

① 〔美〕理查德·舒斯特曼：《实用主义对我来说意味着什么：十条原则》，李军学译，《世界哲学》2011年第6期。

'经验'按照它平常的含义来用,那么也可以称为自然主义的人文主义。"① 这个解释明确地表达了杜威哲学的基本立场:关注人的经验,关注现实生活尤其是自然科学与经验的关系。因此,很多人将杜威的经验论看作是纯粹自然主义的,并据此对杜威的经验理论进行批判甚至全盘否定。这种观点认为,杜威的经验自然主义立场使他将经验尤其是审美经验视为动态的、知觉的甚至情感的范畴。一个动态、知觉、情感的范畴,必然是模糊的,而杜威对审美经验的探讨完全是现象学的描述,缺乏逻辑缜密的分析与判断,这种研究方法无疑又加重了经验范畴的模糊性。在乔治·迪基、阿瑟·丹托等分析哲学的代表看来,审美经验这一范畴本身便不明晰,它不能满足分析哲学家提出的语词、概念或范畴的内涵应具有明晰性的基本要求,因而无法担负起为艺术或美学提供有效的、区分性的定义这一重大使命,应当将之驱离美学研究的核心区域,于是"分析哲学家典型地将他有关审美经验的整个思想作为一个灾难性的泥潭而予以抛弃"②。面对这些严厉的批判,舒斯特曼仍然坚守实用主义立场,积极为杜威辩护。但他的辩护不是不分青红皂白的拿来主义,不是无原则的全盘接受,而是以子之矛攻子之盾,凭借自己多年来所受的哲学训练与积累的经验,利用逻辑分析法,对杜威的审美经验概念及其与艺术的关系进行公正、客观、辩证的逻辑剖析,既反对分析哲学家们妖魔化杜威的"整个思想"、将之当作"灾难性的泥潭"彻底抛弃的幼稚虚无主义,又正视杜威的审美经验概念中的缺陷并予以揭示,从而进一步证实,杜威的经验论在当下处理哲学、美学与艺术问题时体现出不容抹杀的借鉴价值。在为杜威的经验论成功辩护的基础上,舒斯特曼表达了对实现审美经验复兴的强大信心。

具体而言,舒斯特曼对杜威经验论的解读主要建立在对审美经验概念进行溯源与重新界定的基础上,他使现代美学中的审美经验概念的内涵的三个方面的属性——审美经验的现代性与主体性、审美经验的包容性以及审美经验的批判性——得以明晰化,而这三个方面的属性是常常被人忽视

---

① 〔美〕约翰·杜威:《经验与自然》,傅统先译,江苏教育出版社,2005,第1页。
② 〔美〕理查德·舒斯特曼:《生活即审美:审美经验和生活艺术》,彭锋等译,北京大学出版社,2007,第29页。

的。审美经验的现代性与主体性强调,审美经验这个概念在美学中获得统治地位,乃是现代社会人的主体性得以确认的结果。舒斯特曼指出,虽然美的经验概念在前现代美学中就已经出现了,但只有到了现代社会,只有在"审美"这个术语"被正式确立起来的现代性中,审美经验概念的统治地位才得以确立"①。舒斯特曼认为,审美经验在美学史中的地位之所以会与现代社会发生关联,是因为主体性地位的确立是现代社会的重要特征之一。在主体性崛起的趋势影响下,现代科学和哲学颠覆了传统美学从客观方面确定美的特性的价值观和信仰,于是现代美学也随之"以主体经验来解释和支撑这些特性"②。但由此,舒斯特曼也发现了现代美学这个重大的研究转向本身与生俱来的、极为巨大的一个缺陷,那就是从一个极端走向了另一个极端,犯了同传统美学完全一样的错误:从完全依赖客观性,走向完全依赖主体性,其研究视角仍旧是狭隘的一元论,其胸襟没有完全敞开。所以,现代美学对经验性质的理解具有先天的局限性,现代美学战胜了旧的传统,抛弃了客观视角,但仍旧仅仅从主体性的单一方面来理解经验,哪怕要确证实在论的客观主义的主体间的一致意见或标准,也固执地"不但通过而且凭借主体经验来辨认审美"③。舒斯特曼对这种不仅否认审美的客观性,更无视审美的主客间性、主体间性的可能性的狭隘论断,立场鲜明地持质疑态度。对审美经验包容性的明晰化,来自舒斯特曼对审美经验的功能的认识。舒斯特曼认为审美经验之所以成为界定美的核心要素,是因为与其他概念相比,审美经验概念表现出强大的包容性,它可以为一些"明显不同于美但仍与趣味和艺术相关的多种特性诸如崇高和如画(picturesque)之类的概念提供庇护"④。即便以审美经验来界定美是从主体角度对美进行阐释,但与传统美学诸如美在理念、美在形

---

① 〔美〕理查德·舒斯特曼:《生活即审美:审美经验和生活艺术》,彭锋等译,北京大学出版社,2007,第19页。
② 〔美〕理查德·舒斯特曼:《生活即审美:审美经验和生活艺术》,彭锋等译,北京大学出版社,2007,第19页。
③ 〔美〕理查德·舒斯特曼:《生活即审美:审美经验和生活艺术》,彭锋等译,北京大学出版社,2007,第19页。
④ 〔美〕理查德·舒斯特曼:《生活即审美:审美经验和生活艺术》,彭锋等译,北京大学出版社,2007,第20页。

式、美在和谐等美的定义相比，其视野也显然要开阔得多；而以审美经验为核心界定的艺术概念，由于宣称"任何东西，只要能产生适当的经验，都可以成为艺术"[①]，同其他类型的艺术定义相比，也同样显示出无与伦比的包容性。舒斯特曼发现，批评者们对审美经验的批判，很大程度上源自对审美经验的批判功能寄予厚望与审美经验批判功能的有效性之间的不相符合。他们赋予审美经验强大的对抗社会现代性的功能，希望艺术的审美现代性能够批判、消除社会现代性中存在的种种弊端、矛盾。他们从认识论的角度来理解审美经验，并乐观地看待它的社会功能，认为经验强调主体内在的生命力，"经验与具有生动感觉的生命之间"[②]具有关联性；而这种生命性特质，对建立在机械论基础上的现代科学以及现代科学发展影响下的商业、工业文明，无疑具有一定的对抗作用。于是，审美经验的这种社会干预功能得到了最大程度的强调，舒斯特曼不无讽刺地评价说："在一个其他各个方面都是冷冰冰的物质主义和法则规定的世界里，审美经验成了一个自由、美和理想意义的孤岛；它不但是最高愉快的惟一所在，而且是精神皈依和超越的一种方式；相应地，它成为解释自身变得日益自律和从物质生活与实践的主流中孤立出来的艺术独特品性及其价值的核心概念。"[③]通过舒斯特曼的描述不难看出，审美经验这一概念并没有得到真正的开放性的理解，人们对审美经验的功能有过多的期待（可以抵制物质文明和机械决定论的社会学价值论断），而对审美经验的性质认识又太少（只承认其主体性，否认其客体性，更不用说主客间性与主体间性了），同时其包容性的一面又被忽视了。据此可见，审美经验在美学与艺术中发挥的效用还有更多的探究空间，审美经验应当重新得到公正、多维的认识，如果审美经验的概念得以澄清，审美经验的复兴便具有了逻辑上的合理性。舒斯特曼通过对美学史中经验论传统与经验论研究现状的爬梳，指出就审美经验原本的内涵和作用而言，至少涉及四个维度和四个方面至关重要的

---

① 〔美〕理查德·舒斯特曼：《生活即审美：审美经验和生活艺术》，彭锋等译，北京大学出版社，2007，第20页。
② 〔美〕理查德·舒斯特曼：《生活即审美：审美经验和生活艺术》，彭锋等译，北京大学出版社，2007，第20页。
③ 〔美〕理查德·舒斯特曼：《生活即审美：审美经验和生活艺术》，彭锋等译，北京大学出版社，2007，第20页。

特征:"第一,审美经验在本质上是有价值的和令人愉快的;因此可以称作它的价值评判维度。第二,审美经验是某种可被生动感受和主观品味的东西,通过从情感上吸引我们并将我们的注意力集中到它的当下,进而从日常经验的平庸之流中突现出来;此可以称作它的现象学维度。第三,审美经验不仅仅是感觉,而且是有意义的经验;此可以称作它的语义学维度。第四,审美经验是一种与美德艺术独特性紧密相关的独特经验,体现了艺术的根本目的;此可以称作它的区分—定义维度。"① 分析美学之所以抗拒审美经验,就是因为其仅仅从一个维度出发来理解审美经验,否认其他维度的合法性,坚持其狭隘、单一、排他的一元论立场。如阿多诺,只承认审美经验的语义学维度,否认其价值评判维度,认为审美经验是有意义可解释的,但不认为在资本主义社会中审美经验可以带来愉快;本雅明则偏爱审美经验的现象学维度,认可审美经验的直接感受性,但也同样否认其价值评判维度,不认为现代生活中的审美经验仍旧具有价值和意义,否定其可以界定艺术尤其是高级艺术的区分—定义维度;同样质疑审美经验现象学维度和区分—定义维度的伽达默尔支持语义学维度,认为审美经验具有解释的可能性;而德里达和巴特则强调审美经验的价值评判维度,承认审美经验令人愉快;等等。② 有鉴于此,舒斯特曼要求必须抛开单一、排他的一元论偏见,结合美学发展的现状,以多元、开放的视野重新审视审美经验,尤其要关注审美经验内涵的变动性和功能的多样性。他认为,审美经验概念遭到分析美学的贬抑和抵触,就是因为分析美学对审美经验的基本特征视而不见,"起源于从杜威到丹托的英美哲学质疑这个概念的作用所产生的混乱,特别是起源于其作用的多样性没有得到充分认识的这个事实。由于被看作是一个意义单一的概念,审美经验好像变得太过混乱以至于不能恢复为有用的概念"③。因此要想为审美经验正名,首先就是要走出将审美经验"看作是

---

① 〔美〕理查德·舒斯特曼:《生活即审美:审美经验和生活艺术》,彭锋等译,北京大学出版社,2007,第21页。
② 〔美〕理查德·舒斯特曼:《生活即审美:审美经验和生活艺术》,彭锋等译,北京大学出版社,2007,第21~25页。
③ 〔美〕理查德·舒斯特曼:《生活即审美:审美经验和生活艺术》,彭锋等译,北京大学出版社,2007,第26页。

一个一成不变的、狭隘地等同于美的艺术的纯粹自律接受的概念"[1] 的误区，正确看待审美经验内涵的变动性和功能的多样性。事实上，舒斯特曼对审美经验内涵的变动性的揭示，触及了理论自身的一个本质特征。古往今来的哲学、美学实践已经证明，审美经验的内涵是发展、变化的。我们不能期望存在一个固若金汤的、完美的审美经验概念，借用法国思想家安托万·孔帕尼翁的话来说，不能期望这个完美的概念能够"一劳永逸地解决所有古老问题"[2]。不存在一个既能够包容过去所有的理论，又能够包含未来所有的观点的审美经验概念，不存在万能钥匙，或者如舒斯特曼所说的"包装型定义"。安托万·孔帕尼翁指出，"有多少个理论家就有多少种理论"[3]，虽然他是就文学理论而言的，但这种观点其实适用于所有理论，也适用于所有有关审美经验的理论。理论总是发展、变化的，不同的理论间"互相对立，观念相左，相互攻讦"[4]，只有这样变化着、对立着、战斗着的理论，才具有旺盛的生命力和发展的可能性，才能走向成熟。审美经验概念兴起、达到高峰、跌入低谷又重新兴起，正是在发展、蜕变，在挣扎、战斗，正是在经历着"一个从幼稚到成熟的学艺过程"[5]，也是其旺盛生命力的具体演化过程。内涵的变动性带来了功能的多样性，舒斯特曼指出，由于现实条件发生了变化（既包括社会生活的，又包括艺术的），审美经验已经不能局限在美的艺术范畴来研究，它早已经"跨越出了美的艺术的范围"[6]，延伸到社会日常生活与自然领域；而相应的审美经验功能的发挥，也不会仅仅局限在艺术范围内，必将延伸到日常生活与自然领域。所以，审美经验的功能不可能是单一的，这是不可否认的

---

[1] 〔美〕理查德·舒斯特曼：《生活即审美：审美经验和生活艺术》，彭锋等译，北京大学出版社，2007，第25页。

[2] 〔法〕安托万·孔帕尼翁：《理论的幽灵——文学与常识》，吴泓缈、汪捷宇译，南京大学出版社，2011，第10页。

[3] 〔法〕安托万·孔帕尼翁：《理论的幽灵——文学与常识》，吴泓缈、汪捷宇译，南京大学出版社，2011，第15页。

[4] 〔法〕安托万·孔帕尼翁：《理论的幽灵——文学与常识》，吴泓缈、汪捷宇译，南京大学出版社，2011，第15页。

[5] 〔法〕安托万·孔帕尼翁：《理论的幽灵——文学与常识》，吴泓缈、汪捷宇译，南京大学出版社，2011，第15页。

[6] 〔美〕理查德·舒斯特曼：《生活即审美：审美经验和生活艺术》，彭锋等译，北京大学出版社，2007，第25页。

事实。

　　基于对审美经验内涵的变动性与功能的多样性的认识，舒斯特曼重申杜威实用主义经验论的价值，为杜威的经验论辩护。舒斯特曼的辩护方式有两种，第一种方式是将杜威与他的批评者放在同等地位上，对他们的观点予以对比、评析，在公正的剖析中凸显出杜威自然主义立场的优势。自然主义是杜威哲学、美学乃至于艺术论的根基，他的经验自然主义理论主要有三个方面的核心内容。核心内容之一，是语境主义的立场，将经验放在人与自然的关系中进行正确解读。关于人与经验和自然的关系，杜威认为思想史上存在着一个误区，那就是"把人与经验同自然界截然分开"①，这种二元对立思维观念根深蒂固，甚至成为一个理论传统，而这种理论传统造成科学文化及其工业、政治上的成果与道德、哲学之间的不相调和，甚至造成现代哲学困境。杜威认为对人与经验和自然关系的误读有三种典型表现：一是无关论，认为二者毫不相干，各行其是；二是敌对论，认为二者截然对立，不能相容；三是有害论，认为经验偏于主观，自然真理的揭示则要求客观，经验的介入会妨碍对自然真理的揭示，经验"是把自然界从我们眼前遮蔽起来的一个帐幕"②。总之，这些观点都各执一端，偏激地认为人与经验和自然是异质的，不具有相容的可能性，"把人与经验同自然界截然分开，这个思想是这样地深入人心"，以至于"有许多人认为把这两个词结合在一块儿用就似乎是在讲一个圆形的正方形一样"③不可思议。杜威看到，虽然经验主义是英美近代哲学的一个核心内容，但人们根本就没有真正理解何谓"经验"，更没有认清人与经验和自然的关系。经验哲学的生存环境竟然恶劣至此！打造良好的生存环境显然成为经验哲学发展的第一要务。鉴于这种状况，杜威的解决方案是，从生物学角度切入，打破经验与自然间人为筑起的虚假壁垒，为人与经验和自然之间的和谐关系寻找科学、合理的依据。他提出"活的生物"概念，强调经验产生于活的生物与环境之间的"做"与"受"的交互作用。在这里，人与其他有生命的动物一样，都属于自然界"活的生物"范畴，也就是

---

① 〔美〕约翰·杜威：《经验与自然》，傅统先译，江苏教育出版社，2005，第1页。
② 〔美〕约翰·杜威：《经验与自然》，傅统先译，江苏教育出版社，2005，第1页。
③ 〔美〕约翰·杜威：《经验与自然》，傅统先译，江苏教育出版社，2005，第1页。

说,此时杜威关注的是人的自然属性,他把人和其他生命都放在自然界这个大平台上平等看待,他们同属于杜威的"有机体"范畴。在这样的前提下,杜威进一步界定经验,认为"在一定方式之下相互作用的许多事物就是经验,它们就是被经验的东西。当它们以另一些方式和另一种自然对象——人的机体——相联系时,它们就又是事物如何被经验到的方式"①。杜威对经验概念的这一论断实际包含了多个层面的内容。第一,人和事物等有机体同属于自然大系统,彼此之间可以相互作用、发生联系,都可以成为自然对象。第二,人和事物等有机体之间相互作用的方式不是唯一的,而是多样的。第三,经验就产生于事物之间或人与自然事物之间的相互作用。第四,经验的产生是一个过程,经验既指相互作用的"过程",又指相互作用的过程中产生的具体"内容"。第五,如果经验产生于自然事物之间,则自然事物可以既是经验的主体,又是经验的对象;经验的主体当然可以是人,只要经验产生于人和自然事物之间。第六,经验也可以是一种手段,一种方式、方法。所以,总体看来,经验是一个具有间性性质的概念,它来自人与自然或自然事物之间的交互作用,是在经验主体与经验对象相互冲突、交往、对话的交互作用中产生的,因此兼具对象与主体、目的和手段的双重属性。将杜威的"活的生物"、"有机体"、"环境"以及"做"与"受"等概念联系起来看,杜威明显持有一种语境主义立场:有机体与环境共同构成了一个开放的生态系统,在系统内有机体与有机体之间、有机体和环境之间相互作用、相互影响,或者进行主动的"做",或者成为被动的"受",不管哪方面的作用力量强、哪方面影响力弱,主动的"做"与被动的"受"两者总是同时发生,就是在这种"同时的做与经受"②的过程中,经验诞生了,经验就是"有机体与环境相互作用的结果、符号与回报"③。杜威没有像传统经验论如英国经验主义那样,仅仅从认识论角度出发,将经验看作人关于世界的认识的源泉。杜威并不否认经验的源泉地位,但他认为单凭认识论视角,不能够

---

① 〔美〕约翰·杜威:《经验与自然》,傅统先译,江苏教育出版社,2005,第3页。
② 转引自〔美〕詹姆斯·坎贝尔《理解杜威:自然与协作的智慧》,杨柳新译,北京大学出版社,2010,第69页。
③ 〔美〕约翰·杜威:《艺术即经验》,高建平译,商务印书馆,2005,第22页。

真正把握经验概念和经验方法的特质,当然也就不能正确认识经验与自然之间的关系。杜威突破了传统哲学二元对立思维模式的局限,在一个开放的生态网络系统中建构他的经验理论,将经验视为"兼收并蓄的统一体"①,并以此作为他的经验哲学的出发点,进而倡导恢复自然与经验"两者之间的连续性"②,最终形成了他的有机统一的经验整体论。

杜威经验自然主义理论的核心内容之二,是强调原始经验的原始性与最后性。在语境主义立场下,杜威釜底抽薪,通过厘定两种不同的经验类型,彻底澄清了哲学史上对经验的误解,同时为恢复经验与自然之间的关联提供理论依据。杜威认为,经验有原始经验和反省经验之分。所谓原始经验,是指经验中"粗糙的、宏观的和未加提炼的(内容)",它是最基础的、第一级的经验内容;而反省经验是第二级的经验内容,是在对原始经验的反省中"推演出来的和提炼过的产物"。③ 日常生活中的种种事物与现象,无论是天文还是地理的自然现象,无论是低等生物还是高级生命的生命或生活现象,都可成为原始经验的题材和对象。原始经验的共通特点是破碎零散、混沌晦暗、模糊不明,是一种非认知性的经验;而类似哲学、科学研究的经验内容则是反省经验,它们是理智的、认知性经验,往往经过简化、条理化等加工处理,因而是简洁清晰、条理分明的。杜威强调,只有粗糙、杂乱、复杂的原始经验才是原初的、最后的,反省经验实际上建立在原始经验的题材与对象产生的问题的基础上,是对原始经验进行逻辑探讨、推论分析和检验确证,最终获得的清晰化、条理化的结论,目的是为原始经验的题材和对象所涉及的问题提供解释。因此反省经验是第二级的,不能脱离第一级的原始经验,亦即不能脱离日常的普通经验材料而存在。杜威指出,二元论的产生与对原始经验的功能的忽视紧密相关,"从逻辑上推论起来,它是不承认粗糙经验之原始性与最后性的必然结果"④。在科学与文化研究等智性活动中,哲学及其他不以自然为直接研究对象的科学,往往更多地依赖反省的、分析的研究方法,"暂时使我

---

① 〔美〕约翰·杜威:《经验与自然》,傅统先译,江苏教育出版社,2005,第9页。
② 〔美〕约翰·杜威:《经验与自然》,傅统先译,江苏教育出版社,2005,"原序"第5页。
③ 〔美〕约翰·杜威:《经验与自然》,傅统先译,江苏教育出版社,2005,第5页。
④ 〔美〕约翰·杜威:《经验与自然》,傅统先译,江苏教育出版社,2005,第12页。

们离开在原始经验中为我们所具有的事物……哲学经常诱惑着人们把反省的结果本身看作具有优越于任何其他经验样式的材料所具有的真实性"①，常常错误地把派生的、第二级的理智和认知经验、反省经验看作原始的、最后的、不证自明的或自证自明的，于是"后来的机能被当做是原始的特性"②，原始经验反而被忽略了，这造成"所经验的对象和能经验的活动与状态分裂为二"③，最终使研究过程与研究结果都脱离了日常生活世界，同时也产生了哲学"抽象"、"专断"或"凌空"④ 等种种错误印象，哲学发展陷入困境，其根源亦在于此。因此杜威强调，必须澄清原始经验和反省经验的概念，厘清理智的、认知的经验与非认知的经验之间的区别与联系，明确原始经验的原始性与最后性，理解并牢记反省经验或理智、认知经验的第二性与派生性；在面对反省经验或理智、认知经验时，要能够拨开其面纱并将其置于原始的自然语境中，既要"追溯到它们在原始经验中在它的全部丰富和错综复杂的状态中的来源"，又能够把这些第二性、派生的方法和研究成果"放回到平常经验的事物中来，在它们的粗糙和自然的状态中，求得实证"。⑤ 由此，被误认为毫无关联或对立不相容的经验与自然，便通过具有原始性、最后性的原始经验恢复了联系；而原始经验成为一切科学与文化研究的基础和皈依，也成为将所有科学与文化中对立的要素连接在一起的纽带，各类学科与文化中貌似对立的诸元素之间的壁垒自然便被打破了。显然，通过区分原始经验和反省经验，还原原始经验的原始性与最后性，杜威也为破除二元对立思维传统找到了理论支撑。

杜威经验自然主义理论的核心内容之三，是对经验完满性的追求，这也是杜威经验自然主义理论的内涵中最重要的一个方面。杜威经验美学的核心是"一个经验"，即"拥有内在的、通过有规则和有组织的运动而实现的完整性和完满性"⑥ 的经验，它是杜威的实用主义美学思想中整体主

---

① 〔美〕约翰·杜威：《经验与自然》，傅统先译，江苏教育出版社，2005，第15页。
② 〔美〕约翰·杜威：《经验与自然》，傅统先译，江苏教育出版社，2005，第19页。
③ 〔美〕约翰·杜威：《经验与自然》，傅统先译，江苏教育出版社，2005，第9页。
④ 〔美〕约翰·杜威：《经验与自然》，傅统先译，江苏教育出版社，2005，第7页。
⑤ 〔美〕约翰·杜威：《经验与自然》，傅统先译，江苏教育出版社，2005，第25页。
⑥ 〔美〕约翰·杜威：《艺术即经验》，高建平译，商务印书馆，2005，第40页。

义精神的集中体现。依据经验是否具有完整性和完满性，杜威将经验进一步区分为完满经验和不完满经验。原始经验是不完满经验，即日常生活中常见的单调的、破碎零散的、断续的、模糊不清的、自动化的经验；完满经验则与之相反，杜威将之称为"一个经验"，它具有多方面的特征，其中最显著的特征便是"一个"，即完整性。虽然"一个经验"仍旧产生于活的有机物与环境之间的做与受的相互作用，但是它又不同于那些初步获得的、不完满的原始经验。"一个经验"的完满性来自经验的过程性，杜威认为"我们在所经验到的物质走完其历程而达到完满时，就拥有了一个经验"①。他举例说，类似于一个问题的解决、一个游戏真正玩过到结束，甚至吃一顿饭、下一盘棋，只要这些活动有开头、有结尾，有一个顺利的、连贯性的从开始发展到完成的过程，按照杜威的观点来看它们得到了"圆满发展，其结果是一个高潮，而不是一个中断"②，那么通过这些活动所获得的经验，就是"一个经验"。所以，完整性的获得，与"一个经验"形成的动态性、过程性息息相关。仅仅拥有了最终完成态那一个点，还不是完满、完整，从一个始点出发，不断积累变化最终拥有一个结局的线性、动态过程，才具备了达到完整、完满的条件，所以说"在一切都已经完成之处，没有完满"③。当然，这个条件只是客观方面的条件，完满经验的形成还需要有机体主观方面的知觉的参与。活的生物与环境相互作用，它的行动从开始、发展变化到获得结果的过程，必须要诉诸有机体的知觉，其过程性才得以显化；而"行动和后果必须在知觉中结合起来"④，经过有机体知觉的运作处理，"一个经验"才最终得以形成。在动态性、过程性于有机体的知觉中显化的刹那，"一个经验"的整体性同时也得以凸显：在活的生物与环境相互作用，主客体双方实现交互的时刻，"一个经验"具备的贯穿这个经验始终的"一个性质"，便构成了经验的整体性。杜威说，"一个经验具有一个整体，这个整体使它具有一个名称……这一整体的存在是由一个单一的、遍及整个经验的性质构成的，

---

① 〔美〕约翰·杜威：《艺术即经验》，高建平译，商务印书馆，2005，第37页。
② 〔美〕约翰·杜威：《艺术即经验》，高建平译，商务印书馆，2005，第37页。
③ 〔美〕约翰·杜威：《艺术即经验》，高建平译，商务印书馆，2005，第16页。
④ 〔美〕约翰·杜威：《艺术即经验》，高建平译，商务印书馆，2005，第47页。

尽管其各组成部分千变万化"①。更进一步地，杜威将贯穿于经验的这"一个性质"，界定为审美性。审美经验不能简单地产生于一切现象之中，它的获得仍旧离不开活的生物与环境之间的相互作用这一前提。杜威指出，在活的生物与环境之间不停地进行能量的输入与输出，不断地发生周期性的"协调的丧失和统一的恢复""失去与重新建立平衡"②的运动变化时，在经验由不完满向完满转化时，审美性质便悄然萌芽。杜威强调，具有审美性质的"一个经验"对人类诸多的科学文化活动和社会实践活动至关重要，它不仅是艺术活动得以展开的基础，同时也是理智思维活动和社会实践运动得以形成必须具备的前提。杜威认为，不具备审美性质的活动便不完善，不能构成一个整体，不能形成"一个完整的事件"，"没有它，思维就没有结果"。③ 由此也可以推断，理性功能的顺利发挥是离不开审美的，"因为后者要得到自身完满，就必须打上审美的印记"④。实践活动亦是如此。杜威甚至认为非活的生物、非有机体的运动，也将遵循这一规律。他不无夸张地设想，假如一块滚动的石头有欲望、对获得行动结果有兴趣，那么这块石头也将获得审美经验。总之，"任何实际的活动，假如它们是完整的，并且是在自身冲动的驱动下得到实现的话，都将具有审美性质"⑤。如此，通过对具有完整性、过程性、审美性的"一个经验"概念的厘定与剖析，杜威破除了审美与理性之间的二元对立，也填补了审美、理性与实践三者之间的裂痕，将审美、理性和实践完美地统一于经验一元论中。杜威认为，审美、理性和实践从来就不是对立的，审美的敌人是"单调"、"懈怠"、"惯例"、"无条理"或"放纵"，而非理性与实践。他说："审美的敌人既不是实践，也不是理智。它们是单调；目的不明而导致的懈怠；屈从于实践和理智行为中的惯例。一方面是严格的禁欲、强迫服从、严守纪律，另一方面是放荡、无条理、漫无目的地放纵自己。"⑥ 它们之所以成为审美的敌人，是非审美的，归根结底是因为

---

① 〔美〕约翰·杜威：《艺术即经验》，高建平译，商务印书馆，2005，第39页。
② 〔美〕约翰·杜威：《艺术即经验》，高建平译，商务印书馆，2005，第14、16页。
③ 〔美〕约翰·杜威：《艺术即经验》，高建平译，商务印书馆，2005，第41页。
④ 〔美〕约翰·杜威：《艺术即经验》，高建平译，商务印书馆，2005，第41页。
⑤ 〔美〕约翰·杜威：《艺术即经验》，高建平译，商务印书馆，2005，第42页。
⑥ 〔美〕约翰·杜威：《艺术即经验》，高建平译，商务印书馆，2005，第43页。

它们背道而驰，正好走向了"一个经验"的反面，不能形成"一个经验"的完满性与完整性。

如果止步于此，那么"因为是完满、完整的，因而是美的"这一推论，将使杜威重蹈西方传统美学"完善即美"的理论的覆辙。在西方美学史上，从古希腊时代到 20 世纪，美与完善、美与整体性的关系理论始终贯穿其中，表现出十分强大的生命力。如亚里士多德强调美来自整一性、统一性："一个非常大的活东西，例如一个一千里长的活东西，也不能美，因为不能一览而尽，看不出它的整一性"，而艺术品和现实事物之间美和不美的区别，"就在于美的东西和艺术作品里，原来零散的因素结合成为统一体"。① 朗吉努斯认为美形成于各部分综合后的整体："……整体中任何一部分如果割裂开来孤立看待，是没有什么引人注意的；但是所有各部分综合在一起，就形成一个完美的整体。"② 虽然此处朗吉努斯谈论的是文章，但其结论无疑具有普遍意义。在托马斯·阿奎那那里，完整性只是构成美的三个要素之一："美有三个要素：第一是一种完整或完美，凡是不完整的东西就是丑的。"③ 鲍姆嘉通扩充了完善的对象，将之从上述理论探讨的客观形式层面延伸至主观的能力和知识层面："完善的外形，或是广义的鉴赏力为显而易见的完善，就是美，相应不完善就是丑……美学的目的是（单就它本身来说的）感性知识的完善（这就是美），应该避免的感性知识的不完善就是丑。"④ 谢林则在更抽象的层面探究美与整体性、统一性的关联，提出"美是表现在有限中的无限性"⑤，是有限与无限的统一；同时也探究了艺术美和整体性、人的审美能力和整体观念的关系，指出只有具备整体观念，才具有审美判断力："或许，个

---

① 参见北京大学哲学系美学教研室编《西方美学家论美和美感》，商务印书馆，1980，第 39 页。
② 参见北京大学哲学系美学教研室编《西方美学家论美和美感》，商务印书馆，1980，第 48 页。
③ 参见北京大学哲学系美学教研室编《西方美学家论美和美感》，商务印书馆，1980，第 65 页。
④ 参见北京大学哲学系美学教研室编《西方美学家论美和美感》，商务印书馆，1980，第 142 页。
⑤ 参见北京大学哲学系美学教研室编《西方美学家论美和美感》，商务印书馆，1980，第 186 页。

别的美也会感动他,但是真正的艺术作品个别的美是没有的——唯有整体才是美的。"① 黑格尔强调理性的完整对于审美鉴赏的重要意义,认为一般的审美鉴赏无法胜任洞察事物的深刻层面的重任,因此要培养更超拔的鉴赏能力,培养这种能力"所需要的不仅是感觉和抽象思考,而是完整的理性和坚实活泼的心灵"②。19世纪,雨果回归古典时代的观念,重申美和形式的完整性之间的关系,提出"美不过是一种形式,一种表现在它最简单的关系中,在它最严整的对称中,在与我们的结构最为亲近的和谐中的一种形式。因此,它总是呈献给我们一个完全的但却和我们一样拘谨的整体"③。也就是说,雨果认为美是一种和谐、对称、严整的形式,美具有整体性。最后,杜威的经验美学中对美和完善、完美、完整关系的讨论,无疑使这个古老的美学观念再次复活。在经验由不完满发展、转化为完满,完成它的发展历程,成为完全态的"一个经验"时,它就具有了审美性质,是美的。美学史上先贤的观点,在几千年后的近现代社会得到应和。不同以往的是,杜威的经验论不是对先贤思想的简单复制,而是一种深入的探索,发掘"一个经验"背后深藏的奥秘,从一个新的角度回答了"为什么获得了完整性和完满性的'一个经验',同时就是审美的"这一难题。杜威进一步探究其根源,发现其奥秘在于情感。杜威认为,虽然贯穿"一个经验"、使之成为一个整体的性质不是情感性或理智性,但是情感性的介入却可以起到化合效果,可以使"一个经验"产生审美性质。这种情感性不是独立存在的,而是在活的有机体同环境相互作用的动态过程中产生的,它"依附于运动过程中的事件和物体"④。杜威强调,任何"一个经验"产生的过程中都有情感性相伴随,"它是在事件朝向一个所想要的,或不喜欢的问题的运动中赋予这个自我的"⑤;而这

---

① 参见北京大学哲学系美学教研室编《西方美学家论美和美感》,商务印书馆,1980,第189页。
② 参见北京大学哲学系美学教研室编《西方美学家论美和美感》,商务印书馆,1980,第205页。
③ 参见北京大学哲学系美学教研室编《西方美学家论美和美感》,商务印书馆,1980,第236页。
④ 〔美〕约翰·杜威:《艺术即经验》,高建平译,商务印书馆,2005,第44页。
⑤ 〔美〕约翰·杜威:《艺术即经验》,高建平译,商务印书馆,2005,第45页。

种情感是肯定性的还是否定性的,是愉快的还是痛苦的,虽然应该由活的有机体同环境之间相互作用的具体状况来决定,但杜威认为,更为宏观、长远、深入地看,由于经验总是包容着过往的经历,不断地纳新、重组和改善,因此否定性情感在其形成过程中会发挥更大的作用,"一个经验"应当是痛苦的。这种痛苦的情感力量极为强大,是"运动和黏合的力量",它存在于经验的各个组成部分之中,通过这些组成部分,为经验"提供了统一"。① 由此可见,最终使审美、理智和实践融合、统一在一起,使破碎、模糊、晦暗的原始经验完满、完整成为"一个经验"的,是"一个经验"的情感性。情感性成为连接"一个经验"的完满性、完整性与审美性的桥梁。

总之,杜威强调经验与自然之间的关系,尤其强调人的自然属性、生物属性在审美经验形成过程中的价值。为了把握审美经验诞生的源泉,人甚至可以诉诸动物的生活方式,因为动物是完全活在当下的,动物可以调动全部的生理感觉、知觉,全身心地投入行动中,获得最直接的、具有原始性和最后性的原始经验,其内在的生命性得到最大程度的体现,如一次捕猎、一次求偶或一次对敌活动。所谓苍鹰搏兔,亦用全力,便是如此。而当自以为高贵的人类习惯了社会分工,尤其进入高度专业化、专门化的时代后,面对任何事物、现象和问题时,总是会熟练地将整体的经验切割为细部,实际上是脱离甚至放弃了当下的、直观的、整体性的感受,获得的是次一级的反思经验。语境主义的立场、对经验的原始性和最后性的强调、由情感性切入阐释"一个经验"的完满性和审美性,杜威的自然主义经验论为其哲学、美学乃至艺术论提供了扎实、牢固的根基。

当然,反对、批驳的声音总是存在的。正是这些反对的声音,提升了杜威自然主义经验论的理论魅力,使它在漫长的岁月中青春焕发,生命力更加旺盛。舒斯特曼发现,分析美学对杜威自然主义的批判,就集中在"杜威用自然规律来解释艺术和审美价值"这点上,主要体现为两个代表性的观点:其一,强调不能将审美性质等同于任何自然性质,认为并不是所有的"被给予的对象"都具有审美性质,审美性质不必然"在逻辑上

---

① 〔美〕约翰·杜威:《艺术即经验》,高建平译,商务印书馆,2005,第45页。

由自然知觉性质"①所引起，这种观点以G.E.摩尔为代表；其二，认为审美经验不是依靠自然的感觉、知觉和智力就能获得的，相反，审美经验的获得需要"一种特殊的趣味官能"②，这种特殊的趣味官能不具有普遍性，既不遵循统一、普遍的规则，又不能被人所普遍共有，西布利是这种观点的持有者。舒斯特曼对这两种代表性观点进行了剖析，指出这两种观点本质上仍旧是康德主义的，根源于康德关于审美判断以及审美无利害的理论。通过对这两种观点的康德主义立场的批判，舒斯特曼肯定了杜威自然主义立场的现实价值。首先，针对康德美学对感觉的贬低，舒斯特曼揭示了其伪自然主义的真实面目。虽然康德的美学理论也要求将趣味的标准建立在人性的基础上，但因为康德不关注生命的整体性，重知性而贬低感觉，认为凡涉及感觉的就涉及利害，于是在知性的基础上建立审美快感，这种超感觉的美学理论，舒斯特曼称它表达了一种"空虚和干枯的人性观念"③，因而实质上是一种伪自然主义。建立在阶级论基础上的自然主义，只是虚假的自然主义。其次，舒斯特曼抨击了康德审美无利害的美学观，指出其本质乃是工具与目的二元对立思维模式的一种表达，审美无利害否定艺术的工具价值，体现的是一种迫不得已的精英主义立场。舒斯特曼揭示了审美无利害观念的根源，认为康德审美无利害观念实际上建立在艺术功能无效论的错误观念基础上，认为"由于艺术没有特殊的、可以确认的、能够比任何别的东西更好地起作用的功用，因此，只能将它辩护为完全超越用途和功能、具有纯粹的内在价值"④。舒斯特曼指出，康德主义无视艺术的工具价值，或者狭隘地理解了艺术的工具价值，将艺术的工具价值仅仅看作孤立的艺术的某种外在的价值，因此担心艺术在"同无情地占支配地位的功利主义"⑤的竞争中不能占优势，因此干脆将艺术关进自律的象牙塔。也就是说，康德的审美无利害观念既建立在一种错误观念基础上，又是逃避现实命运的结果。与伪自然主义而又不敢面对现实

---

① 〔美〕理查德·舒斯特曼：《实用主义美学》，彭锋译，商务印书馆，2002，第21~22页。
② 〔美〕理查德·舒斯特曼：《实用主义美学》，彭锋译，商务印书馆，2002，第22页。
③ 〔美〕理查德·舒斯特曼：《实用主义美学》，彭锋译，商务印书馆，2002，第22页。
④ 〔美〕理查德·舒斯特曼：《实用主义美学》，彭锋译，商务印书馆，2002，第24页。
⑤ 〔美〕理查德·舒斯特曼：《实用主义美学》，彭锋译，商务印书馆，2002，第23页。

的苍白的康德主义相比,舒斯特曼认为杜威的自然主义美学充满了活力。舒斯特曼赞扬杜威建立在"人的自然和机体的根基和需要"① 基础之上的审美经验论。正因为有着坚实的、人性的、自然主义的基础,杜威的审美经验论在艺术是否具有工具价值方面没有丝毫的疑虑。舒斯特曼认为,从自然主义角度出发,杜威将艺术的工具性理解为"通过服务于不同的目的,最重要的是通过增进鼓动和激发我们的直接经验,从而帮助我们实现自己所追求的无论什么样的更长远的目的,来以全方位的方式满足生命体"②。舒斯特曼抓住了杜威艺术工具价值观的特殊性,即强调工具性和目的性相统一。在此,艺术的工具性和目的性不是各自孤立、静止而彼此对立的两种性质,相反,它们在一个具有整体性、产生审美经验的运动过程中产生,并统一于为生命体需要提供满足的活动中,根本上不可分离。由此,艺术的工具性和目的性得到了重新阐释,并获得了统一。舒斯特曼赞同杜威的经验自然主义对具体化的审美的倡导,认为相对于清醒的欧洲知识分子来说,杜威的这种"快乐向上的充满自然活力的审美",对"充满希望的'新世纪'的探险家"来说,更具鼓动力,更具有实际价值。③

更为重要的是,舒斯特曼批判了康德主义对审美经验发生的社会－历史语境的忽视,他认为康德美学本应该是能够避免这种忽视的。舒斯特曼指出,作为现代美学根基的康德以及休谟的美学,"没有正确地意识到,或刻意回避、低估或隐瞒了一个核心的维度或两难困境:审美判断的社会－阶级语境问题。社会－阶级语境导致了社会分化和偏见,威胁着与生俱来的感觉一致性,而康德和休谟的理论就建立在这种感觉一致性的基础上"④。而事实上,康德和休谟的美学并非完全无视趣味的社会－历史维度问题,相反,都触及了外部作用对于趣味的影响:"休谟影响深远的论文《丑陋的趣味》和康德更具开创性、意义重大的《判断力批判》提及

---

① 〔美〕理查德·舒斯特曼:《实用主义美学》,彭锋译,商务印书馆,2002,第21页。
② 〔美〕理查德·舒斯特曼:《实用主义美学》,彭锋译,商务印书馆,2002,第24页。
③ 〔美〕理查德·舒斯特曼:《实用主义美学》,彭锋译,商务印书馆,2002,第25页。
④ Richard Shusterman, *Surface and Depth: Dialectics of Criticism and Culture*, Ithaca: Cornell University Press, 2002, p. 91.

社会和文化以及它们在促使趣味的正确使用上的作用。"① 但不幸的是，这方面的内容被遗忘了，人们只关注趣味的规范性、统一性标准问题，休谟和康德这两位哲学家也"没有充分地揭示，在社会作用和阶级分化的条件下，构建审美判断和趣味的标准的方式是什么"。舒斯特曼说，趣味这个概念从社会语境中孤立出来，"基本上脱离了社会决定性和阶级分化"②。舒斯特曼分析了脱离社会历史语境的趣味观可能导致的后果，他借用休谟的观点指出，这种由主观的人性（主要是知性）所决定的趣味，当它在理论上脱离自然和社会现实的语境限制，而在现实中又不可能真正脱离自然与社会现实时，很容易成为一种"天赋的社会特权"③，因为特权阶级的喜好将成为它的标准，于是历史上、社会上具有特权的主体的趣味和喜好，就成为一种非历史的、本质主义的标准，适用于一切人、一切时代。同样借用休谟的说法，舒斯特曼将这种趣味称为"丑陋的趣味"。舒斯特曼重新解读了康德和休谟的趣味理论，揭示了社会因素对于趣味理论的必然性和决定性作用，强调趣味对社会历史语境的依赖性，指出"缺乏社会因素，审美趣味的功能就得不到运用。趣味不能被简单地归结为一种自然的能力；它也是文化环境的产物，由根植于社会规范和实践传统的重要部分所决定"④。

康德主义的这种缺陷，或者说是康德主义研究的疏忽之处，却恰好是杜威经验论的可贵之处。舒斯特曼认为，杜威的经验论从未局限在自然主义立场上，而是表现出对社会-历史语境的关注，从而达到自然主义与历史主义的完美统一。

舒斯特曼对杜威自然主义进行辩护的第二种方式，就是深入挖掘杜威的经验自然主义的历史厚重性，强调自然根源背后的社会-历史因素的重

---

① Richard Shusterman, *Surface and Depth: Dialectics of Criticism and Culture*, Ithaca: Cornell University Press, 2002, p. 91.
② Richard Shusterman, *Surface and Depth: Dialectics of Criticism and Culture*, Ithaca: Cornell University Press, 2002, p. 91.
③ Richard Shusterman, *Surface and Depth: Dialectics of Criticism and Culture*, Ithaca: Cornell University Press, 2002, p. 92.
④ Richard Shusterman, *Surface and Depth: Dialectics of Criticism and Culture*, Ithaca: Cornell University Press, 2002, p. 6.

要价值。舒斯特曼说:"自然主义不是艺术的唯一目的,也不是艺术的唯一构成要素。历史和变化着的社会环境同样是艺术的构成要素,甚至艺术最鲜明的个人表现,也是特定的历史社会中公共生活的表现的产物。"①他批评当下的社会构成主义者,认为他们总是坚持自然和历史二分,将自然和历史视为不相容的两个极端,从而否定了二者相互作用、相互影响的可能性。作为对社会构成主义的反动,舒斯特曼倡导自然和历史不可分离的统一性,认为"自然便是一种历史,而历史也在自然中,与自然一起发挥作用"②,由此表现出统一自然主义与历史主义的整体论倾向。具体来说,舒斯特曼整合自然主义与历史主义的途径有二。第一种途径是将杜威的经验自然主义与黑格尔的历史主义整体论以及马克思主义传统联系在一起,来凸显杜威经验论中的社会-历史感。他指出,杜威强调"没有对它们的社会-历史层面的了解,艺术和审美就不能被理解"③。事实上,这句话同时也适用于杜威的经验论本身,更适用于舒斯特曼的实用主义立场。如果忽视了社会-历史语境,杜威的经验论以及舒斯特曼的实用主义经验理论,都不能得到真正的理解。舒斯特曼认为,杜威的经验论对社会-历史语境的强调,反映出杜威的经验自然主义同黑格尔的历史主义整体论以及马克思主义传统之间的关联性,用他的话说,"反映了他的黑格尔历史主义的整体论,并使他的思想与欧陆美学中的马克思传统结成了联盟"④。具体地说,舒斯特曼将杜威、黑格尔与马克思主义传统之间的关联性,落实在杜威对生活与艺术之间关系的整合上。舒斯特曼的论述着重强调杜威对艺术与生活的整合,尤其强调艺术与生活整合的方式,他认为,杜威的论证"不是通过吹毛求疵的概念分析,而是通过历史-政治的和社会-经济的谱系"⑤方式进行的。舒斯特曼对比了阿瑟·丹托的"艺术界"理论和杜威的恢复审美经验与日常经验之间连续性的"连续

---

① Richard Shusterman, *Surface and Depth: Dialectics of Criticism and Culture*, Ithaca: Cornell University Press, 2002, p. 125.
② Richard Shusterman, *Surface and Depth: Dialectics of Criticism and Culture*, Ithaca: Cornell University Press, 2002, p. 125.
③ 〔美〕理查德·舒斯特曼:《实用主义美学》,彭锋译,商务印书馆,2002,第39页。
④ 〔美〕理查德·舒斯特曼:《实用主义美学》,彭锋译,商务印书馆,2002,第39页。
⑤ 〔美〕理查德·舒斯特曼:《实用主义美学》,彭锋译,商务印书馆,2002,第40页。

性"美学理论,从而指出阿瑟·丹托虽然也认识到艺术史知识对于审美和艺术概念建构的语境价值,但是他对"艺术史"的认识却脱离了社会-历史语境,将艺术史看作"在根本上独立的'内在发展'"的东西,于是使"艺术史"概念又成为一种超历史、超社会的形而上学先验概念,进而导致建立在艺术史基础上的审美和艺术概念的有效性受到质疑;而杜威的审美经验概念和艺术理论则既扎实地根植于自然的土壤,又根植于社会-历史语境,他将艺术界看作"某种在真实世界中被在物质上缠绕的、被它的社会-经济和政治因素有效地结构的东西"①。更重要的是,舒斯特曼指出,杜威的历史主义理论不仅仅局限在艺术和美学领域,他的哲学理论,因为强调哲学与生活的关系,同样也建立在历史主义语境之下,杜威认识到我们的理论与哲学概念同艺术和审美概念一样,"它们本身都为形成我们生活和思想的社会实践和制度所建构和制约,因而由以某种方式形成那些构成性的实践和制度的历史偶然和斗争所建构和制约"②。因此,在阐述当时哲学与美学的发展困境、分析美学艺术的区分性概念的成因时,杜威仍旧从社会-历史因素入手,把握问题形成的社会经济、政治因素,并从这个角度提出了解决问题的策略,即以经验为桥梁,间性地建构起自然主义与历史主义相统一的整体论哲学和美学。通过对杜威自然主义的历史主义根基的阐发,舒斯特曼激进地认定,杜威的经验自然主义理论具有一种反资本主义的激情,这种激情表明了杜威哲学改造的社会主义方向,他甚至暗示,这是杜威美学后来之所以被蒙蔽和忽视的原因之一——这种社会主义立场遭到了麦卡锡主义的政治压迫。③

第二种途径是将杜威的经验自然主义理论与美国黑人学者阿兰·洛克的思想进行比较分析,从而"探究构成艺术与文化生活的自然与社会政治的复杂辩证法"④。舒斯特曼认为,阿兰·洛克的思想与杜威的经验自然主义理论之间有着实用主义的共通性。首先,他们都强调艺术与文化的

---

① 〔美〕理查德·舒斯特曼:《实用主义美学》,彭锋译,商务印书馆,2002,第40页。
② 〔美〕理查德·舒斯特曼:《实用主义美学》,彭锋译,商务印书馆,2002,第40页。
③ 〔美〕理查德·舒斯特曼:《实用主义美学》,彭锋译,商务印书馆,2002,第44页。
④ Richard Shusterman, *Surface and Depth: Dialectics of Criticism and Culture*, Ithaca: Cornell University Press, 2002, p. 124.

自然主义根源，认为艺术与文化"根植于人类有机体与自然界的交互作用中产生的欲望、需求和节奏"[1]。杜威认为，"在每一类艺术和每一件艺术品的节奏之下，作为无意识深处的根基，存在着活的生物与其环境间关系的基本模式"[2]，从这个角度来说，"自然主义在其最广泛和最深刻意义上，是所有伟大艺术的需要"[3]。舒斯特曼发现，阿兰·洛克也是从人性的自然根源角度，来解释黑人这个特殊种族的艺术天赋的，他的《新黑人》强调："即便在极力主张艺术要向更高境界的精神性与文化性发展时，艺术也同样要保持与自然界充满生机的形式和根本性的能量相联系的需求。"[4] 舒斯特曼指出，阿兰·洛克相信非裔美国人具有一种天赋，即与自然节律间有着特殊联系，它使非裔美国人及其艺术产生自然的审美能量与勃勃生机，而这正是欧洲文化传统影响下的美国文化所丧失、所欠缺的东西。阿兰·洛克认为，非裔美国人及其艺术中的这种自然主义之源，甚至上升到了精神层面，最终"在宗教严肃性的忠诚度上都被彻底地升华了"[5]。因此，黑人艺术为西方"因为风格和习俗的世代近亲繁殖……而产生的显著的颓废衰败与枯燥乏味"[6] 的现代艺术注入了新鲜活力。其次，舒斯特曼指出，阿兰·洛克同杜威一样，强调艺术的自然根源背后的深层社会-历史语境的作用。他认为，阿兰·洛克提出的黑人艺术与自然之间的亲密关系，并不是从纯粹的自然或生物学角度来说的，而是从社会历史角度来说的，表现的不是黑人与欧洲人之间的生物学、人种学差异，而是社会历史差异。具体地说，舒斯特曼从若干方面强调阿兰·洛克与杜威的实用主义的共通性：都倡导"参与"美学，强调艺术的价值多样性。

---

[1] Richard Shusterman, *Surface and Depth: Dialectics of Criticism and Culture*, Ithaca: Cornell University Press, 2002, p. 124.

[2] 〔美〕约翰·杜威：《艺术即经验》，高建平译，商务印书馆，2005，第166页。

[3] 转引自 Richard Shusterman, *Surface and Depth: Dialectics of Criticism and Culture*, Ithaca: Cornell University Press, 2002, p. 124。

[4] Richard Shusterman, *Surface and Depth: Dialectics of Criticism and Culture*, Ithaca: Cornell University Press, 2002, p. 124.

[5] Richard Shusterman, *Surface and Depth: Dialectics of Criticism and Culture*, Ithaca: Cornell University Press, 2002, p. 125.

[6] Richard Shusterman, *Surface and Depth: Dialectics of Criticism and Culture*, Ithaca: Cornell University Press, 2002, p. 125.

舒斯特曼认为，虽然杜威的审美经验概念也具有区分意味，似乎与日常经验区分开来，但这种区分与分析美学所倡导的区分性定义有着本质的区别，其分歧在于，分析美学只是从一个维度上看待审美经验，而杜威则"不是通过唯一拥有某些特定要素的方式，也不是通过唯一关注某些特别范围的方式，而是以这样的方式，通过把日常经验中的所有要素以更有热情、更有魅力的方式整合进一个有吸引力、发展的整体中，这个整体能提供某种'令人满意的情感质量'，从而超越仅因其自身而被鉴赏的阈限"[1]。也就是说，杜威在区分的基础上，更强调构成审美经验的各个要素的更高层次的有机整合，区分是为了整合，是完成改善目的的进化的工具。舒斯特曼将杜威的这种有机整体理论，称为"参与"美学或"混杂"美学（an aesthetics of 'the mix'）[2]。而阿兰·洛克同样也强调不同艺术之间的"混杂"性与融合性特征，这既表现在阿兰·洛克用"混杂"来概括哈莱姆文艺复兴上，又表现在阿兰·洛克的"文化伦理学"理论，即阿兰·洛克对种族关系的间性建构上。阿兰·洛克认为种族是"文化融合的'复合'产物"，而美国黑人的种族关系只有通过更多的交往与交际互动才能得到改善。[3] 舒斯特曼认为，阿兰·洛克对艺术和文化统一中种族价值多样性的认识，要远远超过杜威。再者，阿兰·洛克同杜威一样，都倡导艺术的实践性，即强调艺术对生活的干预功能：通过艺术，"美本身提供美、自我表现和自我尊敬的愉快，（通过艺术的严格戒律）为自己以及自己的族群提供文化认同、物质回报和精神发展"[4]，并最终改善生活。他们还批评精英艺术与通俗艺术的二元区分，为通俗艺术辩护，提倡艺术的民主多元化。舒斯特曼认为，阿兰·洛克对通俗艺术价值的认识要早于杜威。最后，杜威和阿兰·洛克都关注生活与哲学的关系，倡导作为生活方式的哲学观等。总之，

---

[1] 〔美〕理查德·舒斯特曼：《生活即审美：审美经验和生活艺术》，彭锋等译，北京大学出版社，2007，第 28~29 页。

[2] Richard Shusterman, *Surface and Depth: Dialectics of Criticism and Culture*, Ithaca: Cornell University Press, 2002, p. 126.

[3] Richard Shusterman, *Surface and Depth: Dialectics of Criticism and Culture*, Ithaca: Cornell University Press, 2002, p. 127.

[4] Richard Shusterman, *Surface and Depth: Dialectics of Criticism and Culture*, Ithaca: Cornell University Press, 2002, p. 129.

舒斯特曼认为，阿兰·洛克与杜威的哲学、美学、艺术理论具有实用主义的共通性，而且都表现出整合自然主义与历史主义，使之和谐统一的整体论特征。

从舒斯特曼对杜威经验自然主义的历史主义辩护中可以看出，舒斯特曼继承了杜威的经验自然主义立场，既承认经验的自然性、生物性，更坚持经验的社会、历史、文化价值。因此，实际上舒斯特曼的立场还是他一贯的"包括性析取立场"，他将经验放在自然主义和历史主义之间来进行理解。

## 二 身体与心灵的统一

舒斯特曼继承了杜威"将经验置于哲学核心"①的经验论立场，并以经验的整体论来终结哲学传统的二元论，而对身体与心灵的整合是其中的重中之重。杜威的经验自然主义强调还原经验的原始性、最后性，强调粗糙、杂乱、复杂的原始经验的基础性价值，舒斯特曼则用感觉的直接性和非推论性来替代经验的原始性、最后性。舒斯特曼虽然继承了杜威的立场，强调具有感觉直接性和非推论性的经验对于反思经验和认知的作用，但是反对杜威将经验当作探究的保证和基础的做法，反对将这种性质视为人类思想的必不可少的基础性指导或规定性准则，认为这样反而使经验概念贬值。相反，舒斯特曼更强调经验与身体之间的关联性，认为"非推论直接性的最显著地方是身体的感觉"②，因此提倡将"鲜活的、有意识的身体作为经验组织核心"③，宣称身体经验将"成为焦点"④。

杜威身体与心灵的统一性理论的提出，经历了一个曲折的过程。正如舒斯特曼所言，虽然杜威以进取的科学精神著称于世，但实际上"杜威

---

① Richard Shusterman, *Body Consciousness: A Philosophy of Mindfulness and Somaesthetics*, New York: Cambridge University Press, 2008, Preface, p. xii.
② 〔美〕理查德·舒斯特曼:《哲学实践：实用主义和哲学生活》，彭锋等译，北京大学出版社，2002，第180页。
③ Richard Shusterman, *Body Consciousness: A Philosophy of Mindfulness and Somaesthetics*, New York: Cambridge University Press, 2008, Preface, p. xii.
④ 〔美〕理查德·舒斯特曼:《哲学实践：实用主义和哲学生活》，彭锋等译，北京大学出版社，2002，第180页。

并非始终强调生物学的身体"①,甚至在同一历史时期,杜威关于身体与心灵关系的看法是相互矛盾的。在 1885 年 12 月 5 日首次发表于 University 上的《心灵的复兴》一文中,针对学术界对心灵和身体关系的错误认知,杜威宣称要进行"心灵复兴"。此时杜威心灵复兴理论的提出,是建立在对身体的反动基础上的。杜威发现,曾经有一代人遗忘、忽视心灵,认为"人只是身体"②,他们贬低心灵,将谈论人的心灵看作缺乏教养的表现。针对这种认知,杜威认为应当让心灵复苏。杜威心灵复兴理论的提出,既是神经心理学研究发展的结果,又是当时产生新感觉、新知觉的必然需求。但同时,杜威认为即便心灵复苏,也不能像有的学者所希望的那样,能够解决人类精神中存在的所有问题,尤其不能解决科学与宗教之间的对立问题。杜威认为科学"与整体无关,与爱、智力和意志无关"③,只涉及事实,科学研究与宗教无关,它"要么永远不会触及宗教生活问题,要么会敲响宗教的丧钟";而将此岸世界与彼岸世界联系起来,将会导致"灵魂的庸俗化",因为这种联系会导致"此岸世界生活中所有低级与绝望的东西,都将成为永恒生活的一个有机组成部分,精神生活将成为一种更加没有意义、微不足道的东西"。④ 可以看出,此时的杜威仍旧坚持心灵与身体、彼岸与此岸、天堂与世俗、宗教与科学绝对二分的二元论立场。但在 1886 年 4 月,杜威又发表了一篇文章《心灵与身体》,他的立场从二元论转向了一元论,从身体与心灵的二分,转变为心灵与身体的统一。杜威开篇就表明立场,要求避免身体与心灵对应的二元论,认为"存在着心灵,存在着身体,但仅此而已;除此之外,我们对心灵和身体的关系无话可说"⑤。虽然杜威承认了身体与心灵的关联性,但这种统一

---

① Richard Shusterman, *Body Consciousness: A Philosophy of Mindfulness and Somaesthetics*, New York: Cambridge University Press, 2008, p. 180.
② Jo Ann Boydston ed., *John Dewey: The Later Works, 1925 – 1953*, Vol. 17, Carbondale: Southern Illinois University Press, 1990, p. 11.
③ Jo Ann Boydston ed., *John Dewey: The Later Works, 1925 – 1953*, Vol. 17, Carbondale: Southern Illinois University Press, 1990, p. 13.
④ Jo Ann Boydston ed., *John Dewey: The Later Works, 1925 – 1953*, Vol. 17, Carbondale: Southern Illinois University Press, 1990, p. 13.
⑤ 〔美〕约翰·杜威:《杜威全集·早期著作(1882—1898)》第 1 卷,张国清、朱进东、王大林译,华东师范大学出版社,2010,第 75 页。

并非是肉体与心灵相互平等的相互影响和对话，而是心灵对肉体的压制和统治，身体是心灵表达并展示其本质的媒介和平台，杜威说：

> 心灵内在于身体，仅仅是因为心灵在身体中实现了自身。身体之所以是心灵的器官，正是由于心灵使身体成为其器官。……身体作为心灵的器官，是心灵自身的激活与创造活动的结果。简言之，心灵内在于身体的原因不在于它是作为纯粹肉体的身体，而是由于它的超越性使它在身体中表达并展现了它的本质。①

因此，杜威认为，人类的行动不是身体的行动，而是心灵的行动，"心灵是一个活生生的力量，已经并继续把身体构建为它自身的机制。……通过那个机制，心灵可以直接行动"②。在杜威看来，即便存在着自然的身体，那也是为心灵服务的，它为心灵提供容器，是心灵活动的工具，除此之外身体不具有自身独立的价值："心灵暂居于肉身之中，并把肉身转变为心灵本身的表现。身体是心灵的物质形态。……它把肉身造就成为自己的器官与仆人。"③ 而到了1925年，在《经验与自然》中，杜威才建立了成熟的经验自然主义理论，由此，他不再支持古希腊和宗教中以心灵来解释身体的身心理论，而是以经验为中心，间性地重建身体与心灵之间的连续性。此时的杜威认为，身体与心灵是不能分离的，"我们所有的这两个部分本来就是同一原始历史过程的各个部分"④，它们不仅是整体的两个部分，更是一枚硬币的两面。在此，杜威矫正了他在《心灵与身体》中关于心灵与身体关系的阐述，指出当时的论述的二元论本质，他说："当人们说心灵是掩蔽在、包括在、隐藏在或潜伏在物质之内，而后来所发生的变化乃是使它显现、演化、体现和实现的过程时，其实，这只是首先任意地和无意地把一个自然历史分割成为两截，然后再有意地和

---

① 〔美〕约翰·杜威：《杜威全集·早期著作（1882—1898）》第1卷，张国清、朱进东、王大林译，华东师范大学出版社，2010，第90页。
② 〔美〕约翰·杜威：《杜威全集·早期著作（1882—1898）》第1卷，张国清、朱进东、王大林译，华东师范大学出版社，2010，第90页。
③ 〔美〕约翰·杜威：《杜威全集·早期著作（1882—1898）》第1卷，张国清、朱进东、王大林译，华东师范大学出版社，2010，第90~91页。
④ 〔美〕约翰·杜威：《经验与自然》，傅统先译，江苏教育出版社，2005，第176页。

任意地把这个分割掩藏起来。"① 杜威认为，身体和心灵是人类在进化历史过程中形成的两种特质，身心结构"就是按照它存在其中的这个世界的结构发展出来的"②，因此，对于身心及其关系的理解，也必须以人类在生活世界中的活动经验为参照和标准。而依照经验，"我们在经验上熟悉的每一个'心灵'总是和某一个有机体联系着的。每一个这样的有机体总是在一个自然的环境中存在着，而它和这个环境总是保持着某种相适应的联系"③，由此杜威认为，有关身体和心灵及其关系的认识，离不开有机体与环境之间相互作用的过程和情境，身体与心灵及其关系的界定，只有在有机体跟环境之间相互作用的实践活动中才具有有效性。进而杜威发现，在现有的哲学语言中，并没有一个术语可以描述二者之间的关系，因为诸如"身体"与"心灵"这样的概念，还是将二者分割开来，将它们看作"两个存在的领域"④，各自独立。于是依据经验论，杜威重新设定了一个符合人类生命特征的身体和心灵及其关系的术语，即"身－心"，并对之进行了界定：

> "身－心"是指一种具有它自己的特性的事情。……所谓"身心"仅仅是指一个有机体跟语言、互相沟通和共同参与的情境有连带关系时实际所发生的情况而言。在"身心"这个复合词中，所谓"身"系指跟自然其余部分，其中既包括有生物，也包括有无生物，连接一气的各种因素所具有的这种被继承下来的、被保持下来的、被遗留下来的和积累起来的效果而言；而所谓"心"系指当"身体"被涉及一个比较广泛、比较复杂而又相互依赖的情境时所突创的一些独特的特征和后果而言。⑤

这个界定明确地表现了杜威身心理论的核心内容。第一，身体与心灵不能分离，它们虽各有功能，但必须在平等对话的基础上相互协作、构成

---

① 〔美〕约翰·杜威：《经验与自然》，傅统先译，江苏教育出版社，2005，第176~177页。
② 〔美〕约翰·杜威：《经验与自然》，傅统先译，江苏教育出版社，2005，第177页。
③ 〔美〕约翰·杜威：《经验与自然》，傅统先译，江苏教育出版社，2005，第177页。
④ 〔美〕约翰·杜威：《经验与自然》，傅统先译，江苏教育出版社，2005，第182页。
⑤ 〔美〕约翰·杜威：《经验与自然》，傅统先译，江苏教育出版社，2005，第182页。

一个整体，才能在同环境相互交往、相互作用的情境中凸显出什么是身体、什么是心灵，脱离了这一情境，身体和心灵都毫无意义。第二，在与环境的相互交往、相互作用的情境中，与心灵协调作用以适应环境的身体同自然界其他生物或非生物的构成因素并无区别，它们所具有的功能，皆是传承、积累、进化的产物。第三，心灵是在这一活动过程中身体所"突创"出来的某些特征和后果，也就是说，心灵是身体的心灵，不能脱离身体而独立存在，它只有在身体同环境的相互交往、相互作用的实践中，通过身体功能发挥才能显现出来，因此我们才说，它是在这一活动过程中"突创"出来的某些特征和后果。第四，语言的区别和命名作用在这一活动中至关重要。例如，当有机体和环境在相互作用的情境中所产生的性质通过语言被区别出来时，感觉和知觉就产生了，人们将这些性质界定为干、湿、红与饥饿等。与此同时，这一活动也具有了意义，"对于一个事物的感知乃是一种直接的和内在的意义，它是为它本身所享有或直接所感受到的意义"①。当这个情境既具有了感知，又具有了意义，有机体同环境相互作用的性质就凸显出来了，"心灵、理智就明确地呈现出来了"②。总之，以实践经验为媒介，身体和心灵获得了整合。

由此可见，杜威的身心理论是其经验论的组成部分之一，其发展成熟经历了曲折的发展过程。而杜威的身心观念之所以发生变化，从心灵对肉体绝对统一的唯心主义一元论，转变为以实践经验为中介，间性地建立身体与心灵之间连续性的自然主义一元论，舒斯特曼认为，威廉·詹姆斯及其著作《心理学原理》的影响"是至关重要的因素之一"③。舒斯特曼对杜威身心理论的继承，表现为他将杜威放在威廉·詹姆斯与亚历山大之间，对杜威的身心理论进行辩证分析与批判，并在此基础上发展杜威的身心理论，致力于身体美学的间性建构。

舒斯特曼认为，杜威的身心理论建立在威廉·詹姆斯的心灵的生物学观念与亚历山大的身体反应理论之间，是对这两种理论进行"包括性析

---

① 〔美〕约翰·杜威：《经验与自然》，傅统先译，江苏教育出版社，2005，第167页。
② 〔美〕约翰·杜威：《经验与自然》，傅统先译，江苏教育出版社，2005，第167页。
③ Richard Shusterman, *Body Consciousness: A Philosophy of Mindfulness and Somaesthetics*, New York: Cambridge University Press, 2008, p. 181.

取"的间性建构的结果。舒斯特曼发现,杜威的身心理论发展成熟是詹姆斯的《心理学原理》影响的结果,而杜威又超越了詹姆斯,对詹姆斯身心理论进行发展完善。杜威坚信"心灵和精神生活深深地根源于哲学以及塑造了人的经验的身体行为",于是便以"比詹姆斯更多的一致性来实施詹姆斯的生物学自然主义,以提供一种更具连贯性的身心关系的景象",从而将詹姆斯身心非一致的二元论,发展为身心一致的自然主义一元论。[1] 舒斯特曼认为,杜威对詹姆斯身心理论的矫正主要体现在对身体和心灵关系的确认上。舒斯特曼指出,詹姆斯是少数关注身体对于人类思想和行为的重要性的思想家,他的"身体的中心性、重要性地位的主张,贯穿于他的整个学术生涯"[2]。詹姆斯用身体标准来解释习惯,认为"活的生物的习惯现象应归因于其身体所组成的有机物质的可塑性",当内在的"神经系统逐渐发育出它能在其中得以训练的多种模式"时,身体化的自我就"被塑造为行为和心灵的习惯"[3];他还用身体来解释意识流的变化和一致性,认为个体感觉、意识、思想的变化、流动,以及意识、思想的一致性,都可以用身体、大脑神经系统的活动功能来予以解释:因为大脑神经系统不断适应外界的变化,所以人的感觉、意识和思想便不断变化;而我们对"身体化自我"的连续不断的感受,即"我们持续的身体敏感度",则帮助我们在所意识到事物之间建立起联系。[4] 舒斯特曼认为,詹姆斯的身心理论已经得到了现代神经学的确证,具有合理性。不过,舒斯特曼也指出,虽然詹姆斯倡导身体和心灵的统一,但这种统一仍旧是建立在身心分离二元论基础上的,这不仅简单地表现为詹姆斯对身体、心灵两个独立术语的运用,更体现在詹姆斯的情绪理论和意志理论上。舒斯特曼发现,詹姆斯的情绪理论是自相矛盾的:一方面,詹姆斯认识到,我们对情绪的感

---

[1] Richard Shusterman, *Body Consciousness: A Philosophy of Mindfulness and Somaesthetics*, New York: Cambridge University Press, 2008, p. 182.

[2] Richard Shusterman, *Body Consciousness: A Philosophy of Mindfulness and Somaesthetics*, New York: Cambridge University Press, 2008, p. 135.

[3] 转引自 Richard Shusterman, *Body Consciousness: A Philosophy of Mindfulness and Somaesthetics*, New York: Cambridge University Press, 2008, p. 140。

[4] Richard Shusterman, *Body Consciousness: A Philosophy of Mindfulness and Somaesthetics*, New York: Cambridge University Press, 2008, pp. 141-143.

知是从身体反应中获得的,不存在直接的、单纯的心灵情绪,因此指出"身体感觉在产生甚至构成情绪中起着更为本质的作用,至少与更强烈的情绪（如悲哀、愤怒、恐惧、兴奋等）有关"①；另一方面,詹姆斯又坚持情绪是一种"内在的经验","对它们的'生理学基础'来说是不可简化还原的,因此也需要通过更敏锐的内省来进行研究"。② 如果说,詹姆斯的情绪理论还摇摆不定,时而坚持情绪外在地依赖身体,时而坚持情绪内在地属于心灵的话,那么他的意志理论则完全将意志与身体隔绝,认为"意志是一种纯粹而完全的心灵或道德事实"③,强调自由意志"依赖于伦理学理由,而不是心理学证据"④。如此,詹姆斯还是将身体和心灵分离开来,或者说,他的立场不是坚定的身体与心灵统一的一元论立场,而是身体与心灵非一致的二元论立场。杜威的身心理论是对詹姆斯身心理论的一种发展、一种超越。杜威强调身心不可分离的整体性,认为我们拥有的"并非是身体与心灵间的相互作用,而是一种身心相互作用的整体"⑤。舒斯特曼指出,杜威的身心理论通过加强身体、生理-身体与心理三者之间的亲密联系来消解詹姆斯的身心对立二元论,颠覆了詹姆斯将身体作为一种外部叠加的东西勉强与心灵融合的构想。例如,杜威将情绪解释为在行为中身体对环境刺激的一种应激反应,因此,从经验角度看,"杜威把情绪理解为情感的认知维度与身体维度的基础,一个基本的、有目的的行为的统一体"⑥。更为重要的是,杜威的身心理论并不狭隘地纠缠于"身-心"概念的语义学定义,而是更加关注身-心统一性理论的社会实践价值。舒斯特曼说:

---

① Richard Shusterman, *Body Consciousness: A Philosophy of Mindfulness and Somaesthetics*, New York: Cambridge University Press, 2008, p. 146.
② Richard Shusterman, *Body Consciousness: A Philosophy of Mindfulness and Somaesthetics*, New York: Cambridge University Press, 2008, p. 148.
③ Richard Shusterman, *Body Consciousness: A Philosophy of Mindfulness and Somaesthetics*, New York: Cambridge University Press, 2008, p. 155.
④ Richard Shusterman, *Body Consciousness: A Philosophy of Mindfulness and Somaesthetics*, New York: Cambridge University Press, 2008, p. 156.
⑤ Richard Shusterman, *Body Consciousness: A Philosophy of Mindfulness and Somaesthetics*, New York: Cambridge University Press, 2008, p. 184.
⑥ Richard Shusterman, *Body Consciousness: A Philosophy of Mindfulness and Somaesthetics*, New York: Cambridge University Press, 2008, p. 187.

比表达身-心一致性的新术语更重要，比反二元论的形而上学理论更急迫，杜威主张"身-心在活动中的统一"是至关重要的实践问题，是"我们能够询问我们文明的所有问题中最富实践性"的问题，也是一种要求社会重构与个体努力以更好地在实践上达到统一的问题。①

杜威高屋建瓴，他将身心理论放在经验得以形成的有机体和环境的相互交往、相互作用的语境之下予以讨论，并关注身心关系形成的社会历史影响因素，强调"身心一致性的水平深深地依赖于社会条件"②。这种社会-历史立场，与詹姆斯单纯的生理-心理学方法论相比，当然具有更深刻的社会、历史和文化价值。舒斯特曼认为，詹姆斯身心理论中的局限性，被F.M.亚历山大关于行为习惯和意志与身体之间的关联性理论消除，这种理论也使杜威受到了有益的影响。

F.M.亚历山大以亚历山大技法闻名于世。所谓亚历山大技法，是澳大利亚学者F.M.亚历山大根据自己的经验总结出来的"一种发展和增进身心整合的心理与躯体治疗方法"③，亚历山大认为通过适当的身体训练，可以提高自我控制和自我运用的能力，促进身心关系的改善。亚历山大饱受失声之苦，通过反复研究找到了失声的原因——不良的身体姿势；而在纠正不良身体习惯反复失败后，亚历山大得出结论说，"习惯性的、具体化的意志，比起他的有意识的理智判断（或所谓的意志行为），是他自己的更本质、更有力的部分"④，因此，他倡导"谨慎的身体意识、分析和控制的系统方式，以改善自我认识和自我运用"⑤，亚历山大技法由此产生。亚历山大的研究证明，意志的运用与身体意识密切相关。而当他的技

---

① Richard Shusterman, *Body Consciousness: A Philosophy of Mindfulness and Somaesthetics*, New York: Cambridge University Press, 2008, p. 185.
② Richard Shusterman, *Body Consciousness: A Philosophy of Mindfulness and Somaesthetics*, New York: Cambridge University Press, 2008, p. 185.
③ 车文博主编《心理咨询大百科全书》，浙江科学技术出版社，2001，第396页。
④ Richard Shusterman, *Body Consciousness: A Philosophy of Mindfulness and Somaesthetics*, New York: Cambridge University Press, 2008, p. 191.
⑤ Richard Shusterman, *Body Consciousness: A Philosophy of Mindfulness and Somaesthetics*, New York: Cambridge University Press, 2008, p. 192.

法推广开来后,亚历山大技法已经不仅被视为改变身体习惯和改善身心关系的治疗方法,而且被视为改善人与环境之间的协调关系、改善人的自我认识和自我运用、改善自我更改善社会的一种"普遍的有教育意义的哲学"① 方法。舒斯特曼认为,亚历山大技法以及他的身心关系理论对杜威产生了重大影响,甚至杜威1922年出版的《人性与行为》中关键的一章"习惯与意志"便是据此写成。除了遗憾于亚历山大拒绝通过生理学、心理学、神经科学的实验为自己的身心理论寻找科学依据外,杜威几乎全盘接受了亚历山大的身心关系理论,尤其是亚历山大理论的第一控制支柱理论和理性主义立场。舒斯特曼对杜威这种不加分辨完全接受的宽容态度表示遗憾,并对亚历山大的第一控制理论和理性主义立场进行了批判。舒斯特曼认为,亚历山大将头部和颈部区域视为身体意识控制的关键,并将头部和颈部区域界定为自我运用的"第一控制",这一观念的本质乃是要求理性控制,因为这种"第一控制"的实现,需要"未受损伤的大脑皮层"的支持,它强调"理性思考、清晰的意识抑制,以及在有意行为中人的意志的条理清楚的意识等反思的意识控制的功能"②,因此其本质是理性主义的。舒斯特曼质疑亚历山大"对理性意识,一种完全有意识控制观念的终极价值和无孔不入的潜在力量的信奉",认为对身体的"完全透明"的有意识的控制不可能实现,因为根据我们的日常经验,人的注意力总是集中在某一方面而忽视并遗漏其他方面,"某些身体部位和功能总是会逃过我们的注意"③;他还否定了亚历山大的头颈第一控制区域理论,指出人体神经系统的其他部位,如皮肤的触觉,在人的行为控制如平衡感、方向感的把握中也发挥着重大作用。舒斯特曼认为,应该以多元化的立场看待人类身体的功能,"活动、运动的身体构成了一个多层

---

① Richard Shusterman, *Body Consciousness: A Philosophy of Mindfulness and Somaesthetics*, New York: Cambridge University Press, 2008, p. 192.
② Richard Shusterman, *Body Consciousness: A Philosophy of Mindfulness and Somaesthetics*, New York: Cambridge University Press, 2008, p. 202.
③ Richard Shusterman, *Body Consciousness: A Philosophy of Mindfulness and Somaesthetics*, New York: Cambridge University Press, 2008, pp. 203 – 204.

面的、复杂整合的动力学领域,而非一个简单、静止、线性系统"①。舒斯特曼指出,亚历山大的理性主义延伸到了他的教育观和艺术观,使他否定"刺激情绪兴奋的活动",如艺术活动,他认为舞蹈和绘画是基础教育中两种糟糕的教育形式,因为它们都会引起情绪兴奋,而削弱了由理性控制的情绪、情感的兴奋,在"认识论和道德上是危险的"。② 但是,亚历山大的身体功能的单一理论和否定情感表现偏激的教育观、艺术观都没有引起杜威的警觉,舒斯特曼认为这种过于工具理性主义、压抑艺术情感性表达的立场,使杜威的实用主义蒙尘,是杜威的实用主义受到攻击的原因之一。因此,舒斯特曼汲取杜威的教训,以一种更加开放、多元的立场建构身体美学,进而从身体的角度致力于审美经验的复兴。

舒斯特曼建构"身体美学"的宏大叙事是在身体在现代社会面临两难困境的情境下提出的:一方面,当下的文化似乎受到"身体意识极为可怕的过度增长"的影响,人们"过度地关注我们的身体外形",利用各种手段塑造形体、美化外貌,"对肉体顶礼膜拜";③ 但另一方面,身体在哲学、美学中始终没有获得合法身份。面对身体理论与身体实践分离的美学状况,舒斯特曼指出,从以苏格拉底为代表的传统美学,到以鲍姆嘉通为代表的近现代美学,再到20世纪的美学,对身体的关注都是其重要的组成部分,但这种关注却不同程度地被忽视、被曲解了,造成了当下美学中身体理论合法性地位的丧失。身体在美学中遭遇的不合理待遇,表现为美学或者遗忘了身体,或者因关注身体而受到抵触或批判;而涉猎身体的美学,大多也都局限在单一视角上,或者仅仅将身体的功能局限在理论上,将身体看作构成知识的工具,或者仅仅关注身体的外观,从而贬低或忽视身体的内在的经验的深度。总之,身体对于审美经验的价值被忽视了,身体在审美经验中的复杂性和关键性作用并没有得到正确的认识。因

---

① Richard Shusterman, *Body Consciousness: A Philosophy of Mindfulness and Somaesthetics*, New York: Cambridge University Press, 2008, p. 208.

② Richard Shusterman, *Body Consciousness: A Philosophy of Mindfulness and Somaesthetics*, New York: Cambridge University Press, 2008, p. 209.

③ Richard Shusterman, *Body Consciousness: A Philosophy of Mindfulness and Somaesthetics*, New York: Cambridge University Press, 2008, p. 2;〔美〕理查德·舒斯特曼:《生活即审美:审美经验和生活艺术》,彭锋等译,北京大学出版社,2007,第184页。

此，舒斯特曼倡导建立身体美学，系统地阐释身体对于审美经验在理论与实践两个方面不可低估的价值；而这一学科建构的具体路径，则是运用包括性析取的间性建构方法，汲取各种身体理论的合理成分，以开放、包容的多元主义立场，致力于一场美学革命。

如何建构身体美学以达到理论与实践的统一？舒斯特曼的策略是探讨身体意识的提升对于解决身体遭遇的两难困境，"并增加我们知识、实践和愉快的可能性"①。那么何谓"身体意识"？"身体意识"如何建构了身体的理论与身体的实践之间的关联性？舒斯特曼认为，所谓身体意识，"不仅是心灵对于作为对象的身体的意识，而且也包括'身体化的意识'：活生生的身体直接与世界接触、在世界之内体验它。通过这种意识，身体能够将它自身同时体验为主体和客体"②。舒斯特曼对于身体意识的界定，仍旧秉承杜威对经验的界定以及经验与自然之间关系的认识，强调身体意识的本质是一种经验，它来自身体与世界之间的相互作用；身体意识与世界的关系，乃是经验与自然关系的再现，即身体意识来自同世界的相互作用，同时又深入世界内部，在世界之内体验它。在身体意识形成的过程中，身体既是在世界中被意识所感知的客体对象，又是感知世界的实施感知的主体，正是通过身体意识，身体达到了对象与目的、主体与客体的统一；而通过这样的身体意识理论的建构，并以身体意识为中心建构身体美学体系，舒斯特曼最终达到了身体的理论与身体的实践的统一。

具体来说，舒斯特曼认为，连接了身体理论与身体实践的身体意识强调的是意识化身体的基础性地位。舒斯特曼指出，恢复哲学与生活关系的实践哲学，也恢复了身体在哲学、美学和艺术中的基础性地位。在舒斯特曼看来，身体之所以在哲学、美学、艺术中被遗忘、被贬低，是因为我们对身体存在两个关键性误解：一是混淆了"肉体"与"身体"概念，将身体看作被动、静止、无意识、无目的的肉体；二是孤立地看待身体，将身体与社会生活分割开来，从而将对身体的关注视为"在根本上是个人

---

① Richard Shusterman, *Body Consciousness: A Philosophy of Mindfulness and Somaesthetics*, New York: Cambridge University Press, 2008, Preface, p. ix.
② 〔美〕理查德·舒斯特曼：《身体意识与身体美学》，程相占译，商务印书馆，2011，"中译本序"第 1 页。

的、甚至自私的，从而会与伦理和政治的更广大的社会目的相冲突"①。由此，舒斯特曼由重新阐释身体概念、为身体正名入手，确定了身体在哲学、美学、艺术中的基础性地位。

首先，舒斯特曼将"肉体"（body）概念与"身体"（soma）概念区分开来，他说："我往往更喜欢谈'身体'（soma）而非'肉体'（body），以强调我关怀的是鲜活、有感觉、有意识的、有目的的身体，而非仅仅是一个鲜血和骨头组成的物质性的躯体。"②"因为'肉体'这个术语通常与心灵相对，常常被用来指称一种无知觉、无生气的东西，还因为'肉欲'这个术语在基督教文化中通常有着各种负面联想，而且，它通常只关注身体的肉感部分，所以，我经常选用'身体'这个术语来指活生生的、敏锐的、动态的、具有感知能力的身体。这种意义上的身体是我整个身体美学研究课题的核心。"③舒斯特曼认为，传统哲学、美学中的身体只是被动、静止、无意识、无目的、无生命的物质性肉体，而他所倡导的身体则是强调生命活力、感知性、有意识的精神性概念，这个身体不是与心灵分离的肉体，而是与心灵、意识融为一体的意识化的身体。无疑，舒斯特曼的有生命活力的、意识化的身体概念，仍旧是受杜威的"活的生物""有机体"概念影响的产物。杜威认为，经验是活的生物、有机体与环境之间的相互作用，在这个过程中，人的身体和大脑协调活动，对周围的环境作出反应，心灵、意识就产生于有机体和环境之间的相互沟通中："参与在互相沟通中的后果使得有机的动作方式发生了改变，而后者便获得了一些新的性质"，这个性质，就是心灵，所以杜威说，"心灵的'位置'或场所就是有机行动的性质"④。也就是说，人的身体与心灵不可分割，身体是心灵化的身体，身体有机动作的变化，就体现出心灵的性质。而舒斯特曼则继承了杜威的身心理论，将身体称作意识化的身体，将人的意识看作身体化的意识，从而提出了身体意识范畴。而这个意识化的身

---

① 彭锋：《新实用主义美学的新视野——访舒斯特曼教授》，《哲学动态》2008年第1期。
② Richard Shusterman, *Body Consciousness: A Philosophy of Mindfulness and Somaesthetics*, New York: Cambridge University Press, 2008, Preface , p. xii.
③ 〔美〕理查德·舒斯特曼：《身体意识与身体美学》，程相占译，商务印书馆，2011，"中译本序"第1页。
④ 〔美〕约翰·杜威：《经验与自然》，傅统先译，江苏教育出版社，2005，第187页。

体，则是人类一切活动的源泉和基础。

其次，舒斯特曼认为，有生命活力的、意识化的身体是人所有感知和行为、活动的源泉，更是哲学、美学、艺术等精神活动得以形成的基础，他指出，"有感觉力的身体是我们赖以生存的载体"[①]，"充满灵性的身体是我们感性欣赏（感觉）和创造性自我提升的场所"[②]，"既然我们通过我们的身体生活、思考和行动，那么对身体的研究、关怀和改善应当成为哲学的核心议题"[③]。这一观点是对杜威身心理论的发展。如前所述，杜威不仅是个自然主义者，他更强调"活的生物"、有机体的社会性，认为活的生物、有机体不是孤立的、个体化的生物有机体，而是社会性的产物，有机体的价值只有在社会中才得以形成。他说：

> "人不是一部精神驱动的机器，可以视为孤立的个体，置于实验桌上作解剖式的分析"，相反，有机体在社会生活中得以成长，他的心灵在社会生活中得到锻炼、改善和成熟，只有"通过社会性的相互作用，通过参与体现信仰的社会活动，个人逐渐获得了他自己的心灵"。[④]

而舒斯特曼则在继承杜威的有机体的社会性理论的基础上，更强调意识化的身体的基础性价值。他认为，肉身化的身体构成人存在的基础，而意识化的身体更是人身份认同的基础，人要想认识自己，首先必须认识自己的身体，他指出：

> 身体是身份认同的一个本质的、根本的维度，它形成了我们与世界交往时的最根本的观念或模式，它通过组织目的和手段所依赖其重要意义的恰当的需求、习惯、兴趣、愉快和能力，（常常是无意识地）决定了我们对于目标和手段的选择……我经常将我的身体体验作为我

---

① 〔美〕理查德·舒斯特曼：《身体意识与身体美学》，程相占译，商务印书馆，2011，第75页。
② 〔美〕理查德·舒斯特曼：《身体意识与身体美学》，程相占译，商务印书馆，2011，第1页。
③ Richard Shusterman, *Body Consciousness: A Philosophy of Mindfulness and Somaesthetics*, New York: Cambridge University Press, 2008, p. 15.
④ 〔美〕詹姆斯·坎贝尔：《理解杜威：自然与协作的智慧》，杨柳新译，北京大学出版社，2010，第40~42页。

的感知和行为的显而易见的根源,而不是作为意识的对象。正是从身体,或通过身体,我掌握或操纵我注意力所聚焦的世界的对象。①

正是因为意识化身体在哲学、美学中具有基础性地位,所以舒斯特曼强调,通过对肢体、神经的锻炼,身体意识可以得到提高,人的自我运用可以得到改善,并由此,人对外界环境的感知力可以得到提高,与他人、与世界之间的关联性可以得到加强,人的社会性才能得到更好的实现。舒斯特曼认为,身体的价值在现代哲学、美学中并没有得到真正的认识,对身体的忽视或误读一方面导致了外观身体学的虚假繁荣,另一方面又造成了主客二分、心灵与肉体二分基础上的盲目的、过度的文化批判,而关注身体经验在哲学、美学中的基础性地位,是使哲学、美学走出困境的一个有效途径。

总之,舒斯特曼的经验整体主义理论同样表现出与杜威经验论之间的密切关联,他一方面为杜威的经验论辩护,另一方面又在批判地继承杜威经验论的基础上,将经验理论向前推进,他的身体意识理论的提出以及身体美学观念的建构,无疑丰富了实用主义经验整体论理论,成为其哲学、美学思想安身立命的基础。

---

① Richard Shusterman, *Body Consciousness: A Philosophy of Mindfulness and Somaesthetics*, New York: Cambridge University Press, 2008, pp. 2 – 3.

# 第四章　艺术概念的间性建构

作为杜威实用主义思想的自觉的继承者，舒斯特曼对杜威的美学理论始终保持着清醒的态度，即批判、继承、发展，对于杜威所强调的艺术的工具价值、对精英艺术的批判态度、对通俗艺术价值的肯定等艺术论观点，舒斯特曼表现出坚定的肯定态度，并在自己的著作中为这些观点进行了忠实的辩护；但对于杜威的"艺术即经验"的核心观点，舒斯特曼的态度却似乎前后不一致。在《实用主义美学》中，舒斯特曼肯定杜威艺术观中"动态的审美经验"对于美学的核心价值，并通过与分析美学艺术定义的对比，全方位地为杜威的艺术定义辩护，指出即便杜威的艺术定义存在一定的问题，但它仍旧是正确的，他说，"杜威将艺术定义为经验是正确的，尽管根据传统的哲学标准，这明显是一个不充足和不精确的定义"①；但在另一个场合，舒斯特曼却又推翻了自己的这一立场，否定了自己的观点，公开宣称："我不同意杜威对艺术的定义：艺术即经验。我认为经验并非是定义艺术的好方式。"② 这种矛盾不仅体现在舒斯特曼对于杜威艺术定义的态度上，还体现在他自身对于艺术定义的立场上，对于艺术的定义问题，舒斯特曼一方面认为艺术是不能定义的，另一方面却又提出了自己对艺术的定义：艺术即戏剧化。事实上，舒斯特曼艺术立场的矛盾性，正是实用主义实践精神的一种体现。实用主义注重艺术理论的实践品格，要求艺术理论必须直面艺术发展的困境，为走出这一困境提供方案。而当下艺术所面临的问题是，一方面，艺术革命早已开始，艺术实践发生了根本性的变革；另一方面，现有的艺术理论无法为变革后的艺术提

---

① 〔美〕理查德·舒斯特曼：《实用主义美学》，彭锋译，商务印书馆，2002，第56页。
② 彭锋：《新实用主义美学的新视野——访舒斯特曼教授》，《哲学动态》2008年第1期。

供更合理的解释。随着马歇尔·杜尚的《泉》和沃霍尔的《布里洛盒子》的问世,作为生活现成品的艺术作品取代了美的艺术,使艺术回到生活本身,艺术同生活的界限、精英艺术同通俗艺术的界限都被取消了。变革后的艺术实践使以往的艺术定义失去效用,艺术似乎是不可定义的,但艺术变革又要求艺术理论重新思考艺术的本质与价值问题,提供新的艺术定义和新的艺术价值观,这是作为一位实用主义者的舒斯特曼不能回避的两难困境。而舒斯特曼发现,无论是分析美学还是解构主义都无法单独完成这一使命:前者具有经验主义精神,但只囿于语言的逻辑分析;后者否定结构、颠覆现有的语言体系,强调文本广泛关涉的开放性和主体自由的无限性,但又因推翻一切固有秩序的宗旨而陷入虚无主义。舒斯特曼认为,处于分析美学与解构主义之间的实用主义,可以汲取两者的优长,同时避免两者的缺陷,从而为艺术实践提供合理解释。他采取的策略是,站在实用主义"包括性析取"的间性立场上,一方面,作为经验论者,他肯定艺术经验的美感价值;另一方面,他强调艺术的表层美感背后的社会、文化价值,从表层和深层两个层面呼应分析美学与解构主义,从而保证艺术定义的有效性和合理性。正如他自我剖析的那样:

> 在我的记忆中,我一直乐于沉溺在艺术表层美感的诱惑中,结果却发现自己要求得更多——更深层地感受艺术的基本性质、功能与文化作用,它们能够解释,或为我对艺术的美与意义的酷爱提供辩护;更深刻的描述能够为逻辑提供解释的阐释和批评,通过逻辑,那些被经验到的美和意义能够得到领悟和表达。对表层美感和深层阐释的双重渴望,构成了我的哲学生活,并指导了我在美学领域的大部分研究工作。[1]

因此,重视艺术表层美感与深层阐释的间性立场,构成了舒斯特曼艺术观的基本立场。从渊源上看,重视表层美感是对杜威"动态的审美经验"的艺术论的继承,重视深层阐释则表现出对杜威艺术论的发展,而

---

[1] Richard Shusterman, *Surface and Depth: Dialectics of Criticism and Culture*, Ithaca: Cornell University Press, 2002, Preface, p. xii.

舒斯特曼艺术论的核心与关键在于后者。

## 一 艺术定义的谱系学研究

总的说来，舒斯特曼曾明确提出艺术具有不可定义性，他公开宣称："我并不赞同对艺术给予定义"①；但舒斯特曼同时也认识到，对艺术的界定是艺术研究的一个重要课题，因此不能忽视、不能回避。在哲学史上，艺术曾被视为与哲学对立的一方，对哲学产生巨大的威胁，因此以柏拉图为代表的哲学家曾"不得不通过用更否定的术语定义艺术来确立自己的独立和特权"，如柏拉图将艺术贬低为模仿的模仿、影子的影子，否定艺术具有真理价值，但不可否认，艺术对哲学具有极大的影响力，尤其是"艺术定义对哲学自身发展和自身构成是至关重要的"。② 舒斯特曼阐释了四种影响较大的艺术定义，这些艺术定义贯穿于哲学史，显示出旺盛的生命力。在批判这四种定义，尤其是在批判杜威的艺术定义的基础上，舒斯特曼提出了自己对艺术的界定：艺术即戏剧化。

在舒斯特曼的艺术定义谱系中，最早出现也是流行时间最长的是本质主义定义（第一种定义），这包括艺术是模仿、艺术是表现、艺术是形式、艺术是游戏、艺术是符号等。舒斯特曼指出，以上定义的共同缺陷是，它们试图为艺术寻找到一个一劳永逸、涵盖古往今来全部艺术类型的本质，但最终都失败了：

> （它们）没有一个满足哲学的传统要求：将艺术定义为一类特殊的事物并细想它的独特本质。它们都没能提供一个在共同和个别两方面都适宜于所有艺术作品的本质，都没能提供满足某物是艺术作品而不是普通物件的不仅充分而且必要的条件。这种定义，只注重艺术作品所展示的特别显著的特征，但要么失之于过宽，要么失之于太窄。③

在舒斯特曼的艺术定义谱系中的第二种定义是 1955 年由莫里斯·韦

---

① 彭锋：《新实用主义美学的新视野——访舒斯特曼教授》，《哲学动态》2008 年第 1 期。
② 〔美〕理查德·舒斯特曼：《实用主义美学》，彭锋译，商务印书馆，2002，第 56~57 页。
③ 〔美〕理查德·舒斯特曼：《实用主义美学》，彭锋译，商务印书馆，2002，第 58~59 页。

兹提出的反对对艺术进行定义。韦兹反对对艺术进行本质主义的界定,认为艺术没有被定义的共同本质,倡导艺术的不可定义性,强调在逻辑上定义艺术是不可能的,呼吁抛弃对艺术真正定义的追问。对于"本质对一般的'艺术'术语的可分享性意义和可理解性用法是必需的"①这样的观点,韦兹用维特根斯坦的"家族相似"观点予以反驳:艺术作品通过复杂的相似网络和家族相似联系起来,这种家族相似提供了一般性艺术概念所需要的所有东西。舒斯特曼认为韦兹将艺术看作一个在本质上开放和易变的概念,一个以原创、新奇和革新为终极目标并为之自豪的领域,它具有"特别扩张和冒险的特征"②。这样的艺术概念在逻辑上绝对否认艺术拥有可以定义的本质,因为可以定义意味着艺术固着、停滞、举足不前,显然这样的艺术与原创、新奇和革新这一终极目标是背道而驰的。于是,认为仅能在逻辑上分析艺术概念而不能对艺术进行确切定义的不可定义论产生了。韦兹的艺术不可定义论对舒斯特曼具有非常特殊的吸引力,舒斯特曼在某些特殊场合宣称"我并不赞同对艺术给予定义",可以说是深受韦兹的艺术不可定义论的影响,只不过这种影响具体到了何种程度还无法估量。

在舒斯特曼的艺术定义谱系中的第三种定义建立在对莫里斯·韦兹"家族相似"的反定义理论的批判的基础上,这种定义被舒斯特曼称为"包装型"定义,其代表是乔治·迪基根据艺术制度对艺术进行的界定;而阿瑟·丹托依据艺术史对艺术进行的定义,虽然实质性内容和历史深度上都迥异于迪基的定义,但舒斯特曼认为它同样被定义的包装理论和完美涵盖的暗喻所统治着,因此也可以看作"包装型"定义家族中的一员。舒斯特曼认为这些定义基于这样一个假定,即"艺术是一个独特的对象领域,必须被清晰地从其他领域中孤立出来,因此定义的操作即是去寻找一个语言公式"③,所有被称作艺术的东西,必须要适合这个公式,这种定义的理想就是完美地覆盖,舒斯特曼因而称之为"包装型"定义。舒斯特曼指出,这些定义的共同特点是,受"沉思的、区分的定义模式的

---

① 〔美〕理查德·舒斯特曼:《实用主义美学》,彭锋译,商务印书馆,2002,第59页。
② 转引自〔美〕理查德·舒斯特曼《实用主义美学》,彭锋译,商务印书馆,2002,第59页。
③ 〔美〕理查德·舒斯特曼:《实用主义美学》,彭锋译,商务印书馆,2002,第62页。

驱使"①，定义的根本目的是"更多地涵盖通行的对艺术的理解"②，而不是去深化和改进对艺术的理解。因此结果是，那个力图完美覆盖的语言公式要么错误地涵盖，要么没有成功地涵盖，因而定义要么错误地包括、要么错误地排除属于艺术领域的东西，就如同舒斯特曼所言，这种定义"要么失之于过宽，要么失之于太窄"。总之，在舒斯特曼看来，"包装型"定义仍然是一个失败的定义类型，它像一个包装一样力图将艺术品与非艺术品隔离开来，但是由于并不能深化和改进人们对艺术的理解，因此对于新的艺术经验与艺术实践也就不能产生丝毫有益的帮助。

  舒斯特曼强调，对于艺术易变的历史，重要的不是再现，而是制造。这可以反映出舒斯特曼洞悉了以上三种艺术定义失败的原因，即它们都仅仅从语言上借助逻辑分析来界定艺术，无视艺术与生活实践之间不可分离的关系，因而是对使艺术"悬空"的形而上式的求索，而不是对关怀艺术的人学本性的"接地气"式的、脚踏实地的追问。相比较而言，舒斯特曼对第四种艺术定义更为看重，这种定义注重艺术和现实生活的关系和艺术的实践本质，以沃尔特斯托夫和卡罗尔为代表，前者倡导艺术是一种"社会的"实践，而后者则将艺术视为"文化的"实践。在舒斯特曼看来，"文化的"和"社会的"这两个修饰词是多余的，他认为所有有关意义的实践都是有关规范的，因此也一定是社会的，而社会的实践在某种意义上又总是一种文化实践，甚至可能是所谓的反社会的和反文化的实践，所以，第四种艺术定义是"艺术即实践"。这里，应将实践概念做如下理解："实践是一个相互连接的活动的复合体，它要求经过训练得到的技巧和知识，旨在实现某些内在于实践的目的（例如，在肖像画中对相似的把握），即使外在目的（像利益和名望）也可能作为副产品被追求。"③这种实践概念强调，实践发生于诸要素的活动过程中，是由诸活动要素相互交往、相互连接形成的关系网络构成的复合体；实践的发生需要具备两个条件，一是诸活动要素具备活动的知识，二是诸活动要素具备活动的技巧，技巧不是先天的，而是来自后天的训练，因而是生成性的；实践的目

---

① 〔美〕理查德·舒斯特曼：《实用主义美学》，彭锋译，商务印书馆，2002，第62页。
② 〔美〕理查德·舒斯特曼：《实用主义美学》，彭锋译，商务印书馆，2002，第62页。
③ 〔美〕理查德·舒斯特曼：《实用主义美学》，彭锋译，商务印书馆，2002，第66页。

的既可以是对内在规律的把握,也可以是对外在名利的追求,这两者之间不具有不相容性,但一般而言,内在目的比外在目的更具有普遍性。

舒斯特曼指出,基于对实践的这种理解,那么坚持"艺术即实践"的艺术论就是将艺术定义为一种复杂的、发展的、变化的"实践复合体",它或者由不同艺术和不同类型的艺术组合而成,或者由这些艺术自身以及它们的类型本身复合构成。正因为这种复合实践的目的是内在的,因此达到内在目的的理由和衡量是否达到目的的标准当然也是内在的,即便有所谓的外在目的,也不会对实践的整体产生根本性的影响,甚至可以把外在目的作为一个副产品来追求。"这些内在原因和标准不会像在实践的历史中、在它的传统成就或杰作中所具体表现的那样,被特别严格地公式化"[1],所以,对这些内在的原因、标准和目的的界定和限制也就不是非常严格,以至于对一个实践的解释、对其合法性的探讨都相对宽松,并且探讨的结果也具有不断改善、修正的可能性。舒斯特曼认为,实践的这种可变的、开放的特性也使"艺术即实践"的艺术定义具有其他定义所不具有的一个优势,即开放性,艺术定义的开放性使人在对开放性的艺术的把握上具有了主动性。在"艺术即实践"的定义中,将艺术品区别于其他物品的传统定义功能不再取决于对某种一成不变、一劳永逸的艺术本质的发现,而是取决于艺术复杂实践的内部的可以发展、变化的原因和标准,甚至取决于艺术的"各种不同的亚实践"[2]。所谓艺术的亚实践,意指相对于艺术次一级的各种艺术门类的实践,舒斯特曼举例说,如通过音乐的实践来确认音乐艺术作品,通过诗歌的实践来确认诗歌艺术作品等,音乐的实践和诗歌的实践就是艺术的亚实践。依据艺术的亚实践进行艺术界定,其依据不是艺术作品,即便考虑了艺术作品的影响,艺术作品也不是最终的依据,艺术作品还要依据艺术的复杂实践。由此,舒斯特曼指出,"艺术即实践"的艺术定义具有第二个优势,即对人、主体性的强调,它"不仅有助于理解艺术对象,而且有助于理解维持实践的主体——艺术作品的制作者和接受者"[3],而这一点是为以往的艺术定义所忽视和遗漏的。

---

[1] 〔美〕理查德·舒斯特曼:《实用主义美学》,彭锋译,商务印书馆,2002,第66页。
[2] 〔美〕理查德·舒斯特曼:《实用主义美学》,彭锋译,商务印书馆,2002,第67页。
[3] 〔美〕理查德·舒斯特曼:《实用主义美学》,彭锋译,商务印书馆,2002,第67页。

总之，将艺术看作一个实践的复合体，就可以避免用一个固定不变的本质来定义艺术，从而避免犯本质主义的错误。在舒斯特曼看来，艺术作为历史限定的社会实践的定义，或许是我们所能获得的有关艺术的最好的定义了，"由于它的范围、灵活性以及潜在的艺术－历史的实质，这个定义凭借它充分把握艺术概念的内容以及将艺术从其他事物中区分出来，似乎达到了哲学对艺术进行理论化的努力的顶点"①。舒斯特曼也不吝于指出这种定义的缺陷，认为这个定义虽然"最好地实现了定义的双重目的，即精确的反映和分隔性的区分"，但也暴露出其目的是"何等的琐细和固执"。他指出，不可能产生一个尽善尽美、一劳永逸的艺术定义，"一个完整的、统一的定义在原则上是不可能的"，要求定义包括从古至今乃至于未来将会产生的所有或伟大或优秀或平庸的作品，要照顾到所有重复的细节，不具有任何可行性，而且这样的定义最后可能遮蔽了定义艺术这一最终目的；而即便产生了一个具备所有条件的完美定义，其价值也要受到质疑，因为它建立在实践的内在决定基础上，却要受到实践所发生的社会－历史条件的限制，于是艺术的哲学要让位给艺术的历史，成为反映论的一种表现，它在根本上可能仅仅"是一个模仿的模仿，艺术的艺术史再现的再现"，对艺术经验、艺术实践乃至艺术家的哲学生活毫无意义。②"艺术即实践"的艺术定义没有抓住"实践"的发展、变化、生成的本质，将关注点放在对社会、历史或文化的模仿或重现上，因此仍旧是一个精致但静止的艺术定义，它远离了杜威与舒斯特曼实用主义理论的根本立场，即重要的不是模仿、重现，而是改造。舒斯特曼一再强调，对于艺术易变的历史，重要的不是再现，而是改造，试图对艺术进行重新思考和改造是他支持杜威将艺术定义为经验的最根本的原因。

在舒斯特曼的艺术定义的谱系史上，他最终关注的，还是杜威的"艺术即经验"的定义。舒斯特曼对杜威的艺术定义进行了系统的阐释，他将杜威的艺术定义与"艺术即实践"的艺术定义反复对比、分析，以包括性析取的间性立场析取其优长，同时也不讳言其缺陷。总的来说，他

---

① 〔美〕理查德·舒斯特曼：《实用主义美学》，彭锋译，商务印书馆，2002，第67页。
② 〔美〕理查德·舒斯特曼：《实用主义美学》，彭锋译，商务印书馆，2002，第68页。

着重表达了一个"似是而非"的观点：承认以审美经验论证艺术的改造性定义的合理性，但批评并否定杜威艺术定义的哲学有效性。虽然杜威的艺术定义其实也是一种将艺术视为实践的定义类型，但是舒斯特曼认为，杜威的艺术定义在某种程度上解决了"艺术即实践"定义所必然要遇到的问题：艺术价值问题和艺术与生活的关系问题。

就艺术价值问题而言，舒斯特曼认为，"艺术即实践"的定义不能为之提供解决办法。"艺术即实践"的艺术定义将实践的目的确定为内在于实践的，由此艺术的价值当然也由内在因素决定，而舒斯特曼认为，这种价值的内在化具有两个缺陷，一是没有揭示价值的根源，二是叙述含混，它"既没有解释作为整体的实践价值的根源，也没有真的说明它的内在目的和标准的优势"[①]。而同"艺术即实践"的定义相比，其他的定义将艺术的价值视为由外在因素决定的，这实际上是将艺术视为达到其他目的如认识、道德等的工具，由此剥夺了艺术自身的独特性，使艺术成为其他学科的附庸。相较于其他价值论，这种外在工具主义价值论更糟糕。面对"艺术即实践"的内在价值论与其他艺术定义的外在工具主义价值论所遭遇的问题，舒斯特曼认为，杜威的审美经验价值论恰好可以帮助人们摆脱这种内在与外在二元划分的两难困境。"艺术即经验"作为"艺术即实践"的艺术定义的一种类型，将实践的内在标准具体化为审美经验，同时也确定了艺术价值的根源，当然也解决了外在工具主义价值论的问题。这种定义指出，审美经验是一种"直接的有吸引力的满足"[②]，因此必然来自艺术自身，是实践的、内在的；审美经验作用于人的感觉和想象，因此可以成为一种明确的艺术标准；以审美经验为标准，艺术价值则具有内在的对象与主体的二重性——离开了审美经验，任何外在物质将不具有艺术价值，离开了经验的主体，外在物质也不具有任何价值；审美经验的艺术定义不是精致而静止、一劳永逸的"包装型"艺术定义，它强调通过经验来提高人欣赏艺术的能力，它关注的是经验的发展和改造，因而具有变化性；因为杜威将经验界定为有机体与环境之间相互作用的成果，因此

---

① 〔美〕理查德·舒斯特曼：《实用主义美学》，彭锋译，商务印书馆，2002，第71页。
② 〔美〕理查德·舒斯特曼：《实用主义美学》，彭锋译，商务印书馆，2002，第72页。

"艺术即经验"的观点远远超出了艺术史所限定的实践范畴，具有无与伦比的开放性。

在为杜威的艺术定义对解决艺术价值问题的有效性进行辩护的基础上，舒斯特曼进一步阐释了杜威的艺术定义在解决工具与价值二元对立问题上的合理性。根据杜威"艺术即经验"的艺术观，美的艺术就是在一个环境中，所有事物都共同发挥作用、彼此联系，在以往经验的基础上，通过能量的组织累积性地通向一个最终的、所有的手段与媒介都被结合进去的完美的、完善的整体。杜威的艺术定义，目的是要"恢复审美经验和生活的正常过程间的连续性"①，从而打破传统的手段与目的、工具与意义等诸多对立二元之间的二分。在杜威看来，那些对人类有价值的东西，都能够以某种方式帮助人适应甚至反抗周围的生存环境，增加人类的生存经验，并在此基础上促进生命的发展。从这个角度来说，凡是有价值的，都具有工具性，而艺术也不例外。艺术的意义绝不仅仅在于对艺术品的短暂的创造和欣赏，在艺术创造和欣赏活动结束之后，艺术对象的工作仍旧通过人的经验的增长而持续进行着，这就是杜威所说的，"在工作意义上，一个艺术对象的工作绝不是随着直接感知活动的停止而停止的。它通过一种间接的渠道继续发挥作用"②。这种"间接的渠道"，指的就是人的经验的增长。艺术具有使人与人之间能够无障碍地交流、共享经验以提高自身适应环境的能力的功能，杜威认为在"一个充满着鸿沟和围墙，限制经验的共享的世界中，艺术作品成为仅有的、完全而无障碍地在人与人之间进行交流的媒介"③。人的生活世界需要交流、沟通、对话，而每一种艺术都可以为人提供一种特殊的交流、沟通、对话的方式，当对欣赏者的经验产生影响之时，艺术的价值便得到了实现，此时艺术既是媒介又是意义，由此杜威才说："艺术作品只有在它对创作者以外的人的经验起作用时，才是完整的。"④ 因为"生活过程是持续的"⑤，在生活之流中这

---

① 〔美〕约翰·杜威：《艺术即经验》，高建平译，商务印书馆，2007，第9页。
② John Dewey, *Art as Experience*, London: George Allen & Unwin Ltd, 1934, p. 139.
③ 〔美〕约翰·杜威：《艺术即经验》，高建平译，商务印书馆，2007，第114页。
④ 〔美〕约翰·杜威：《艺术即经验》，高建平译，商务印书馆，2007，第115页。
⑤ 〔美〕约翰·杜威：《艺术即经验》，高建平译，商务印书馆，2007，第112页。

种交流、沟通和对话不间断地进行着，不断地创造新的经验，于是艺术能够"使日常世界中的经验保持充分的活力"①。艺术服务于生活，具有一种"作为一个整体，又从属于一个更大的、包罗万象的、作为我们生活于其中的宇宙整体的性质"，使人仿佛进入了一个比现实世界更深的世界，由此"使得世界和我们在世界中的存在显得更有意义和更可承受"。②艺术由于具有这样的工具性而更凸显了自身的价值。杜威批判了对工具性盲目排斥的做法，他认为这种排斥源于对工具性的狭隘理解——人们往往从术语的角度仅仅将工具视为"不是基本的，也是狭隘的功效职能"③，从而割裂了工具与意义的关联性，这是艺术的工具性被忽视以至于完全被否认的原因所在。

舒斯特曼对杜威的艺术工具价值理论进行了深刻的阐释，表达了对杜威工具价值理论的赞赏态度。从杜威的工具价值理论入手，舒斯特曼为杜威的"艺术即经验"定义辩护。舒斯特曼批判了自康德以来的坚持艺术无利害的非工具性、无酬劳理论，但他对艺术非工具性原因的揭示是从另一个角度来进行的。舒斯特曼认为，那些将艺术从任何功能中纯化出来的理论并非要贬低艺术，而是试图玩弄一种策略，即"把它的价值置于工具价值领域之外和之上"④。这种策略实际上是"为艺术而艺术"，"是因为担心艺术在工具价值方面不能充分竞争，从而在同无情地支配地位的功利主义思考的不公平的竞争中，去保护艺术的自律性"⑤。舒斯特曼无情地嘲笑艺术无利害理论的懦弱与自欺欺人，认为它因为害怕缺少竞争力而干脆否认这种性质和能力的存在。舒斯特曼对杜威的艺术工具论进行辩护，他认为，杜威的艺术工具论毫无疑问是正确的，并且指出，"杜威的正确性，不是简单地通过重新理解手段－目的的区分，反对工具价值与内在价值之间的对立（但不是差异）。更重要的是，它试图论证艺术的特殊功用和价值，不是基于任何专门的、特殊的目的，而是基于通过服务于不

---

① 〔美〕约翰·杜威：《艺术即经验》，高建平译，商务印书馆，2007，第147页。
② 〔美〕理查德·舒斯特曼：《实用主义美学》，彭锋译，商务印书馆，2002，第25页。
③ 〔美〕约翰·杜威：《艺术即经验》，高建平译，商务印书馆，2007，第154页。
④ 〔美〕理查德·舒斯特曼：《实用主义美学》，彭锋译，商务印书馆，2002，第23页。
⑤ 〔美〕理查德·舒斯特曼：《实用主义美学》，彭锋译，商务印书馆，2002，第23页。

同的目的，最重要的是通过增进鼓动和激发我们的直接经验，从而帮助我们实现自己所追求的无论什么样的更长远的目的，来以全方位的方式满足生命体。因此，艺术自身中既有工具价值，又有令人满意的目的"①。

针对艺术与生活的关系问题，舒斯特曼指出，自古希腊时代起，艺术与生活的分离就成为一种理论传统，甚至得到了哲学论证，具有哲学上的合法性。这种传统以两种面貌呈现：一是强调艺术与生活无关，否定艺术的真理价值；二是虽然承认艺术与生活有关，但仅仅将艺术视为独立于创作者之外、不会对创作者的行为产生影响的外在活动。舒斯特曼认为第一种面貌以柏拉图为代表。众所周知，柏拉图的模仿说坚称艺术只是对生活的模仿，艺术是"影子的影子"，与真理隔着三层。舒斯特曼认为柏拉图的艺术观实际上在艺术和生活之间划下了界线，他强调柏拉图贬低艺术，污蔑艺术不具有认识上的真理价值，"把艺术当作本质上不切实际的彻底虚构而摈弃它"②，就是要服务于这种将艺术和生活实践分离开来，尤其是和社会-政治的生活实践分离开来的目的。柏拉图的艺术观虽然具有鲜明的局限性，却成为一种理论传统，经康德的艺术无利害理论的发展而在理论史上延续下来。舒斯特曼指出，艺术和生活实践的分离产生了两个后果：一是艺术的社会功能被忽视，艺术和艺术家的社会地位遭到贬低，现代艺术家被边缘化，他们被"曲解为孤立的梦想家和社会的背弃者""轻佻的花花公子和浪荡废物"③；二是艺术生命力的枯竭，由于同生活经验、同"身体活力和欲望"的血肉联系被割断，艺术被"赶上了一条空洞的精神化的路径上，血色丰满的和被广泛分享的欣赏愉快，被少数人精炼为贫血的和有距离的鉴赏力"④。舒斯特曼由此指出，杜威以审美经验为核心的艺术定义完全可以解决上述问题：杜威将艺术看作有机体与环境相互作用的成果、符号和回报，强调艺术源于生动的现实经验，扎根于生活实践，而并非肤浅地对生活的机械模仿，它的价值就在生活实践的洪流中产生。生活实践在自身中就诞生、就构成了艺术。更重要的是，由于人的作

---

① 〔美〕理查德·舒斯特曼：《实用主义美学》，彭锋译，商务印书馆，2002，第24页。
② 〔美〕理查德·舒斯特曼：《实用主义美学》，彭锋译，商务印书馆，2002，第79页。
③ 〔美〕理查德·舒斯特曼：《实用主义美学》，彭锋译，商务印书馆，2002，第79页。
④ 〔美〕理查德·舒斯特曼：《实用主义美学》，彭锋译，商务印书馆，2002，第80页。

用,如人的感知、情感甚至是理性的参与和作用,在有机体和环境相互作用、交互影响过程中诞生的艺术不仅仅是审美的,它同时也是认识的、伦理的、实践的。舒斯特曼一再强调,杜威的艺术即经验的艺术观,实际上包含着审美与认识以及伦理实践三者的统一,因此,它完全克服了艺术与生活分离的传统弊端。对于只认可艺术与生活的外部关联的第二种面貌,舒斯特曼认为以亚里士多德为代表。舒斯特曼指出,亚里士多德与柏拉图的艺术理论的差异在于,亚里士多德强调艺术中的理性因素,而柏拉图强调艺术中的非理性因素。柏拉图之所以否定艺术的价值,原因还在于他惧怕艺术的感染力,恐惧艺术的非理性因素具有侵扰人平静的心灵、扰乱社会正当秩序的可能性,亚里士多德的艺术理论就试图以强调艺术的理性本质来抵制柏拉图对艺术的非理性力量的夸大。由此,舒斯特曼也抓住了亚里士多德强调制作的艺术理论的最大缺陷:制作并不完全等同于实践。亚里士多德将艺术称为"模仿技艺"[1],认为艺术是技艺中模仿自然的部分,而技艺又是"创制"知识的组成部分之一。范明生认为,"创制"狭义上只是指"词句的制作",因此古希腊语中的"创制"(poietike),后来发展为"诗"(poiesis)的同义语。[2] 亚里士多德认为,创制是一种实践活动,但它与伦理、政治实践的不同在于"伦理、政治的实践的目的只在于实践本身,创制实践的目的和价值则在于产品"[3]。舒斯特曼指出,正是由于亚里士多德将艺术看作一种"外在制作的有理性的活动",以及在亚里士多德的影响下,艺术实践被"制作模式"所统治,艺术理论仅仅关注艺术对象、艺术品,从而忽视了艺术对象在审美经验中的实际作用,忽视了艺术的审美教育功能,忽视了艺术表现形式,更忽视了艺术对创作者自身和观众的影响,甚至导致了艺术生产与艺术鉴赏和艺术批评两个基本的艺术实践过程、艺术家与观众两个基本的艺术主体之间的二分。[4] 同

---

[1] 转引自蒋孔阳、朱立元主编《西方美学通史》第一卷《古希腊罗马美学》,上海文艺出版社,1999,第476页。

[2] 蒋孔阳、朱立元主编《西方美学通史》第一卷《古希腊罗马美学》,上海文艺出版社,1999,第463页。

[3] 蒋孔阳、朱立元主编《西方美学通史》第一卷《古希腊罗马美学》,上海文艺出版社,1999,第463页。

[4] 〔美〕理查德·舒斯特曼:《实用主义美学》,彭锋译,商务印书馆,2002,第81~82页。

样，舒斯特曼认为杜威的艺术定义可以解决上述问题。杜威"艺术即经验"的艺术定义，强调审美经验产生于有机体与环境之间的"做"与"受"的相互作用，这里的"做"即可理解为艺术生产，这里的"受"则可以理解为艺术接受，因此这个定义"既包含被经验的东西所吸引也包含响应性地重建被经验的东西"，在这个过程中，经验的主体"既塑造又被塑造"，由此艺术家和观众就在主体的双向运动的过程中联系在一起了。①

通过对艺术定义的谱系学研究，舒斯特曼最终确定了杜威以经验定义艺术的合理性以及以审美经验来弥补其他定义缺陷的可能性。正是因为看到了杜威"艺术即经验"定义的合理性与优势所在，舒斯特曼才说杜威将艺术界定为经验是正确的，但在为杜威的艺术定义辩护的同时，舒斯特曼发现了杜威艺术定义的缺陷，由此他才公开声明说，他不认同杜威用经验来界定艺术的做法。可以说，舒斯特曼的摇摆立场，实际上是由杜威艺术定义的优势和缺陷决定的。舒斯特曼犀利地指出了杜威艺术定义存在的弊端，即审美经验内涵的含混性和不可界定性，使理论实践化的想法的不可行性以及杜威艺术定义的可行性与效用性问题。舒斯特曼认为，杜威的审美经验概念"似乎过于含糊而缺乏很强的解释力"，如果不能阐释清楚，那么杜威就是"在用某种晦涩难懂和不可定义的东西定义相对清晰和明确的东西"。②舒斯特曼发现，杜威对待审美经验的态度是矛盾、暧昧的，他一方面对审美经验的诸多特征进行了详尽的阐释，试图澄清审美经验概念，但另一方面又清楚地表明审美经验的直接当下性只能被感觉，是不能被定义的。舒斯特曼批评了杜威的矛盾态度，认为这种态度对问题的解决不仅"毫无助益"③，更有可能引起美学的混乱。舒斯特曼认为，当杜威陷入定义的迷茫时，他便遗忘了他应当引以为傲的哲学目的，杜威实用主义理论的优势就在于改造，而不在于"解决抽象的哲学困惑"，因此，以审美经验界定艺术也应扬长避短，不应当纠结于概念的澄清，否则即便审美经验的概念是可以澄清的，其结果也不过是重蹈"包装型"定

---

① 〔美〕理查德·舒斯特曼：《实用主义美学》，彭锋译，商务印书馆，2002，第82～83页。
② 〔美〕理查德·舒斯特曼：《实用主义美学》，彭锋译，商务印书馆，2002，第83页。
③ 〔美〕理查德·舒斯特曼：《实用主义美学》，彭锋译，商务印书馆，2002，第83页。

义的覆辙而已;应当关注以审美经验界定艺术的价值——改造、重构的特殊目的,即关注"艺术即经验"的定义"是否能够将我们引向更多和更好的审美经验"。① 审美经验概念的含混性、不可定义性,从侧面反映了杜威使理论实践化的想法的不可行性。舒斯特曼认为杜威重新界定艺术的修正目标表现了一种堂·吉诃德式的野心,它完全超出了哲学理论所能承受的范围,因为用审美经验去重新修订所有对艺术定义的限制,是一项不可能完成的工程,因此杜威的艺术定义最终仍旧是一种理想主义的表现。舒斯特曼指出,杜威遭到的最大的反对声反而来自实用主义内部,一些实用主义哲学家对杜威以理论干涉来修改艺术已经确定了的概念、对实践的有效性和可行性进行了彻底的否定,而这种看法是有其合理性的,甚至是一针见血的。

正是由于舒斯特曼对杜威的艺术定义的优势及其弊端有如此客观而明确的认识,因此他表现出对杜威艺术定义的青睐,他认为与所谓的"包装型"定义相比,杜威将艺术定义为审美经验具有更大的优越性。舒斯特曼虽然有时也宣称"并不赞同对艺术给予定义",但是他最终还是未能免俗,对艺术进行了定义。

## 二 艺术即戏剧化

总的说来,舒斯特曼的艺术定义仍然建立在杜威艺术理论的基础之上,他揭示了杜威艺术定义的缺陷,因而在自己的理论构造中力图避免这一问题。具体来说,舒斯特曼的解决方案是,站在他一贯的包括性析取的间性立场,将艺术放在自然主义和历史主义之间进行解读,既关注艺术的表层美感,又关注艺术深层的社会、历史、文化的内涵,从而提出了"艺术即戏剧化"的构想。

舒斯特曼的"艺术即戏剧化"理论的提出,乃是建立在他对西方思想史中艺术两次被祛权化的解读上。舒斯特曼发现,艺术的两次祛权化都是坚持艺术与生活分离的二元对立思维传统作用的结果,而祛权的后果,则是强化了艺术与生活的分离。舒斯特曼指出,艺术在其发展过程中,曾

---

① 〔美〕理查德·舒斯特曼:《实用主义美学》,彭锋译,商务印书馆,2002,第85~86页。

陷入一个奇特的陷阱：艺术被赋予了神圣的光环，甚至曾被视为宗教的替代品。

> 像宗教崇拜的对象一样，艺术品产生了令我们神魂颠倒的魔力……艺术被膜拜为某种超越了物质生活和实践的东西，它奇迹般的遗产（然而玷污了它们努力奋斗试图成为的东西）在庙宇般的博物馆中珍藏着，我们恭敬地为了陶冶精神去参观，就像我们曾经常常出入教堂一样。①

而事实上，艺术的宗教化只是哲学的阴谋，哲学的目的是"通过将艺术托付给一种不真实的、无目的的想象中的世界而使艺术祛权化"②。哲学对艺术的权利的剥夺，在两位思想家的理论中尤为明显，第一位便是柏拉图。舒斯特曼认为，对于柏拉图来说，哲学诞生于对理智最高权力的争夺之中，在这场斗争中，哲学尤其反对诗歌，原因在于柏拉图认识到"诗歌最易于使传统的神圣智慧倾倒，同时又缺乏雕塑艺术的物质特性"③。因此，柏拉图颠倒了艺术与哲学之间的关系，他的策略是，"将哲学对艺术的认识论、形而上学与伦理学的模仿，转化为作为模仿或模拟的蔑视性艺术定义"④。舒斯特曼指出，柏拉图将艺术视为对现实、真理的模仿，否定了艺术的真理价值，即便认为诗人是诗神的代言人，仍旧将诗人逐出理想国，从而确保艺术面对哲学时处于劣势，其结果是艺术最终只剩下表层的美感（柏拉图将艺术视为感官的愉快，是粗俗的），其真理价值的深层内涵被剥夺了。这就是艺术的第一次祛权化，它导致艺术的深层内涵被剥夺。艺术的第二次祛权化则恰好相反，其结果是艺术的表层美感经验被忽视，这体现在阿瑟·丹托的艺术理论之中。舒斯特曼发现，阿

---

① Richard Shusterman, *Surface and Depth: Dialectics of Criticism and Culture*, Ithaca: Cornell University Press, 2002, p. 175.

② Richard Shusterman, *Surface and Depth: Dialectics of Criticism and Culture*, Ithaca: Cornell University Press, 2002, p. 175.

③ Richard Shusterman, *Surface and Depth: Dialectics of Criticism and Culture*, Ithaca: Cornell University Press, 2002, p. 177.

④ Richard Shusterman, *Surface and Depth: Dialectics of Criticism and Culture*, Ithaca: Cornell University Press, 2002, p. 177.

瑟·丹托对柏拉图的艺术观进行了批判,目的是要将艺术从哲学的压迫中解放出来;但阿瑟·丹托矫枉过正,使逃脱了哲学压迫的艺术又陷入了新的困境。阿瑟·丹托提出,由于当下的艺术创作已经颠覆了传统,"艺术成为在某种程度上属于一切人的东西"①,所以"经验是审美"的观念已经成为历史,不再是天经地义的准则了。在新的艺术世界里,美已经"被废黜"了,"美几乎在20世纪从艺术现实里消失了"②,随之消失的还有艺术的审美享乐与审美愉悦。更为重要的是,美不仅在艺术中消失,它在艺术哲学中也消失了,因此以美来界定艺术是无效的:"它也不可能在任何东西都有可能成为艺术品的情况下从属于艺术的任何定义,特别是不是每一件东西都是美的。"③ 阿瑟·丹托认为,审美艺术已经终结,而且"审美优点无助益于艺术终结之后的艺术"④,因此,应当以艺术品意义的阐释替代对艺术审美的固守,此时,"艺术中的真可能比美更重要"⑤。于是,阿瑟·丹托提出了他从艺术史角度对艺术的定义,试图用艺术批评替代美学。面对阿瑟·丹托的艺术理论,舒斯特曼指出,丹托从艺术史角度对艺术的定义首先建立在"盒子中的艺术"⑥ 的狭隘艺术观基础上。毫无疑问,丹托所谓的"艺术的终结"指的仅仅是现代艺术的终结,而这种现代艺术又仅仅局限于精英艺术,后现代艺术以及通俗艺术都无法被纳入丹托的终结了的艺术的范畴。而丹托的这种概括,无疑是对艺术进行区隔化的结果,他将高级艺术与通俗艺术对立起来,由此也将实践和审美、生活和艺术对立起来,他从艺术史角度对艺术的定义的本质是实践与审美的

---

① 〔美〕阿瑟·丹托:《美的滥用——美学与艺术的概念》,王春辰译,江苏人民出版社,2007,"中文版序"第6页。
② 〔美〕阿瑟·丹托:《美的滥用——美学与艺术的概念》,王春辰译,江苏人民出版社,2007,"导言"第7页。
③ 〔美〕阿瑟·丹托:《美的滥用——美学与艺术的概念》,王春辰译,江苏人民出版社,2007,第9页。
④ 〔美〕阿瑟·丹托:《艺术的终结之后——当代艺术与历史的界限》,王春辰译,江苏人民出版社,2007,第103页。
⑤ 〔美〕阿瑟·丹托:《美的滥用——美学与艺术的概念》,王春辰译,江苏人民出版社,2007,"中文版序"第8页。
⑥ Richard Shusterman, *Surface and Depth: Dialectics of Criticism and Culture*, Ithaca: Cornell University Press, 2002, p. 175.

二分，而这种二分舒斯特曼认为无疑"是从柏拉图那里继承来的"①，虽然表面上丹托是反对柏拉图的。事实上，丹托确实公开宣称"艺术与现实之间的区分是绝对的"②。舒斯特曼批判了丹托的艺术终结论。丹托认为艺术走向哲学的路已经到了尽头，因为艺术自身已经哲学化，因此其使命已经完成。舒斯特曼则犀利地指出，这种话语本身实际上"强化了艺术对哲学的屈从"③，丹托的"艺术中的真可能比美更重要"的说法，无疑就是艺术屈从于哲学的证明。更重要的是，丹托对于艺术品意义进行阐释的求真企求，是将艺术看作一种特殊的智力活动，本质上还是没有摆脱柏拉图的影响，正如舒斯特曼所说，"他的理论仍然太过于受到传统哲学意识形态的束缚，太区隔化、太超脱俗世，太过于受深层假想真理理想的支配"④，因此只不过是以另一种方式强化了哲学对艺术的霸权。

艺术的两次祛权化，第一次否定了艺术追求深层真理的权利，第二次忽视了艺术的表层美感经验，其本质都是艺术与生活、实践与审美、表层与深层二元对立思维的体现。舒斯特曼发现，人类的文化习俗是关注意义深层多于关注审美表层，他说："社会上的根深蒂固的习惯和文化信仰往往将表层隐藏起来，让我们看不到。我们经常不会注意玻璃窗的表面，因为我们透过玻璃去看；当我们看着计算机的表面，掌握它们组成的图像时，我们也并不注意它像素的颜色和尺寸"，而这种文化习俗的后果就是"深层的文化假想制造了一种对审美表层的视而不见"⑤。因此，在对艺术的这两次祛权化分析、批判的基础上，舒斯特曼倡导恢复艺术的实践力量，并复兴对艺术的审美表层和感官愉快的鉴赏与评价，从而运用包括性析取的间性建构方法，重构审美表层与意义深层两相结合的艺术定义，这

---

① Richard Shusterman, *Surface and Depth: Dialectics of Criticism and Culture*, Ithaca: Cornell University Press, 2002, p. 184.
② 转引自 Richard Shusterman, *Surface and Depth : Dialectics of Criticism and Culture*, Ithaca: Cornell University Press, 2002, p. 185。
③ Richard Shusterman, *Surface and Depth: Dialectics of Criticism and Culture*, Ithaca: Cornell University Press, 2002, p. 178.
④ Richard Shusterman, *Surface and Depth: Dialectics of Criticism and Culture*, Ithaca: Cornell University Press, 2002, p. 178.
⑤ Richard Shusterman, *Surface and Depth: Dialectics of Criticism and Culture*, Ithaca: Cornell University Press, 2002, p. 159.

便是"艺术即戏剧化"。

在《表面与深度：批评和文化的辩证法》这部著作中，舒斯特曼用了一章来阐释自己的艺术定义，这一章便以"艺术即戏剧化"命名。舒斯特曼首先指出，戏剧化是艺术魅力形成的关键元素，而这一点在艺术史上已经得到了证明，如作家亨利·詹姆斯、诗人艾略特，以及哲学家、诗人尼采等都曾对此发表过意见。舒斯特曼认为自己的使命就是在戏剧的概念中把握"有用的"艺术定义的关键。

舒斯特曼认为，从目的上看，艺术的定义可分为两类，一是"真实"的或"真理的"艺术定义（true definition of art），一是"有用的"艺术定义（useful definition of art），二者的区别在于，前者试图"既依据共同属于所有艺术品——也仅仅属于艺术品——的一系列的本质特征，又依据使某物成为艺术品的一系列的充分和必要条件"来建构艺术定义，这种定义试图"精确地、决定性地描述出通用的艺术的范围，而且还想把未来的所有的艺术品都包括其中"，舒斯特曼认为这样的艺术定义就是一种"包装型"的艺术定义，它的目的仅仅是覆盖或者区分所有的艺术品，而不关心对于艺术或艺术品来说，到底什么才是最重要的；[1] 后者，即"有用的"艺术定义则重在"通过阐释对于艺术何者重要、艺术如何达到它的效果，以及在关于艺术的意义、价值和未来的争论性对抗中采取一定立场的方式，提升我们的艺术经验和对于艺术的理解"[2]。舒斯特曼的目的就是建构这样一种"有用的"艺术定义，"有用的"艺术定义追求的目标，与他的实用主义立场完全相符。舒斯特曼认为，"艺术即戏剧化"就是一个"有用的"艺术定义，其有用性首先就在于它的调和功能，它"至少可以完善并因此调和统治且分化当代美学的两种最普遍、最有影响的倾向"[3]，即自然主义和历史主义。

舒斯特曼指出，自然主义的艺术定义的特点是根源于人类本性，因此

---

[1] Richard Shusterman, *Surface and Depth: Dialectics of Criticism and Culture*, Ithaca: Cornell University Press, 2002, p. 227.

[2] Richard Shusterman, *Surface and Depth: Dialectics of Criticism and Culture*, Ithaca: Cornell University Press, 2002, p. 228.

[3] Richard Shusterman, *Surface and Depth: Dialectics of Criticism and Culture*, Ithaca: Cornell University Press, 2002, p. 229.

几乎在每一种文化中都可以看到它某种形式的表达。这也是一种古老的定义方式，它可以追溯到亚里士多德。亚里士多德认为，艺术起源于人类"摹仿的本能"[1]。范明生认为，所谓"本能"，即本性、天性，"是人类在漫长的演化过程中形成的带有普遍性的品性"[2]，基本上是人的天赋的、遗传的自然属性。艺术起源于人的模仿的欲望和需求，因此"艺术即模仿"的艺术定义，本质上是自然主义的。舒斯特曼指出，自然主义的艺术定义有两方面的特征，一是将艺术的愉快与人的生存状态联系起来，在自然主义看来，艺术产生于"一种寻求平衡、形式或有意义的表达的自然要求，一种追求增强的、审美的经验的渴望，这种经验给生物体的不仅是愉快，而且是一种更加充满生气的、提升的生存感"[3]；二是认为艺术的愉快有益于人的生存，更有助于人经验的增加和自我的改进与完善。自然主义认为"艺术不仅深深地建立在自然力、能量和节奏的基础上，而且也是人类生存和完善自我的重要工具"，因此对许多审美的自然主义的拥护者来说，"最高级的艺术，最令人信服的戏剧，就是生活的艺术"[4]；他们认为，即使艺术显然由它处于其中的社会、文化和专业化机构所塑造而成，但是"最佳状态、最真实、最有影响的艺术表达的是生命力和生命的完善"[5]。由此，艺术的美、艺术愉快对于人来说，似乎"具有进化上的价值"[6]，它在人的自然生活状态中插入了意义，使人感受到生活更值得过，从而使人类的生存得到了保证。舒斯特曼认为尼采、杜威、爱默生的艺术观是自然主义艺术观的典型代表。相对于自然主义，历史主义将艺术更狭隘地定义为"由西方现代性方案所产生的一种独特的历史文化

---

[1] 〔古希腊〕亚里士多德：《诗学》，陈中梅译注，商务印书馆，1996，第47页。

[2] 蒋孔阳、朱立元主编《西方美学通史》第一卷《古希腊罗马美学》，上海文艺出版社，1999，第484页。

[3] 〔美〕理查德·舒斯特曼：《生活即审美：审美经验和生活艺术》，彭锋等译，北京大学出版社，2007，第7页。

[4] Richard Shusterman, *Surface and Depth: Dialectics of Criticism and Culture*, Ithaca: Cornell University Press, 2002, p. 229.

[5] Richard Shusterman, *Surface and Depth: Dialectics of Criticism and Culture*, Ithaca: Cornell University Press, 2002, p. 229.

[6] 〔美〕理查德·舒斯特曼：《生活即审美：审美经验和生活艺术》，彭锋等译，北京大学出版社，2007，第7页。

制度",历史主义的支持者并不将早期艺术与非欧洲的艺术阐释为真正的艺术,而是将之视为"充其量是独立自律的艺术的不完美的相似物或先兆,技艺、仪式与习俗的对象"。① 他们强调,当下通行的美的艺术与审美经验概念直到18世纪才真正开始拥有定义的形式,而当前的这种"自律"的艺术形式是在19世纪的社会发展,即美的艺术的现代制度的建立以及"为艺术而艺术"的终结基础上产生的。历史主义认为20世纪的艺术完全是自律的艺术,拥有了自己的目的和自己的题材内容,它被置于社会历史的生产环境之下。但是,历史主义强调的社会历史生产环境完全不同于真正的现实环境,仅仅由社会的、制度的环境背景构成,它的意义与价值也与现实生活完全相异。舒斯特曼认为布尔迪厄、阿瑟·丹托和乔治·迪基等分析哲学家都支持这种观点,他们强调只有通过历史性地改变艺术世界的社会构架,才能改变形成艺术品的对象,进而改变艺术;而艺术的地位"根本就不依赖于美、令人满意的形式、使人快乐的审美经验,它们即使在现代艺术中没有全然过时,也不再是基本性的要素了"②。

　　舒斯特曼认为,仅仅在自然主义或历史主义中进行非此即彼的选择是一种愚蠢的分化行为,这两种理论各有其局限性:自然主义没有充分地阐明构造艺术实践与决定艺术是否被接受的社会制度和历史习俗;而历史主义则没能详细地解释艺术实践和制度发展的结果是什么,它们意图为怎样的人类利益服务以及为何非西方的、非现代的文化也追求西方现代艺术努力追求的东西。历史主义将艺术仅仅限定为现代的产物,则必然面对历史连续性问题:从希腊、罗马到文艺复兴的西方艺术传统的构成将受到质疑。因此舒斯特曼强调,不能对艺术进行审美自然主义与历史主义、生活经验与社会制度的二分,因为它们虽是对立的,但更是相互依存的。如就语言来说,每个概念既是自然的,同时也是社会习俗和历史构成的;生命更是如此,"没有历史的自然生命是没有意义的,正如没有生命的历史是

---

① Richard Shusterman, *Surface and Depth: Dialectics of Criticism and Culture*, Ithaca: Cornell University Press, 2002, p. 231.
② Richard Shusterman, *Surface and Depth: Dialectics of Criticism and Culture*, Ithaca: Cornell University Press, 2002, p. 232.

不可能的"①。于是舒斯特曼提出，抛弃在自然主义与历史主义之间进行选择的愚蠢行径，可以将艺术定义为戏剧化来调和二者间的矛盾。

通过分析"戏剧"一词在英语、德语和法语中意义的共同性，以及它在古希腊戏剧和《圣经·旧约》中某些层面的意义的演化，舒斯特曼指出，他的"戏剧化"概念有两方面的内涵，即经验的强度与社会的结构（experience intensity and social frame）。一方面，戏剧化即获得形式的结构化，"从更技术性的意义上来看，戏剧化意味着'把某物放在舞台上'，意味着采纳某一事件或故事，把它放到戏剧表演的框架中，或者放到一部戏剧或剧情的形式内（form of a play or scenario）"②。而从这个层面看来，戏剧化就是在强调艺术是将某事物放入某个结构、某个特殊的语境中去，这个语境不同于现实生活的场景，正是这种隔离使作品成为艺术品，因此可以说，"艺术即舞台化或者是情景的结构化"③；另一方面，戏剧化意味着经验的强度，根据《钱伯斯 21 世纪英语词典》，"戏剧化即把某物视为，或使某物看起来更令人激动或更重要"④。而从这个层面来看，经验既建立了艺术与生活之间的连续性，又可以使艺术同现实生活分离，"艺术与日常现实区分开来并不需要借助虚拟的行动的结构，而是可以凭借更为生动的经验与行动"⑤。由此舒斯特曼强调，艺术与生活本身不构成对立关系，与艺术对立的是生活中缺乏"戏剧性"的单调与乏味，这样便解决了艺术与现实生活的二元对立问题。

当然，舒斯特曼也认识到，戏剧化的两个维度的含义看起来似乎走向两个不同的方向，"尤其是当我们接受了生命的热情而不能忍受刻板的舞台演出，而艺术与生活拉开距离的结构反过来又会破坏现实生活中情感和

---

① Richard Shusterman, *Surface and Depth: Dialectics of Criticism and Culture*, Ithaca: Cornell University Press, 2002, p. 233.
② Richard Shusterman, *Surface and Depth: Dialectics of Criticism and Culture*, Ithaca: Cornell University Press, 2002, p. 233.
③ Richard Shusterman, *Surface and Depth: Dialectics of Criticism and Culture*, Ithaca: Cornell University Press, 2002, p. 233.
④ 转引自 Richard Shusterman, *Surface and Depth: Dialectics of Criticism and Culture*, Ithaca: Cornell University Press, 2002, p. 234。
⑤ Richard Shusterman, *Surface and Depth: Dialectics of Criticism and Culture*, Ithaca: Cornell University Press, 2002, p. 234.

行为的强度这样普遍的推测时"①,这两个层面的含义似乎更是不能相容的。舒斯特曼通过分析"结构"的意义深层,消除了这种质疑,他指出,结构实际上也具有两个维度的含义:结构首先意味着区分、划界,但是结构不仅仅意味着封闭、分隔,它还意味着通过区分、划界而凸显,意味着"更清晰地关注它的对象、行为或情感;并因此轮廓分明、重点突出和富有生气……就如同放大镜通过它的光折射结构的聚焦,强化了太阳的光和热一样,艺术的结构也通过加强经验内容的力量而对我们的情感生活施加影响,并使经验内容更生动、更有意义"②。作用是相互的,通过结构,情感、行动的内容得到了凸显,显得更为鲜活生动、富有意义,而反过来,情感、行动的内容又证明了其结构的合理性。舒斯特曼强调,就如同内容和形式的关系一样,经验强度与社会结构也是一种相互作用的关系,并不能对此做截然的二分,艺术就产生于经验强度与社会结构的相互作用之中。舒斯特曼甚至认为,即便是那种艺术与生活分离的说法,实际上也可以理解为是在间接地承认艺术和生活之间的关系,"可能是一条引领我们回到生活经验的、必要的、迂回的路径"③。既然艺术就是戏剧化、是表演,而生活就是艺术,从逻辑的角度看,舒斯特曼认为,生活就是戏剧化、是表演,这印证了莎士比亚的箴言,"世界就是一个大舞台"④。

总之,舒斯特曼"艺术即戏剧化"的艺术定义,通过强调经验强度的表层美感和社会结构的意义深层之间的辩证关系,解决了表层与深层、艺术与生活以及自然主义与历史主义间的对立问题,更重要的是,通过艺术定义的间性建构,舒斯特曼完成了审美经验复兴的使命。

---

① Richard Shusterman, *Surface and Depth: Dialectics of Criticism and Culture*, Ithaca: Cornell University Press, 2002, p. 236.
② Richard Shusterman, *Surface and Depth: Dialectics of Criticism and Culture*, Ithaca: Cornell University Press, 2002, p. 236.
③ Richard Shusterman, *Surface and Depth: Dialectics of Criticism and Culture*, Ithaca: Cornell University Press, 2002, p. 238.
④ 转引自 Richard Shusterman, *Surface and Depth: Dialectics of Criticism and Culture*, Ithaca: Cornell University Press, 2002, p. 238。

# 第五章　论辩、批评与教育：两种艺术的间性建构

在现代艺术理论史上，精英艺术与通俗艺术的二元对立、不相调和是一种主流的倾向，双方的支持者总是各据一端、互相攻讦。而在两者的对抗中，精英艺术以压倒性的优势，在圈里圈外赢得诸多美誉，备受推崇；通俗艺术则常常处于劣势，虽在民间拥有大量的拥趸，但难免被认为难登大雅之堂。即便在某些特殊的历史节点，通俗艺术曾占据过制高点，但它的胜利是短暂的非常态。20世纪艺术向生活回归的艺术变革发生后，我们幸运地再次遇到了特殊的历史节点，欣赏到通俗艺术地位提升的非常态景观。此时通俗艺术与精英艺术双方的地位又发生了颠覆性的倒置：精英艺术似乎衰落了，以至于美国学者阿瑟·丹托发出"艺术终结"的喟叹；通俗艺术揭竿而起，趁机要求获得美学的合法性身份。精英艺术的优势难保、地位堪忧，但通俗艺术还没有获得美学合法性，未来艺术将何去何从？美学领域一时充满了喧哗与骚动：各派学子纷纷出动，坚持己见，争相为己方辩护，不遗余力攻击对方。面对艺术与美学领域这种复杂的状况，舒斯特曼提出了审美复兴的应对策略，力图打破精英艺术与通俗艺术不相容的二元论，为精英艺术和通俗艺术进行双重辩护，倡导艺术的复兴，即恢复艺术与生活之间的连续性，使艺术回归生活，扎根于生活之中，从生活中汲取养分，从而焕发新的生命力。这是舒斯特曼审美复兴的重要途径之一，也是他对杜威的艺术观继承并发展的一个重要表现。对于精英艺术，杜威持彻底的批判态度，而舒斯特曼虽然继承了他的批判立场，但持客观的批判态度，不走极端，不否定精英艺术本身所具有的优长和价值。舒斯特曼批判的是精英艺术对待其他艺术的不公正的排他性、狭

隘的心胸、封闭的视野和唯我独尊的霸权意识,并不抵制精英艺术本身所包含的艺术类型和艺术作品。而对通俗艺术,杜威虽然表达了对它抱有的希望,但总体来说,在杜威那里通俗艺术更多的是作为论证恢复美学与生活之间的连续性这一美学核心观点的例证工具而存在的,通俗艺术的美学地位问题也不过是论证过程中顺带出现的一个边缘问题,杜威的美学理论并未对通俗艺术的美学问题进行专门研究。杜威美学理论的这一点瑕疵,却成为舒斯特曼展示他的艺术观的最佳平台,为舒斯特曼留下了大展身手的空间,使舒斯特曼既在理论上又在批评与实践中为通俗艺术提供辩护成为可能。事实上,杜威对精英艺术的否定性批判,仍旧体现出他被笼罩在二元对立思维传统的阴影下,陷入了在精英艺术与通俗艺术之间进行二分的泥淖;而舒斯特曼则跳出了二元对立思维的陷阱,运用包括性析取的间性建构方法,分别析取精英艺术和通俗艺术的优长,强调二者都表现出审美表层与意义深层的统一,从而肯定了二者的美学合法性地位,并进而表现了自己独特的艺术多元论的立场。仅从思维方式的角度看,舒斯特曼的选择明显更客观、更具有合理性。

  杜威之所以对精英艺术持彻底的否定态度,是因为他洞悉了精英艺术的巨大缺陷,那就是脱离现实生活的实践,造成了艺术与生活的分离。可以说,杜威抓住了精英艺术的要害,就这一点而言,杜威眼光之犀利、见解之透彻,是毋庸置疑的。但由此完全否定精英艺术的价值,显然失之偏颇。总之,杜威对精英艺术的批判,仅仅围绕着"精英艺术远离了现实生活"这个核心观点。他多角度地探讨了精英艺术社会地位形成的根源,指出精英艺术与现实生活分离的原因比较复杂,从外部环境看,这个分离的过程是与资本主义制度的发展相伴随的。在资本主义兴起的过程中,博物馆和画廊制度的兴起、社会阶级等级分化、资产阶级社会地位提升的需求、社会价值观混乱与扭曲对艺术的影响、审美现代性批判对艺术的必然要求以及在此过程中艺术家自保的需要等,是造成艺术精英化、远离现实生活的重要因素。

  杜威发现,现代艺术史的发展是与现代博物馆和画廊制度的形成相伴相生的,"一本有教益的现代艺术史可以依据独特的现代博物馆和画廊制度的形成过程来写"①。而从本质上说,现代博物馆和画廊乃是西方社会现代化过程中资本积累阶段暴力抢掠的见证,是集中展览战利品的场所。杜威明确指出:"欧洲的绝大部分的博物馆都是民族主义与帝国主义兴起的纪念馆。"② 它们的产生,首先服务于资本扩张、暴力征服过程中陈列战利品和掠夺物的需求,使掠夺欲、侵占欲、控制欲等邪恶欲望获得满足。杜威认为,几乎每一个帝国主义国家都会在首都拥有一个博物馆,用于保存绘画、雕塑等艺术精品。这些艺术精品其中一部分是原属于本民族、本国家的艺术精粹,用来展示该民族、该国家传统的文化精华和智慧,展示其祖先的卓越与伟大;但其中更多的则是该国君主征服其他民族时带回来的纪念品、掠夺物,用以炫耀该国武力的强大、国力的强盛。例如,拿破仑横扫欧洲时的战利品就放在卢浮宫;而英法联军抢劫焚毁圆明园后也带回了巨大财富。法国大文豪雨果曾给英法联军的首领巴特莱上尉写信,公开谴责英法联军的强盗行径,并表达了对将来文明的法国能够归还从圆明园盗窃来的珍宝的期望。当然雨果的愿望至今未能实现,法国皇帝拿破仑三世的王后欧也妮特意授权在行宫枫丹白露宫里建造中国馆,就是为了存放这些从圆明园偷抢来的宝贵文物。时至今日,这些珍宝仍旧摆放在那里,成为一段罪恶的历史的见证。而曾是法国王宫的卢浮宫和枫丹白露宫,后来都转变为博物馆。同样,日本在现代化过程中,也曾经通过将私人庙宇国家化的手段,将大量的艺术珍宝收归国有。杜威认为,博物馆和画廊制度的兴起,造成了上流社会所谓精英阶层对艺术的垄断,从而产生一种固定的思维模式:只有进入了博物馆和画廊的艺术品,才是真正的艺术珍品。这样的艺术被捧上"云端",逐渐远离平民而精英化了。因此,精英艺术与现实生活之间的区隔,同展示民族智慧成果的民族主义密切相关、同帝国主义与军国主义的扩张密切相关,同展览战利品、掠夺物的沙文主义、霸权主义密切相关,这种区隔是掩盖其非本土文化自发创作身份的一种表现。同时,这种区隔化也使艺术品在被掠夺后的流转过程中本土特性被磨灭,其与本土文化间的血缘关系被割断,于是被迫成为孤立

---

① 〔美〕约翰·杜威:《艺术即经验》,高建平译,商务印书馆,2005,第6页。
② 〔美〕约翰·杜威:《艺术即经验》,高建平译,商务印书馆,2005,第7页。

的、"仅仅是美的艺术的一个标本"①。从这个角度看，精英艺术与现实生活的分离，是资本主义资本积累的副产品之一。

博物馆和画廊制度主要服务于资产阶级新贵，他们热衷于收藏艺术品，如绘画、雕塑、钟表、邮票、艺术小摆件等。杜威认为典型的收藏家都是大资本家，他们一是有财力，对某类收藏品的垄断显然是良性投资，是稳妥地使手中的财富升值的有效手段；二是有迫切的心理需求，他们急于摆脱暴发户的底层身份，希望通过对艺术品的占有提升他们的社会形象，最终提升社会地位。大资本家巨大的书房里装点的绝版书籍、收藏室里摆放的艺术珍品，似乎可以成为他们经受了良好的教育、具有很高的艺术品位和鉴赏水平、是文化精英中的一分子的证明。收藏艺术品可以使大资本家们在高等文化领域获得较高的地位，如果花点钱就能实现这个目标，那是何等便利。杜威指出，不仅个人如此，某些社群和新兴的资本主义国家也是如此，他们修建剧院、画廊和博物馆，收藏艺术品，以此证明他们具有高尚的审美情趣；或者资助穷困的艺术家，这也是资产阶级乐于选择的一项体面的投资。一个富裕的群体或阶层，表现出尊重甚至资助穷艺术家的意愿，就可能会收获社会上的赞誉，被视为品位高尚。欧洲很多思想家、艺术家，如亨利·卢梭、梵高都曾或多或少地得到过富人们的资助和支持。当这种收藏与资助行为成为一种风尚，甚至成为一种司空见惯的现象时，不仅资本家们达到了目的，获得了较高的社会地位，拥有了良好的社会形象，连带着艺术自身也逐渐被推崇到很高的地位上去了。艺术最终成为一种特殊的存在，成为社会精英的专利，"成为一种主宰人类精神生活的艺术宗教，……甚至演变为精英的文化资本与文化霸权。……艺术的宗教性使从事艺术的人自以为是高人一等的人，主宰他人的人，而从事非艺术的人永远是平庸的、受制于人的人"②。高高在上的艺术自然不是平民百姓能够触摸到的，这种所谓的高级艺术必然与真正的现实生活渐行渐远，最终成为两条不相交的平行线。

从艺术家的角度看，精英艺术与生活实践的区隔则是艺术家与现实生

---

① 〔美〕约翰·杜威：《艺术即经验》，高建平译，商务印书馆，2005，第8页。
② 冯毓云、刘文波：《科学视野中的文艺学》，商务印书馆，2013，第19页。

活分离的必然结果。艺术家之所以远离现实生活，恰恰是因为他们要应对资本主义工业社会发展日趋高度工业化、科技化、机械化的现实：从个人角度来说，是因为艺术家为了自保而刻意远离边缘化、去个性化的现实生活；从社会发展角度看，则是因为艺术家需要完成以审美现代性批判社会现代性的历史使命。双重因素的重压，最终造成了艺术家与现实生活相疏离的后果。杜威发现，随着资本主义工业文明的发展，社会工业化、科技化、机械化程度越高，艺术家被边缘化的程度也越高，艺术家逐渐被排挤到主流生活之外了。现代文明的进步建立在大规模发展的机械化工业文明的基础上，而艺术家们还不能大规模地运用流水线生产的方式来进行创作。当时艺术家们的创作观念还很传统，没有受到工业文明的影响，他们坚持创作活动的个性化特征，认为艺术既不能进行大规模的工业流水线生产，也不能机械化，于是与工业化、机械化生产普及的社会现实格格不入。他们成为被工业生产模式抛在后面的边缘人，他们"与正常的社会服务链结合得不那么紧密了"①。杜威认为，艺术家甚至自觉地追求与资本主义社会发展的分离。为了不迎合大机械化生产的经济现实，为了使其作品与大批量的、复制的、千篇一律的、流水线生产的产品相区别，艺术家们只能夸大自己独特的"个人主义"风格，以此凸显艺术审美的个性特征，以孤高的姿态应对自己被边缘化的事实，也变相地争取受众的注意。但这种夸大和疏离的结果，就是使自己远离了现实生活。艺术家的这种选择无疑加强了艺术与生活之间的区隔，他们的艺术成了小圈子艺术，远离了生活，也远离了大众，更远离了欣赏者，而这反过来又加剧了艺术同生活的分离。

　　资本主义社会混乱、扭曲的价值观使艺术与生活的关系更加恶化。杜威认为，在资本主义工业社会中，艺术的生产与消费不能相互支撑，没有形成促进艺术发展的良性环境。在艺术的生产者与艺术的消费者之间有一条鸿沟，"价值的混淆进一步加强了这种分离"②。这种价值的混淆表现为消费者的接受与鉴赏活动受到资本的控制，消费者并没有形成真正的审美

---

① 〔美〕约翰·杜威：《艺术即经验》，高建平译，商务印书馆，2005，第8页。
② 〔美〕约翰·杜威：《艺术即经验》，高建平译，商务印书馆，2005，第9页。

知觉能力和艺术鉴赏能力,因而缺乏鉴定何种艺术品才具有审美价值的分辨力,于是审美价值成为可以操控、可以伪装的消费对象。杜威辛辣地说:"一些额外的东西,如收集、展览、拥有与展示的乐趣,都被装扮成审美价值。"① 以霸凌姿态建立博物馆、展览馆的帝国主义与军国主义获益者,拥有大量资本的收藏家,资助穷艺术家的资本家,都是装扮成拥有审美价值的人。而艺术批评也受到了影响,并没有发挥社会批判作用以揭示这种审美价值的虚假、畸形本质。艺术理论与艺术批评不能发挥干预生活、引导审美鉴赏的功能,艺术于是愈加远离大众、远离生活。总之,精英艺术与通俗艺术、审美经验与生活经验分离的原因是多维多面、复杂混乱的,杜威只是从其中的社会-历史与政治-经济维度对分离的原因进行揭示。

舒斯特曼支持杜威对精英艺术的批判立场,将批判的矛头指向艺术制度本身,从美学与艺术学科发展的角度,揭露精英艺术的长期统治造成的后果,即审美经验概念的僵化、艺术创作灵感的枯竭,提出使艺术概念日益狭隘和衰竭的艺术制度"就是将艺术等同于高级的优美艺术的制度",而杜威的"艺术的博物馆"概念则揭示了这种艺术制度的"区分性制度化和精英主义的双重维度:与生活和实践分离,以及同普通民众和他们经验保持距离"。② 舒斯特曼超越杜威之处在于,他对精英艺术制度与精英艺术本身进行了区分,并清楚地表明,他反对的是精英艺术制度而非精英艺术,我们"应该反抗"的"公众之敌"③ 是将艺术推离现实生活、推离大众的那种制度,而非精英艺术本身,精英艺术有其不可抹杀的社会-伦理价值。与杜威相比,舒斯特曼的立场更加宽容、开放,他倡导双重的开放态度:一方面是艺术观念的开放,将通俗艺术纳入艺术的范围,使通俗艺术获得身份的合法性;另一方面是对精英艺术的开放,认识到精英艺术在社会-政治上并不是必然反动的,而且是具有一定的潜力的。他坚信"高级艺术可以通过对其作品的伦理和社会维度的更大关注,推进一种进

---

① 〔美〕约翰·杜威:《艺术即经验》,高建平译,商务印书馆,2005,第9页。
② 〔美〕理查德·舒斯特曼:《实用主义美学》,彭锋译,商务印书馆,2002,第185页。
③ 〔美〕理查德·舒斯特曼:《实用主义美学》,彭锋译,商务印书馆,2002,第185页。

步的伦理和社会-政治的行动计划"①。舒斯特曼对精英艺术在社会-伦理价值方面的潜力和它的"调和性补偿"② 功能持乐观态度,他对通俗艺术也充满信心,认为通俗艺术具备成为好的艺术的潜力。对于如何发掘这些潜力,舒斯特曼也提出了相应的策略。他关注艺术的批评功能,认为只有充分地批评和关心,才能充分地发掘出精英艺术在社会-伦理价值方面的潜力,发掘出通俗艺术成为"好的艺术"的潜力。通过批评和关心,可以将生活与艺术联系在一起,使精英艺术走下神坛,关注生活;同时也可以提升通俗艺术,使通俗艺术向精英艺术的审美标准靠拢,最后获得精英艺术与通俗艺术的双赢。

## 一 为精英艺术辩护

舒斯特曼用精英艺术社会-伦理功能的价值论来纠正当下理论界对精英文学的误读。在《实用主义美学》中,舒斯特曼首先在理论上从三个方面来为精英艺术辩护。其一,从功能层面来看,精英艺术仍旧发挥着干预生活的功能。舒斯特曼批驳了那种认为精英艺术完全被意识形态传统和社会秩序同化并为其服务,从而成为一种纯粹邪恶的压制性的社会力量的理论。舒斯特曼认为,艺术史已经证明,高级艺术也发挥了它干预生活的社会-伦理功能,即"作为社会批评、抗议和转型的工具而起作用"③。其二,从精英艺术的主体构成层面来看,其主体构成成分复杂,并不完全是精英知识分子,这与其统治、强势、霸权的面目并不相符。舒斯特曼指出,"高级艺术的创造者和一流学习者"并不完全是由当代社会中"最有权威的阶级"所构成;同样,"这种占支配地位的阶级或阶级-部分(class-fragment),并不是由精英和他们的知识分子受众组成的,而是由大的商业、银行和工业所组成的。高级艺术也不是它主要的文化统治工具"④。精英艺术和通俗艺术同病相怜,它们具有同样的命运,都是在文化多元主义伪装下的统治工具。精英艺术和通俗艺术都是不由自主的,因

---

① 〔美〕理查德·舒斯特曼:《实用主义美学》,彭锋译,商务印书馆,2002,第186页。
② 〔美〕理查德·舒斯特曼:《实用主义美学》,彭锋译,商务印书馆,2002,第186页。
③ 〔美〕理查德·舒斯特曼:《实用主义美学》,彭锋译,商务印书馆,2002,第187页。
④ 〔美〕理查德·舒斯特曼:《实用主义美学》,彭锋译,商务印书馆,2002,第193页。

此所受到的指责和批判也应当等同。其三，从存在价值看，即便高级艺术具有个人主义、虚假反抗等诸多缺陷，但也不必因噎废食，完全否定高级艺术。舒斯特曼指出，类似于"通过提供一个替代的想象性现实"而"暗中支持一个肮脏和邪恶的社会现实"这样的指责，其实只具有"提醒"的作用，它提示我们如何更恰当地利用精英艺术的"赎罪意识"来发挥其社会－伦理功能，使"我们的艺术批评，应该在伦理上更加深刻，在社会－政治上更加投入，从对个别作品的审美欣赏，引向对我们社会－文化现实——包括我们的艺术制度在内——的批判"。① 正视高级艺术的存在价值，关注如何引导高级艺术发挥其应有的社会－伦理功能，比仅仅否定或对高级艺术视而不见要更具有现实意义，也更具有可行性。

舒斯特曼对精英艺术的社会－伦理功能的认识，同周宪对审美现代性对抗平庸现代性的现代性的冲突的理解，② 本质上是相同的，他们都揭示了艺术在从他律走向自律，又从自律走向终结，在自律和他律之间苦苦挣扎的惨淡命运。舒斯特曼从艺术史角度肯定了艺术自律的积极意义，但同时也指出了艺术完全自律的悲剧后果。舒斯特曼强调，西方艺术走向自律是艺术寻求解放的必然结果。西方艺术的发展有其独特的宗教－政治背景，它曾经受到权力的压制，被迫为宗教服务、为封建王权服务，因此才逐渐脱离了社会生活。从这个角度看，"作为完全与社会－伦理实践分离的那种艺术根本自律的观点，在将艺术从服务于教堂和宫廷的传统角色中解放出来的意义上，在美学上是有价值的，在社会上也是解放性的"③。但是，为了保持住所谓的"纯粹性"，艺术将自身囿于自律的象牙塔，完全放弃了他律，从而与社会生活脱离开来，这又使艺术自毁长城。

舒斯特曼对精英艺术的社会－伦理功能的强调，极力恢复精英艺术与现实生活的联系、恢复精英艺术与通俗艺术关系的做法，实际上是将精英艺术放在自律和他律之间，强调精英艺术的间性本质，因而更具有方法论意义。从系统论角度看，世界是一个系统，宇宙间万事万物都是系统的构成，那么人类世界就是世界巨系统的一个子系统；而人类世界自身又成为

---

① 〔美〕理查德·舒斯特曼：《实用主义美学》，彭锋译，商务印书馆，2002，第195页。
② 参见周宪《审美现代性批判》，商务印书馆，2005，"导言"第4~11页。
③ 〔美〕理查德·舒斯特曼：《实用主义美学》，彭锋译，商务印书馆，2002，第190页。

次一级的观念的巨系统,由诸多的人类世界子系统构成,其中包括现实生活世界的物质系统和精神世界的观念系统;同样,现实生活世界和精神世界作为人类世界的组成要素,本身是再次一级的巨系统,容纳了诸多生活内容与精神学科,而高级艺术隶属于精神世界的观念系统。高级艺术"处在社会系统、社会文化系统、审美系统、艺术文化系统之后",就地位而言应当是真正的"属于最低层次的系统"。[①] 作为组成要素和子系统,高级艺术可以独立运动,保持自身的独立性,是一个自律的体系;但作为一个次级巨系统,要想保持系统的生命力,就必须同其他的系统如现实生活这个系统进行系统间的对话与沟通,从中汲取养分,从而使整个系统产生新质、增强活力。所以,高级艺术的存在与发展,是既在系统外又在本系统内不断进行交流沟通的结果。高级艺术要保持自身的生命力,就必须在自律和他律之间保持平衡发展,处理好本系统内各要素之间的关系,更要处理好本系统内各要素与系统外部环境之间的关系。高级艺术在处理系统与外部环境之间的关系时,产生自适应现象,即"自动地根据环境的变化来调整自己的结构,使系统的特性保持在最佳或至少是容许的状态"[②]。也就是说,自适应现象有最佳自适应和容许自适应两种状况:高级艺术完全受到外界环境的控制,成为宗教、政治甚至是经济的附庸,成为一种工具,这是容许自适应现象,此时高级艺术的审美特性受到压制,保持在最低的容许状态,高级艺术成为他律的艺术;高级艺术坚守纯粹主义立场,坚持自律的身份,拒绝系统外部环境对其的影响,这是最佳自适应现象,此时高级艺术的审美特性保持在最佳状态,但此时高级艺术也将自己孤立起来,使自己成为一个封闭系统。作为封闭系统的高级艺术与其他艺术之间、同生活之间缺乏能量、信息的交流与互补,不能发挥系统调节的功能,就必然会丧失活力,使系统从有序走向无序,并最终趋于瓦解。当下文学的终结、艺术的终结、文学低谷论等文学艺术焦虑的产生,就是高级艺术纯粹自律、缺乏与其他艺术和生活的交流,从而使高级艺术巨系统混乱无序进而走向衰落的一种表征。由此,恢复高级艺术与通俗艺

---

① 冯毓云:《文艺学与方法论》,社会科学文献出版社,2002,第 186~187 页。
② 王旭:《系统、系统规律与系统方法》,《哲学研究》1984 年第 7 期。

术、高级艺术与生活之间的关联性，是高级艺术巨系统整体、稳定性质要求保持系统的活力、动态与平衡的必然结果。

总之，从方法论角度看，高级艺术必然既是自律的又是他律的，自律与他律是高级艺术对外部环境进行自适应的两种状态，间性本质才是高级艺术的根本特质。那么，当高级艺术成为一个封闭系统时，如何恢复高级艺术系统的活力？从系统论的方法来看，就是要增加系统的参数，重新建立起系统的稳定性，使系统从封闭走向开放。舒斯特曼建构坚持包括性析取立场的多元论，就是这样的一种努力。应当如何以一种宽容、开放的态度对待高级艺术，使之走出自律的象牙塔，从而恢复高级艺术与社会生活之间的关联性，凸显其间性的本质？舒斯特曼采纳的策略是为艺术的社会－伦理功能辩护，通过分析、探讨艾略特的早期作品《一位女士的画像》，舒斯特曼提出了他对艺术的社会－伦理功能的认识。

舒斯特曼运用文本细读的方法，在对艾略特的长诗《一位女士的画像》进行分析的同时，对比并批评了两大类三种影响较为广泛的艺术的审美教育观念。第一类观念认为艺术可以对人类的道德产生积极或消极的影响，这一类观念包括两种见解：第一种是积极认识，即"艺术作为道德教师"，它可以"唤醒和加深我们人类同情心以及关心他人"；[1] 第二种是消极认识，即"艺术是道德上败坏的"[2]。第二类即第三种观念则认为艺术对人类的道德生活不能产生任何影响，艺术与生活无关，它指出，"高级艺术可以在其中（指'我们的社会世界'）与生活和人的同情毫不相关"[3]。

舒斯特曼认为第一种观念的代表是德国美学家席勒，他的《论人的审美教育》是这种审美理想主义学说的典范。舒斯特曼指出，在人性理论的基础上，席勒建构起他的审美教育必要性的观点，认为通过艺术交流与教育功能的发挥，可以改善人性、改造社会。席勒相信，"通过发展一种和谐的心灵和高尚的情感对个体道德的教育"，通过艺术的"伟大的交

---

[1] 〔美〕理查德·舒斯特曼：《实用主义美学》，彭锋译，商务印书馆，2002，第203页。
[2] 〔美〕理查德·舒斯特曼：《实用主义美学》，彭锋译，商务印书馆，2002，第203页。
[3] 〔美〕理查德·舒斯特曼：《实用主义美学》，彭锋译，商务印书馆，2002，第223页。

往力量",可以对"创造一个更加文明的社会"起到积极的作用。① 第二种观念是作为第一种观念的反动而存在的,舒斯特曼指出,第二种观念对第一种观念的反驳途径有两条。第一条途径认为,艺术逃避现实生活,其神秘情感具有欺骗性,"对艺术的偏好,将使我们的感觉不自然;对审美教育的热爱,将产生颓废的审美主义",而这种偏好和热爱,往往是针对作品而非人类自身。对作品的爱替代了人类之间真实的情感,这种虚假的审美情感在现实面前往往苍白无力,甚至冷酷无情,纳粹军官就是其中的代表,他们可以一边欣赏贝多芬的交响乐,一边举起屠刀灭绝同类。② 所以,审美情感成为丑恶和暴力的帮凶:它为"将真实的、非审美的世界的丑恶残暴合法化"③ 推波助澜,从这个角度看,艺术在道德上是败坏的。第二条途径则质疑了艺术的解放功能,指出艺术从来就是为特权阶级所享有,"诗可以群"是建立在阶级分隔的基础上的,艺术的虚幻的解放和自由功能不仅是特权阶级画出的一个饼,更是一个有利于阶级统治的陷阱。从这个角度看,艺术不仅在道德上是败坏的,更是邪恶的。④ 总之,因为"教养的矫揉造作、误导的情感和精英主义"⑤,艺术是堕落的。舒斯特曼认为第一种观念是浪漫主义的,第二种观念是现实主义的,第三种观念则是纯粹审美主义的,它坚持拉开艺术和生活、审美情感与真实情感的距离,坚持两者之间区分和"净化",认为艺术是虚构的,其中激发的审美情感与人类的现实生活毫不相干。因此,这种审美教育观认为"审美教育,与其说将我们开放到真实的道德情感和人性的同情之中,不如说使我们冷酷地形成一种在审美上精致的但道德上麻木的态度,用这种态度,我们倾向于将所有的东西,甚至是人,视为审美利用的对象"⑥。毫无疑问,这种观念表面上看是中立、客观的,但本质上与第二种观念一致,它也是对现实生活的逃避,因而或者可能沦为丑恶暴力的帮凶,或者

---

① 〔美〕理查德·舒斯特曼:《实用主义美学》,彭锋译,商务印书馆,2002,第 206 页。
② 〔美〕理查德·舒斯特曼:《实用主义美学》,彭锋译,商务印书馆,2002,第 207 页。
③ 〔美〕理查德·舒斯特曼:《实用主义美学》,彭锋译,商务印书馆,2002,第 207 页。
④ 〔美〕理查德·舒斯特曼:《实用主义美学》,彭锋译,商务印书馆,2002,第 207~208 页。
⑤ 〔美〕理查德·舒斯特曼:《实用主义美学》,彭锋译,商务印书馆,2002,第 203 页。
⑥ 〔美〕理查德·舒斯特曼:《实用主义美学》,彭锋译,商务印书馆,2002,第 221 页。

成为阶级统治的帮凶。正因如此，舒斯特曼对它也持否定态度，将它称之为"残忍的、非人性的审美主义"①。

艺术是"道德教师"还是"道德上败坏的"？舒斯特曼并没有直接给出答案，而是巧妙地借助对艾略特青年时期创作的长诗《一位女士的画像》的文本细读，借助对艾略特的审美教育观念的批评阐释来表达自己的立场。《一位女士的画像》写于1910~1911年，作品以叙事诗的形式，交叉叙述了一位青年男子从10月到12月对一位老年女士的三次访谈，舒斯特曼将这首诗的主题概括为"一个感伤的老妇人——她对艺术的热爱和审美方式，接近于矫揉造作——和一个年轻男子——他既痛苦地意识到这种审美做作，又苦恼地害怕她那作为其基础的绝对真实的情感——之间的窘迫关系"②。舒斯特曼认为这首诗实际上是以拟人化的手法，隐喻了艾略特对艺术的审美教育功能的矛盾认识：其中，老妇人的形象就是审美教育的两种态度的象征，她以精心布置的环境和优美的礼仪招待来访者，因此她代表了形式冲动和精英主义的特权，而青年是个漂泊不定的访问者，时刻想要出去散步、吸烟，因而代表了感性冲动和原始主义；两人之间的窘迫关系，表现的就是形式冲动与感性冲动、精英主义与原始主义之间的矛盾冲突。而最终，青年人对老妇人的死亡幻想，则体现了一种"残忍的、非人性的审美主义"态度。舒斯特曼认为，诗中青年人最后提出的是否有"微笑的权利"去看待老妇人的死亡问题，虽然是一个伦理问题，但对这个问题的思考却不应当仅仅局限于作品层面，它应该是作为叙述者的青年艾略特，乃至于艾略特毕生都应当思考的问题，更是所有的读者和批评家们毕生应当思考的问题。从这一问题出发，舒斯特曼发现了艺术与生活的复杂关系中的一个悖论，即艺术的"反熟读深思"（aporetic）。所谓的"反熟读深思"意指高级艺术的精致内容会拉开读者与生活间的距离，转移人们对生活中存在的问题的注意力："它不断地将我们从恰好是在将我们指向它的行为中的问题上转移出去。"③ 也就是说，艺术家在艺术品中揭示了生活问题，但读者和批评家们往往只从艺术品层面去思考

---

① 〔美〕理查德·舒斯特曼：《实用主义美学》，彭锋译，商务印书馆，2002，第222页。
② 〔美〕理查德·舒斯特曼：《实用主义美学》，彭锋译，商务印书馆，2002，第202页。
③ 〔美〕理查德·舒斯特曼：《实用主义美学》，彭锋译，商务印书馆，2002，第222页。

问题，而忘记了问题来自生活，应当将问题重新置于生活情境之中予以思考和解决。"反熟读深思"是高级艺术脱离生活的必然结果。

舒斯特曼认为，要想解决这一悖论，就必须关注艺术的审美教育作用，关注艺术的社会－伦理功能，而必须采纳的策略，就是进行批评。舒斯特曼强调，这种批评不是针对作品的，也不能囿于作品，而是要针对艺术自身、针对我们的社会生活。事实上，舒斯特曼对艾略特关于艺术的社会－伦理功能的一个见解，即"艺术自身既不能拯救世界，也不能提供个人的救赎"①印象极为深刻。类似的论调在杜威早期的文章中也可以发现端倪，他在一篇谈论诗歌的文章中说：

> 我并无私心地认为，诗歌不会越来越成为传递严肃思想和崇高情感的工具，它不会越来越成为生命真正的有益的解释……我们每天都陷于太多微不足道的话题、华丽的辞藻、低俗的感伤和虚假的形象，这与阿诺德所说的诗歌的崇高欲望并不协调。我们不能经常地转向那种观念，即其意图只是深化生命中的价值与永恒。②

当然，对自己所处时代诗歌的价值功能的否定，并不等于否定文学艺术具有价值功能或其他功能。事实上，杜威写这篇文章的目的，恰好是要恢复诗歌阐释生命以提升人类精神的价值功能，因此他倡导在诗歌和哲学之间搭建起桥梁。而我认为，就艺术功能而言，舒斯特曼同杜威的观点完全相反，他极为赞同艾略特的理论，否定艺术救赎世界、救赎个人的可能性，所以他才一再强调艺术的社会－伦理功能具有局限性，他说："我们应该使我们对艺术作品和其道德内容的批评恢复一种对艺术自身的社会作用的批评意识，进一步恢复对我们的社会世界——高级艺术可以在其中与生活和人的同情毫不相关——的广泛批判。艺术可以刺激这种批判意识，但本身不能提供这种批判意识。"③舒斯特曼在艾略特的诗歌中解读出艺术批判与伦理和社会进步的关系，实际上体现的是他自身的审美教育理

---

① 〔美〕理查德·舒斯特曼：《实用主义美学》，彭锋译，商务印书馆，2002，第195页。
② 〔美〕约翰·杜威：《杜威全集·早期著作（1882—1898）》第3卷，吴新文、邵强进译，华东师范大学出版社，2010，第91页。
③ 〔美〕理查德·舒斯特曼：《实用主义美学》，彭锋译，商务印书馆，2002，第223页。

念,他认为艺术不能救赎世界,艺术只能为我们批判社会提供帮助,而艺术的审美教育功能只有通过艺术批判才可能得到发挥,只有在批判中,艺术的价值才得以显现,他指出:"艺术可以仅仅通过再现生活和社会的邪恶而帮助我们批判它们,这种批判是通向伦理和社会进步的必不可少的一步。只有当它包含批判的时候,审美教育才是可能的;只有当它的镜中图像不仅仅是生产或消费的,而是批判地把握和利用的时候,艺术才富有启迪。"① 而如何实现这种艺术批判,从而实现艺术的审美教育?舒斯特曼认为关键在于人,艺术问题、审美教育问题,最终仍旧是"人的问题"。舒斯特曼认为艺术是言说的,但艺术不能为自身辩护,艺术自身也不能不证自明。艺术的言说力量,只有通过"一个对话的知识分子"② 才能得以转化,才能在社会上发挥它的社会-伦理功能。

总之,舒斯特曼以他的包括性析取立场,倡导宽容、开放的美学与艺术理念,强调艺术的间性本质。舒斯特曼认为,只有恢复高级艺术与社会生活的关系,在社会生活的广阔背景中对高级艺术进行解读,将艺术问题还原为生活问题,才能真正地实现它作为人的艺术的价值。由此在道德高尚、政治公平和社会和谐的人类社会中,艺术和美更加充分地表现自身,更加淋漓尽致地发挥它的社会-伦理功能,从而通过批判,再进一步地促进伦理和社会的进步。舒斯特曼表达了一种美学、伦理学、政治学三位一体的"美善合一"的审美教育理念,这也是他的美学理想。

## 二 为通俗艺术辩护

虽然舒斯特曼为精英艺术提供了辩护,但与对待通俗艺术的态度相比较,舒斯特曼关注的重心明显在于通俗艺术,也许杜威的态度是导致这种偏爱的缘由。杜威对通俗艺术持有肯定立场,但遗憾的是,杜威美学关注的核心是对美的艺术观念进行批判,而不是对通俗艺术的合法性地位进行建构。事实上,杜威很少谈论通俗艺术,只是在《艺术即经验》中,在批评美的艺术与现实生活的脱离,并分析美的艺术这种"博物馆式艺术

---

① 〔美〕理查德·舒斯特曼:《实用主义美学》,彭锋译,商务印书馆,2002,第217页。
② 〔美〕理查德·舒斯特曼:《实用主义美学》,彭锋译,商务印书馆,2002,第188页。

概念"形成的社会 – 历史与政治 – 经济根源时，杜威才对通俗艺术匆匆一瞥。杜威指责在美的艺术和通俗艺术之间所作的二分，以及对二者截然不同的态度：

> 如果有人说他喜欢随意的娱乐，至少部分是由于其审美的性质时，他引起的是人们的反感而不是欢迎。那些对于普通人来说最具有活力的艺术对于他来说，不是艺术：例如，电影、爵士乐、连环漫画，以及报纸上的爱情、凶杀、警匪故事。这是因为，当所承认的艺术被驱逐到博物馆和画廊之中时，对本身可使人快乐的经验的不可抑制的冲动就指向了这些由日常环境所提供的出路。……而当这些物体高高在上，被有教养者承认为美的艺术品之时，人民大众就觉得它苍白无力，他们出于审美饥渴就会去寻找便宜而粗俗的物品。①

杜威在此甚至并没有直接使用"通俗艺术"概念。在这部为通俗艺术的合法性地位寻求依据的著作中，杜威很少直接使用通俗艺术概念，如在探讨不同艺术的共同本质时，他批判理论界对通俗艺术的不公正态度，才直接使用了"通俗艺术"这一术语："通俗艺术也许曾繁荣过，但却不能得到文人的注意。它们不值得被理论讨论所提及。也许，它们甚至没有被想到过是艺术。"② 可以说，杜威对通俗艺术合法性地位的探讨，是通过将艺术定义为审美经验间接地进行的，他用富有生命力的动态的审美经验，取代了居高临下的美的艺术这种"博物馆式艺术概念"。由此舒斯特曼认为，杜威的艺术定义具有修正、改造性质，这种性质"为解释艺术的内在价值和转化力量，并拒斥艺术世界的物化、商品化、专门化以及将艺术从日常经验中区隔开来的制度化倾向，提供了一种更符合要求的再定位"③。在赞美杜威解放通俗艺术的努力的同时，舒斯特曼也指出了杜威的不足，这种不足在于，杜威没有对通俗艺术给予足够的关注，而这种忽视本身就是一种轻视。舒斯特曼犀利地指出，在杜威的著作中，甚至有对

---

① 〔美〕约翰·杜威：《艺术即经验》，高建平译，商务印书馆，2005，第4页。
② 〔美〕约翰·杜威：《艺术即经验》，高建平译，商务印书馆，2005，第206页。
③ Richard Shusterman, "Popular Art and Education", *Studies in Philosophy and Education*, 1995, Vol. 13, No. 3, p. 203.

## 第五章 论辩、批评与教育：两种艺术的间性建构

于非西方文化中的民间艺术的解读，却独独没有对当代的通俗艺术作品的真正的分析，而且提到通俗艺术时，把民众审美饥渴指向的对象用"便宜而粗俗"来形容，这本身就反映了杜威对百姓所喜闻乐见的通俗艺术的鄙视、贬低。舒斯特曼认为，如同杜威所言，假如说通俗艺术不被承认是艺术，乃是由于文人作家们给予的关注不多的话，那么杜威对通俗艺术的关注也不够，因为他仅仅简单地在著作中提到通俗艺术，并没有为通俗艺术进行理论上的辩护，因此可以说他对通俗艺术"明显地没有给予足够的关注"①。因此，舒斯特曼对杜威的轻视态度提出了质疑，他毫不留情地指出："如果没有对通俗艺术集中的审美关注，如何能够使它们脱离'便宜而粗俗'的印象，为什么杜威在通俗艺术比那些已经获得了认可的艺术更需要关注的时候，没有提供这种注意呢？"②

杜威的不足之处便是舒斯特曼发展自己的通俗艺术理论的出发点。不同于杜威忽视甚至轻视通俗艺术的暧昧立场，舒斯特曼认为，通俗艺术的合法性问题对于当代文化理论至关重要，他说："文化理论最紧迫的任务之一，是通俗艺术的分析与审美合法化，这项任务既具有强大的社会与政治意义，又具有审美意义。既然现实生活如此广泛地沉醉于通俗艺术，或受到通俗艺术的影响，拒绝接受或拒绝理解通俗艺术的审美重要性，必将会加深社会乃至我们自身的分裂之苦。"③ 于是，舒斯特曼从理论和实践两个方面入手，既在理论上为通俗艺术的合法性地位辩护，又在行动上通过对当代通俗艺术作品的阐释与批评，揭示通俗艺术受到的不公正对待，为通俗艺术的社会-伦理的价值和功能寻求证明。具体地说，对通俗艺术合法性的辩护是借助理论上的哲学论辩、分析论证的批评实践和社会与文化实践的支持等多层、多元、多维的方法而得以实现的。

从哲学论辩上看，舒斯特曼对来自多方面的对通俗艺术的美学攻击一一予以批驳，指出通俗艺术获得美学合法地位的可能性。舒斯特曼对攻击

---

① Richard Shusterman, "Popular Art and Education", *Studies in Philosophy and Education*, 1995, Vol. 13, No. 3, p. 204.
② Richard Shusterman, "Pragmatism between Aesthetic Experience and Aesthetic Education: A response to David Granger", *Studies in Philosophy and Education*, 2003, Vol. 22, No. 5, p. 407.
③ Richard Shusterman, "Popular Art and Education", *Studies in Philosophy and Education*, 1995, Vol. 13, No. 3, p. 203.

通俗艺术的代表性观点进行了总结,发现这些观点主要从六个方面否定通俗艺术的价值和合法地位,即认为通俗艺术"根本不可能提供任何真正的审美满足","实际上太肤浅了以至于不能获得智性上的满足","不能提供任何审美上的挑战","是非创造性的和缺乏美感的单调","缺乏形式的复杂性"以及"缺乏审美的自律性和反抗性",总之否定了通俗艺术的审美愉悦性、智性、挑战性、创新性、复杂性和自律性。可以说,与精英艺术从审美表层到意义深层获得全方位的肯定截然相反,通俗艺术从审美表层到意义深层都受到了否定。通过对这些观点的详细解读、分析,舒斯特曼指出,这些观点的共同之处在于,它们仍旧是受精英艺术与通俗艺术绝对二分的二元对立思维支配的结果。这些观点建立在精英艺术具有合法性地位的前提上,于是以精英艺术的标准来衡量、评判通俗艺术的价值,它"意味着文化精英不仅具有决定(与通俗看法相对)美学合法性界限的权力,而且具有立法规定(与经验明证相对)什么可以被称作真正的经验和愉快的权力"①。因此,当人们"倾向于依据更为著名的天才艺术品来思考高级艺术时,通俗艺术被典型地等同于最平庸、最标准化的产品了"②。而舒斯特曼则认为,这种二分观点无疑视野狭隘,它只看到了精英艺术与通俗艺术之间的异质性、区别性,却无视二者之间交互作用、相互转化的关联性。他以艺术史是既成事实为证,指出"一种文化的通俗娱乐可以变成随后时代的高级经典",古希腊、伊丽莎白时代的戏剧以及莎士比亚的作品都经历过这样的转化过程,他说:"在19世纪的美国,莎士比亚既是高级戏剧,也是歌舞杂耍。"③ 舒斯特曼指出,精英艺术与通俗艺术之间的异质性、区别性也应得到正确的认识,不应被夸大,"在这两种'类型'的艺术之间,它们的差别是灵活的、历史的,而不是严格刻板、内在固有的,对何谓成功、何谓失败还存在着进行审美辨别的余

---

① 〔美〕理查德·舒斯特曼:《生活即审美:审美经验和生活艺术》,彭锋等译,北京大学出版社,2007,第50页。
② Richard Shusterma,"Popular Art and Education", *Studies in Philosophy and Education*, 1995, Vol. 13, No. 3, p. 206.
③ 〔美〕理查德·舒斯特曼:《实用主义美学》,彭锋译,商务印书馆,2002,第225页。

地和要求"①。精英艺术与通俗艺术之间的关联性、转化的可能性如此明显，却被忽视了，舒斯特曼指出这乃是体制化的精英艺术及其霸权意识的体现。舒斯特曼认为，正如历史主义者所看到的那样，美的艺术概念和审美经验的概念诞生于现代性的大语境之下，并随着精英艺术的现代体制的确立逐渐获得了对一切艺术的统治地位，尤其是在社会转型期，"为艺术而艺术"的审美追求在艺术史上达到其巅峰地位，精英艺术最终稳固了自己的霸权。②体制化后的精英艺术固守一套模式规范，难免生出党同伐异之心，在面对不符合自己标准的艺术类型时，对其缺陷夸大其词，对其优长视而不见，或者将其贬斥为自己的替代之物，使作为受众的我们"被迫去轻视给予我们快乐的事物，并且为它们给予我们了快乐感到羞愧"③。如果说精英艺术的体制化和霸权意识是通俗艺术被贬抑的外部原因，那么，将艺术的审美表层与意义深层割裂开来，则是通俗艺术遭到否定的内在根由。舒斯特曼提到，在精英艺术标准下，通俗艺术一方面被指控缺乏智性、创造性，另一方面又被指责以肤浅、简单的审美外观形式来迷惑受众，精英主义无疑也陷入了审美表层与意义深层二分的迷局。舒斯特曼揭露，精英主义具有将艺术合法性与严肃的思考简单等同起来，将"任何努力"与知识分子的"智力努力"简单等同起来的倾向，这种倾向的极端便是对审美表层的忽视或轻视，被批评为肤浅、形式简单的通俗艺术无疑深受其害。舒斯特曼指出，这正是现代艺术与美学走向终结的原因之一，他说："如果对表层的洞察力丧失，或被消解为哲学上是无意义的话，那么关注焦点的变化将引发审美枯竭的危机。"④简单的审美外观形式未必就一定导致肤浅、无意义，更何况不是所有的通俗艺术作品都肤浅、形式简单，就像不是所有所谓的精英艺术作品都是杰

---

① Richard Shusterman, "Popular Art and Education", *Studies in Philosophy and Education*, 1995, Vol. 13, No. 3, p. 206.
② Richard Shusterman, *Surface and Depth: Dialectics of Criticism and Culture*, Ithaca: Cornell University Press, 2002, p. 232.
③ Richard Shusterman, "Popular Art and Education", *Studies in Philosophy and Education*, 1995, Vol. 13, No. 3, p. 203.
④ Richard Shusterman, *Surface and Depth: Dialectics of Criticism and Culture*, Ithaca: Cornell University Press, 2002, p. 21.

作一样。正因如此，舒斯特曼认为，那些否定通俗艺术能够产生真正的审美愉悦和审美满足的观点，都是审美的"虚假性指控"①，事实上，依据舒斯特曼对通俗艺术的辩护，甚至可以说所有针对通俗艺术的指控，都可称为"虚假性指控"。

　　舒斯特曼在对通俗艺术合法性进行辩护的基础上，更是通过批评实践，论证通俗艺术的审美价值。舒斯特曼非常推崇批评的方法，他认为，杜威论证通俗艺术合法性的方法，是求助于他的艺术定义，但这种方法具有致命的缺陷，即审美经验具有无法描述的直接性、即时性和非推论性，而合法性则是社会的、论辩的，所以审美经验"无论如何强有力，本质上是不用语言表达的，因此，本质上不能提供精确的合法性"②。这种合法性不仅需要哲学上的论辩，更需要能够满足其社会性与实践性的"详细的批评论证"③，只有批评论证，才能使让文人知识分子轻视甚至让杜威这样的支持者都忽视的通俗艺术获得真正的关注。舒斯特曼宣称，审美批评具有独特的合法化能力，认为"只有审美分析能够表明，通俗艺术如何能够回报密切的审美关注，并且甚至能够深切地感动一个知识分子受众"④。于是，在多篇文章中，舒斯特曼分析了美国乡村歌舞剧、摇滚乐、爵士乐以及来自黑人文化的拉谱艺术等通俗艺术形式，如何实现了审美表层与意义深层的结合，并以此作为对精英艺术理论的一个挑战。从这个角度来说，舒斯特曼比杜威走的更远。

　　舒斯特曼对通俗艺术进行批评论证的目的，就是要以精英文人知识分子们的语言，对通俗艺术作品进行阐释，揭示通俗艺术所谓肤浅、简单的审美表层之下的深层的哲学、社会、政治、文化内涵，以此批驳精英主义视界的浅薄与偏颇。舒斯特曼选择了两种截然不同的通俗音乐作为批评论

---

① 〔美〕理查德·舒斯特曼：《生活即审美：审美经验和生活艺术》，彭锋等译，北京大学出版社，2007，第50页。
② Richard Shusterman, "Popular Art and Education", *Studies in Philosophy and Education*, 1995, Vol. 13, No. 3, p. 204.
③ Richard Shusterman, "Popular Art and Education", *Studies in Philosophy and Education*, 1995, Vol. 13, No. 3, p. 204.
④ Richard Shusterman, "Popular Art and Education", *Studies in Philosophy and Education*, 1995, Vol. 13, No. 3, p. 210.

证的代表,一是乡村音乐,一是以拉谱音乐为代表的希普－霍普①艺术。前者是美国南方乡村白人阶层音乐的代表,后者是美国城市社区黑人阶层音乐艺术理想的象征;前者的受众是从"二十五六到近五十岁"的中青年、壮年人,而希普－霍普艺术如摇滚乐的受众,基本上"聚焦在十多岁到二十岁出头的青年"。② 虽然从受众的年龄、生活的地域、所属族裔到兴趣目标的类型上皆存在着巨大差异,但舒斯特曼认为,这两种貌似完全对立的通俗音乐却具有完全一致的深层的哲学、社会、政治、文化内涵,首先是对身份认同的渴望。舒斯特曼认为,美国乡村音乐与拉谱音乐的流行,都产生于"美国社会对族群身份和多元文化主义日益增进的专注"③的大背景下,因此都涉及了所属族群与阶层的身份认同问题。乡村音乐的流行正值诞生于美国战后婴儿潮中的孩子进入中青年阶段,此时,美国白人文化主流的特点是"温吞的、团体的、白领的"甚至是"毫无特征"的,在这样的文化背景下,"数百万的下层和中层美国白人在寻求一个与众不同的身份",从而在主流文化中获得身份的定位。④ 舒斯特曼指出,文化上的关联对于构造个人或族群、阶层的身份从而获得身份认同至关重要,而音乐文化尤其重要:"当传统的阶级身份和团体身份失去了它们为个人提供充分的社会定位的能力时,就产生了一种更强的通过文化关联来构造个人认同的需要。在这种文化身份的形成中,音乐长久以来就具有极其重要的意义。"⑤ 美国中下层白人阶级,尤其是其中的中青年,在通俗的乡村音乐中找到了凸显其族裔特征的方法;而城市社会的黑人青少年,则求助于说唱音乐即"拉谱"。同南方乡村中的中下层白人阶级相比,城市生活中的非裔美国人更具有获得身份认同的需求。所谓非裔美国人,是"此种意义上的一个族群:他们被看作一个生物学上的特殊类群,

---

① "希普－霍普","hip－hop"的音译。
② 〔美〕理查德·舒斯特曼:《生活即审美:审美经验和生活艺术》,彭锋等译,北京大学出版社,2007,第108~109页。
③ 〔美〕理查德·舒斯特曼:《生活即审美:审美经验和生活艺术》,彭锋等译,北京大学出版社,2007,第109页。
④ 〔美〕理查德·舒斯特曼:《生活即审美:审美经验和生活艺术》,彭锋等译,北京大学出版社,2007,第110~111页。
⑤ 〔美〕理查德·舒斯特曼:《生活即审美:审美经验和生活艺术》,彭锋等译,北京大学出版社,2007,第109页。

被认为在一个具有种族偏见的社会中,似乎其中的每一个成员都具有一种内在的统一性。作为一个少数族裔,非裔美国人或至少其中的一部分人,由于其家族的纽带、语言的承继、宗教的表达形式以及日常经验,都与非洲相关联"①。虽然不论是人口迁移前在南方的种植场,还是迁移后在北方的工业城市,美国黑人的"背景、才能和职业活动的高度多样化为文化繁荣提供了最富创造力的影响作用"②,但在美国黑人日渐获得民族自豪感的同时,他们仍旧被打上了非洲的烙印。是依据血缘、基因的生物学标准来界定种族,还是依据历史和文化来确认身份,舒斯特曼指出,这种身份认同上的困惑和障碍,是包括阿兰·洛克在内的所有美国黑人共同面对的难题。而事实上,美国黑人文化既不单单是非洲特色的,也非完全受美国殖民文化影响,而是非洲文化、美国殖民文化、美国本土文化等多元文化交互作用的产物。毋庸置疑,只要美国黑人不能获得真正平等的社会合法化地位,他们就不会因为为美国社会作出文化贡献而被尊重,而这种尊重必然建立在"文化融合"的基础之上,这一状况"只有通过更多的交往与交际互动才能得到改善"③。因此,舒斯特曼赞同阿兰·洛克的观点,即以希普-霍普为代表的艺术,是美国黑人获得"完全的'文化认同'和'再评价'的较好的工具"④。在表达身份认同的渴望的同时,乡村音乐和拉谱音乐都表现出一定的反抗性。舒斯特曼通过分析乡村音乐和拉谱音乐,证实了通俗艺术的反抗性,从而批驳了"通俗艺术缺乏审美的自律性和反抗性"的偏见。舒斯特曼认为,乡村音乐具有一种"反叛性的态度",主要体现在乡村音乐叙事中所塑造的牛仔的个人英雄主义的形象上,这些牛仔大多是奉行"不遵奉主义"的独行侠,他们对抗体制,对抗不公正的社会,而事实上这种反抗的本质是乡村音乐与"白人的团

---

① Tommy L. Lott and John P. Pittman eds., *A Companion to African-American philosophy*, Blackwell Publishing, 2006, p. 381.
② Richard Shusterman, *Surface and Depth: Dialectics of Criticism and Culture*, Ithaca: Cornell University Press, 2002, p. 126.
③ Richard Shusterman, *Surface and Depth: Dialectics of Criticism and Culture*, Ithaca: Cornell University Press, 2002, p. 127.
④ Richard Shusterman, *Surface and Depth: Dialectics of Criticism and Culture*, Ithaca: Cornell University Press, 2002, p. 130.

体性组织和知识精英"对抗的体现,而这种反抗性也是拉谱音乐的本质特征。① 舒斯特曼解读了主流乡村歌手加思·布鲁克斯的《格格不入》和乡村歌舞电影《纯粹乡村》,他认为,《格格不入》具有双重反抗性,通过歌颂牛仔英雄既反抗体制又对抗其主流歌手的自我形象;而电影《纯粹乡村》则塑造了放弃庸俗华丽的商业演出、回归纯粹现实乡村的歌唱演员达斯蒂·钱德勒的个人英雄主义形象,无论是围绕达斯蒂·钱德勒所发生的故事,还是他所演唱的主题曲《中心地带》,都将家乡纯粹的乡村塑造为"中心地带"或"心脏地带",塑造为生命的依托。舒斯特曼指出,电影对牛仔主题、纯粹的乡村风格的塑造,其目的是强调乡村音乐的"非商业化起源"②,以此来反抗乡村音乐发展中的商业化倾向。舒斯特曼虽然承认这种反抗可能"纯粹是一个神话"③,但同样认为这种反抗意识无疑是可贵的,他对这种反抗持赞赏态度。舒斯特曼指出,拉谱艺术的文化根基和受众决定了这种艺术自诞生之初便具有战斗性,"给自鸣得意的社会状态拉响了危险的警报"④。因此,反抗性是拉谱艺术与生俱来的本质特征,这种反抗既针对艺术体制,又针对社会体制。就反抗艺术体制来说,拉谱艺术以"利用取样"和"剪切"的方式,通过对旧产品的重复利用,打破了艺术创造与艺术利用的二元对立,从而颠覆了精英艺术的艺术原创概念和对艺术作品整体性的崇拜;就反抗社会体制来说,拉谱艺术抨击"虚伪的传媒",抵制"传媒那虚伪和肤浅的精神食粮,抨击它那出于商业考虑的标准化和净化、但不真实和没脑子的内容"⑤。拉谱艺术抨击资本主义消费文化,指出资本主义商业文明"如何既为了保持其社会-政治的稳定,又为了通过刺激他们对不必要的消费品的要求去增长自己的利润而剥削那些被剥夺公民权利的黑人",甚至用消费广告引诱黑人青少

---

① 〔美〕理查德·舒斯特曼:《生活即审美:审美经验和生活艺术》,彭锋等译,北京大学出版社,2007,第110~111页。
② 〔美〕理查德·舒斯特曼:《生活即审美:审美经验和生活艺术》,彭锋等译,北京大学出版社,2007,第117页。
③ 〔美〕理查德·舒斯特曼:《生活即审美:审美经验和生活艺术》,彭锋等译,北京大学出版社,2007,第117页。
④ 〔美〕理查德·舒斯特曼:《实用主义美学》,彭锋译,商务印书馆,2002,第267页。
⑤ 〔美〕理查德·舒斯特曼:《实用主义美学》,彭锋译,商务印书馆,2002,第278页。

年犯罪,从而"巩固了黑人社区贫穷和绝望的恶性循环"①。具有政治寓意,反抗社会,舒斯特曼认为这才是拉谱艺术曾经在佛罗里达遭到政治审查、拉谱歌手遭到逮捕的真正理由。舒斯特曼指出,尽管拉谱艺术的文化根基是黑人社区,但其"对贫穷、迫害和种族偏见的反抗"②,使其受众远远超过黑人社区的范围,拉谱艺术产生了更为深远的影响。通俗艺术的反抗性是显而易见的,由此舒斯特曼认识到,通俗艺术具有反抗性的观点本质上是一种"反功用主义"理论的体现,它建立在艺术与生活严格分离的基础上,不过是"柏拉图艺术双倍远离实在的攻击"哲学偏见的另一种表达而已。③ 舒斯特曼不仅揭示了乡村音乐与拉普音乐的社会-政治功能,更肯定了它们在美学上的合法地位。为通俗艺术的审美性质辩护,是舒斯特曼始终如一的坚定立场。他认为,虽然"审美"一词源于知识分子话语,通常应用于描述精英艺术和自然之美,但用于描述通俗艺术也是不可否认的事实。舒斯特曼发现,"许多时装流派和美容沙龙被称作'审美机构'",而"许多传统的审美谓词诸如优美、典雅、统一性和风格等"也经常用来形容通俗艺术作品,不再是精英艺术的专利。④ 以乡村歌舞电影《纯粹乡村》和拉谱艺术为例,舒斯特曼认为《纯粹乡村》通过对回归乡村的电影明星寻找纯正的音乐、纯真的爱情的故事的叙述,表达了对感情和纯正性的追求。舒斯特曼没有嘲笑电影中道德与艺术双重救赎的理想主义,相反,他指出这种理想是难能可贵的,认为"这种理想仍然是非常实在的和具有补救性的,即使在我们不完善的生命中不能将之变成现实"⑤。同样,舒斯特曼对拉谱歌曲《侃侃爵士》的歌词进行了深入解读,认为这首歌貌似词句简单直白,但其歌词实际上微言大义,甚至一语双关,其"丰富的语义复杂性和意义分歧,却深入地蕴涵在它那表面上的

---

① 〔美〕理查德·舒斯特曼:《实用主义美学》,彭锋译,商务印书馆,2002,第279页。
② 〔美〕理查德·舒斯特曼:《实用主义美学》,彭锋译,商务印书馆,2002,第418页"注释4"。
③ 〔美〕理查德·舒斯特曼:《生活即审美:审美经验和生活艺术》,彭锋等译,北京大学出版社,2007,第73页。
④ Richard Shusterman, "Popular Art and Education", *Studies in Philosophy and Education*, 1995, Vol. 13, No. 3, p. 206.
⑤ 〔美〕理查德·舒斯特曼:《生活即审美:审美经验和生活艺术》,彭锋等译,北京大学出版社,2007,第133页。

朴实和简单的语言之中"①。例如这首拉谱歌曲以"爵士"命名,"爵士"一词一语双关:"爵士"可以指爵士乐,一种汲取了蓝调、拉格泰姆等黑人音乐和欧洲军乐的独有旋律的特殊音乐类型,它代表了非洲黑人文化与欧洲白人文化的融合;"爵士"也可以理解为爵位,一种荣誉与社会身份的象征。众所周知,爵士是欧洲封建制社会的产物,作为一种荣誉称号被君主赐予那些在战场上立下卓越战功或在某些领域作出特殊贡献的人。同样,"侃侃"一词也是多义的,可以理解为聊聊、闲谈,也可以理解为"调侃";其暗藏的态度,可以是闲适、从容,也可以是戏谑、讥讽。歌曲的命名如此暗藏玄机,它的歌词更是表面平白晓畅,实则朦胧含混,言有尽而意无穷。例如其中"侃啊侃,我听说胡侃价格廉。就像美,侃得只有皮肤那么浅"一句,貌似戏谑、饶舌,但显然潜藏着对何谓美的深刻反省,对精英艺术关于美和审美判断的标准提出了质疑,表达了面对美学与政治的双重霸权绝不妥协的抗争意识,体现出深刻的哲学洞见。不仅如此,舒斯特曼认为这首歌还体现了独特的艺术自觉性、创造性以及形式观,为之赞叹,对其推崇不已。总之,通过细读拉谱歌曲的典型案例《侃侃爵士》的文本,舒斯特曼证实了通俗艺术具有表层美感和意义深层的双重审美价值,驳斥了认为通俗艺术作品低俗浅薄的一贯成见。

通过艺术批评的实践,舒斯特曼表明,对通俗艺术的诸多贬低只是偏见。他揭示了通俗艺术遭受不公正评价的社会现实,用通俗艺术作品的案例分析给予有力的反击,具有巨大的说服力。舒斯特曼力在提醒一个事实,那就是在通俗艺术作品的海沙中,也蕴藏着稀世明珠。我们不能对通俗艺术中的珍品视而不见,盲目地全面打击、全盘否定。事实上,在漫长的人类文明史上,从洞穴壁画到街头涂鸦,从《诗三百》到能够进京的徽班,从华尔兹圆舞到《流浪地球》等科幻电影,有太多的经典作品出自民间艺术、通俗文学;而在所谓的高级文学的黄金殿堂中,不能否认也可能鱼目混珠,蕴含着大量的滥竽充数的低水平作品。近年来某些获奖的诗歌作品引发争议,其中一些诗句被批评为貌似高雅、实则低俗。

---

① 〔美〕理查德·舒斯特曼:《实用主义美学》,彭锋译,商务印书馆,2002,第290页。

不加区分、无视作品的真实水准，只要是通俗艺术便白眼相加、粗暴否定，这种态度是不负责任的，也是以偏概全、缺乏事实论据支撑的。正是对手不客观、不科学、不清醒的批评态度，给予了舒斯特曼为通俗艺术进行审美辩护的底气与信心。舒斯特曼坚称通俗艺术具有其独特的审美价值，绝对不是"没有显示或践行审美准则的无特征、无趣味的深渊"①，通俗艺术中的优秀作品，完全可以达到审美表层与意义深层相统一的审美高度。

舒斯特曼认为，通俗艺术的合法化既需要哲学上的论辩作为底蕴支持，又需要详细的文本批评作为论据辅助，更需要社会与文化的实践作为坚实后盾，而教育则是进行社会与文化实践的有效方式之一。在舒斯特曼看来，实用主义美学可以定位在审美经验和审美教育之间，而实用主义的通俗艺术合法性观念也受到这种定位的支持。②

舒斯特曼对于艺术与教育之间关系的关注，仍旧是承继于杜威。杜威认识到现代教育建立在科学制定的模式基础之上，这种模式导致了艺术与教育的分离。艺术与教育分离造成的灾难性后果是有目共睹的。具体来说，这种分离的灾难性后果之一是"强化了专业化的倾向，在思想之中人为制造了鸿沟"；后果之二是"使抽象替代了现实"，如传统的政治经济是从人类具体生活中抽取出来的，但如今的社会现实却恰好颠倒，实际统治着工业的是现实的抽象化；后果之三是"它将注意力放在控制的实现与对固定环境的占有上，而不是放在艺术如何做才能改造环境上"。③杜威对艺术与教育分离的后果的分析，涉及了三个层面的内容，即学科体制的专门化与学科的区隔化、资本的无限扩张与控制欲以及艺术社会干预功能的实现。如今，这三个方面的问题已经成为诸多学科需要面对的根本性的社会问题。当然，造成这三个方面问题的，其实不仅仅是杜威看到的艺术与教育的分离，二元对立的思维传统、对简约拆分技巧的推崇、社会

---

① Richard Shusterman, "Popular Art and Education", *Studies in Philosophy and Education*, 1995, Vol. 13, No. 3, p. 206.
② Richard Shusterman, "Pragmatism between Aesthetic Experience and Aesthetic Education: Aresponse to David Granger", *Studies in Philosophy and Education*, 2003, Vol. 22, No. 5, p. 403.
③ Jo Ann Boydston ed., *John Dewey: The Later Works, 1925 – 1953*, Vol. 2, Carbondale and Southern Illinois University Press, 1984, p. 112.

分工的极端化以及工业社会的功利化追求等，都对三个方面问题的产生起到了推波助澜的作用。艺术和教育的分离，不过是众多要素中的一个本质性要素而已，杜威的功绩就在于发现了艺术和教育的分离也是能够起到催化作用的。在倡导艺术与教育交互作用的基础上，杜威支持怀特海在《科学与近代世界》中提出的一个观点，即"为生活和教育计划中的审美评价提供辩护"①。怀特海发现，17世纪及以前的科学观念是宗教与科学、物质与精神二元对立的，而在对立的二元之间还存在着"生命、机体、功用、瞬时实在、交互作用、自然秩序等概念"②，而在宗教与科学、物质与精神对立的二元中，却没有交互作用等的位置。这种二元对立与交互作用的缺失的后果是，"在单纯实践的人那种粗鄙的专业化价值与空谈的学者那种微弱的专业化价值之间"还有一种东西，即"对一个机体在其固有环境中所达成的各种生动的价值的认识"。③ 怀特海认为，这种缺失只有通过艺术和美学教育"培养出一种审美观念的习惯"④ 的方法才能弥补。怀特海尤其强调，他所说的"艺术"乃是一个广义的概念，指"一种选择具体事物的方法，它把具体事物安排得能引起人们重视它们本身可能体现的特殊价值"，而艺术的习惯、审美观念的习惯就是"享受现实价值的习惯"。⑤ 按照怀特海对艺术、教育和习惯三者之间关系的理解，教育就是进行艺术习惯培养的训练，目的是增加个性的深度，训练个体养成"理解一个机体的全面情况的习惯"⑥。杜威认为怀特海的这种理解体现了实用主义的立场，即关注艺术与教育、个人机体与环境之间的交互作用。杜威汲取了其中的实用主义养分并拓展开来，从而提出"艺术内在具有教育性质"、艺术"凭借经验，而不是次要的教诲目的而具有教育的内在性"，通过训练可以实现艺术的"教育潜能"的观点。⑦

---

① Jo Ann Boydston ed., *John Dewey: The Later Works, 1925–1953*, Vol. 2, Carbondale and Southern Illinois University Press, 1984, p. 111.
② 〔英〕A. N. 怀特海：《科学与近代世界》，何钦译，商务印书馆，1989，第55页。
③ 〔英〕A. N. 怀特海：《科学与近代世界》，何钦译，商务印书馆，1989，第190~191页。
④ 〔英〕A. N. 怀特海：《科学与近代世界》，何钦译，商务印书馆，1989，第191页。
⑤ 〔英〕A. N. 怀特海：《科学与近代世界》，何钦译，商务印书馆，1989，第191页。
⑥ 〔英〕A. N. 怀特海：《科学与近代世界》，何钦译，商务印书馆，1989，第191页。
⑦ Jo Ann Boydston ed., *John Dewey: The Later Works, 1925–1953*, Vol. 2, Carbondale and Southern Illinois University Press, 1984, p. 113.

舒斯特曼从更广泛的意义上继承了杜威的艺术与教育的关系理论,并将之放在人文科学领域中进行讨论,深入探究人文学科的教育问题。在舒斯特曼看来,人文学科应取其广义,不仅包括"艺术、文学、历史和哲学",其外延还应当包括社会科学,而人文学科的研究对象也不应局限于传统的方法和所谓的高雅文化、精英艺术,其触角可以在更大范围延伸,"发展一些新的和更时髦的跨学科研究形式,比如流行文化或种族和性别研究"①,即可以涉足亚文化领域。而所谓教育,舒斯特曼也超越了传统的认知,从更广义范围来进行理解,认为教育既包括身教,又包括言传。身教是指切切实实的身体教育,舒斯特曼将身体教育纳入研究视野,并提升到人文学科的高度上来,强调身体的训练对深化人文学科的理解至关重要,尤其是对促进"最高艺术"——"完善人性、生活得更美好"② 的达成至关重要。在他看来,达到人性的完善、生活的美好别无他途,只有通过教育。而教育不能局限于体制化的学校教育的知识传授上,而是要达到身体、心灵、文化等多方面的融合统一。所以,身体的审美教育观念成为舒斯特曼的身体美学理论的基础之一。也因此,舒斯特曼曾经将实用主义定位在审美经验和审美教育之间,而身体教育(身体训练)和身体经验的获得则是审美教育的重要途径。事实上,探讨身体经验与身体训练时,舒斯特曼是将它当作一种方案用来解决杜威理论中忽视了通俗艺术的经验定义的问题。

从理论的高度看,通俗艺术与教育问题当然包含在人文学科的教育问题之中。舒斯特曼认为,通俗艺术合法化地位的获得离不开教育,尤其是通常意义上的学校教育。最经济、最便捷的做法,就是教育改革,打破精英艺术占领校园的独霸局面,使通俗艺术进入学校课堂,"将通俗艺术研究更多地引入我们的学校课程,通过教育专家的演讲"③,以此来实现支持通俗艺术的社会和文化变革。舒斯特曼指出,通俗艺术合法化地位的获

---

① 〔美〕理查德·舒斯特曼:《通过身体思考:人文学科的教育》,胡永华译,《学术月刊》2007年第10期。
② 〔美〕理查德·舒斯特曼:《通过身体思考:人文学科的教育》,胡永华译,《学术月刊》2007年第10期。
③ Richard Shusterman, "Popular Art and Education", *Studies in Philosophy and Education*, 1995, Vol. 13, No. 3, p. 205.

得离不开宣传。宣传的途径主要有两个，一是大众传媒，一是学校教育。而与在大众传媒中传播通俗艺术的审美批评相比，学校应当是"一个更佳的场所"，舒斯特曼认为"在学校中它能得到最严格的规划和传播。在这样的环境中，教授通俗艺术的课程制定能够起决定性作用"①。舒斯特曼批判精英艺术横霸学校课堂的现状，呼吁进行课程教学的改革，要求审美教育及其合法化机构对"通俗艺术的课堂教学和审美分析给予更认真的关注"②。不过，如何进行通俗艺术的课堂教学与审美分析，舒斯特曼并没有给出更细致的方案。

总之，从关注的强度看，舒斯特曼为遭到恶意贬低的通俗艺术做了比精英艺术更多分量的辩护。在舒斯特曼看来，精英艺术与通俗艺术之间不存在非此即彼的对立关系，因此他运用亦此亦彼的包括性析取的间性方法，对双方都进行批评和辩护，并发展了杜威的实用主义艺术观。在舒斯特曼看来，精英艺术与通俗艺术虽对审美表层的处理不同，但它们都具有意义深层，都达到了审美表层与意义深层的统一。它们可以满足不同层次的受众的欣赏需求，在某些特殊的语境之中甚至可以互相转换，因此二者也便不存在孰高孰低之分，它们都具有美学的合法性，在哲学、美学与艺术中，应具有同等重要的地位。

---

① Richard Shusterman, "Popular Art and Education", *Studies in Philosophy and Education*, 1995, Vol. 13, No. 3, p. 211.
② Richard Shusterman, "Popular Art and Education", *Studies in Philosophy and Education*, 1995, Vol. 13, No. 3, p. 212.

# 结 论

20世纪80年代末,当舒斯特曼的研究兴趣从分析美学转向实用主义时,正值现代哲学、美学、艺术发展面临挑战、日渐困窘之际。舒斯特曼洞悉了现代哲学、美学、艺术发展陷入瓶颈的根由——理论与实践分离,现代哲学、美学、艺术与现实生活相区隔,于是试图通过向生活哲学的传统回归,向杜威建立生活与美学、生活与艺术之间连续性的正统实用主义回归,为哲学、美学、艺术的发展辟出一条可行的合理路径。

当然,舒斯特曼实用主义美学思想体系的建构难免有这样或那样的缺陷。舒斯特曼的美学思想多是来自对其他学者哲学、美学思想的批评,而不是杜威那样的整体构造,所以身体美学理论的原创性建构使舒斯特曼的美学思想体系圆满了,体现了他理论的成熟和思想的创新。但舒斯特曼对身体经验的极端推崇,使他的美学有重新形而上学化的嫌疑;而他对福柯获得身体经验的极端方式如性虐待等的肯定态度,也是有问题的,这种推崇和肯定有使身体暴力合法化的倾向;再如舒斯特曼对通俗艺术美学合法性地位的辩护,也确实有美化通俗艺术的嫌疑。舒斯特曼非常推崇拉谱艺术,他选择了一首拉谱乐曲为范例进行分析,以此证明通俗艺术具有非凡的艺术价值与社会-历史、政治-文化价值。事实上这种选择并不公正,他选择的乐曲《侃侃爵士》确实是一首出色的拉谱乐曲,但一首拉谱乐曲具有艺术价值,具有社会-政治、历史-文化价值,不代表所有的拉谱音乐都能够达到这样的高度;而最大的问题在于,舒斯特曼确实回避了来自黑人社区底层的拉谱音乐中暴力、黑暗的东西。舒斯特曼立场的不坚定也是他美学思想的一大缺陷,他在面对艺术定义问题时态度前后不一、左右摇摆。首先是他对待杜威艺术定义的态度,在《实用主义美学》中,舒斯特曼肯定杜威艺术观中"动态的审美经验"对于美学的核心价值，指出即便杜威的艺术定义存在一定的问题，但它仍旧是正确的，他说，"杜威将艺术定义为经验是正确的，尽管根据传统的哲学标准，这明显是一个不充足和不精确的定义"；但在我国学者彭锋对他的访谈中，舒斯特曼却又推翻了自己的这一立场，否定了自己的观点，他说："我不同意杜威对艺术的定义：艺术即经验。我认为经验并非是定义艺术的好方式。"这种矛盾不仅体现在舒斯特曼对于杜威艺术定义的态度上，还体现在他自身对于艺术定义的立场上。对于艺术的定义问题，舒斯特曼一方面认为艺术是不能定义的，另一方面却又提出了自己的定义：艺术即戏剧化。因此，舒斯特曼对于身体美学学科的建构、对通俗艺术的辩护、对艺术概念的界定，总的说来都具有理想主义的色彩。从词源来看，实用主义一词强调实践、行动，它要求面对现实，为现实中产生的问题提供解决策略。现实总是变化的，所以舒斯特曼美学思想的"左右摇摆"，正是实用主义注重行动、直面现实中的困难的思想精髓的体现；而他美学思想的理想主义倾向更是难能可贵的，因为他企图力挽狂澜的努力，正体现出一位美学家、艺术评论家的使命感与责任心。由此我认为，舒斯特曼的新-新实用主义理论的最大价值，不在于他建构了一个新的美学分支，也不在于他提出了一种更合理的艺术定义，而在于他在建构自己的思想体系时运用包括性析取的亦此亦彼的间性建构方法，这体现出了包容性的学术胸襟、开阔的学术视野和跨文化建构的雄浑的学术气度。

　　二元对立思维所带来的诸多问题，已经成为西方文化发展中的痼疾，杜威对传统哲学的改造，就是企图从恢复人的经验与自然的连续性入手，将所有的问题都归结为人的问题，从而以经验的一元论来解构二元论。而由于过于推崇经验，赋予经验以认识的基础性地位，杜威难免又重新陷入了基础主义的深渊，这使他的经验哲学显露出一种"形而上学气质"。与杜威的经验一元论相比较，舒斯特曼提出的以包括性析取法为基础的多元论的优越性不言而喻。包括性析取法是一种针对非此即彼二元对立思维的亦此亦彼的思维方法，但这种亦此亦彼并非是"什么都行"的没有立场的相对主义，而是建立在客观地分析、比较、批评基础上的辩证批判、取舍的方法，是一种体现了包容性的学术胸襟、开阔的学术视野和跨文化建构的雄浑的学术气度的多元主义方法。这种方法的成功运用，是舒斯特曼哲学、美学与艺术观超越了杜威实用主义哲学、美学与艺术观的真正价值所在，对于当下中国哲学、美学、艺术理论的发展来说，也具有巨大的借鉴意义。

以间性建构的方法为核心，从生活哲学、经验整体论、艺术论三个方面探讨舒斯特曼对杜威实用主义理论的继承与发展，是本书的创新之处。舒斯特曼认为新世纪哲学、美学和艺术都要与生活相关、与身体相关，那么，如何借鉴舒斯特曼实用主义理论中的合理成分，将之应用于新世纪中国哲学、美学和艺术理论建设的实践，是需要我们进一步思考的问题。毕竟，对实践的强调，是舒斯特曼实用主义理论的精髓。

# 参考文献

〔英〕A. N. 怀特海：《科学与近代世界》，何钦译，商务印书馆，1989。

〔美〕阿瑟·丹托：《美的滥用——美学与艺术的概念》，王春辰译，江苏人民出版社，2007。

〔美〕阿瑟·丹托：《艺术的终结之后——当代艺术与历史的界限》，王春辰译，江苏人民出版社，2007。

〔美〕阿瑟·赫尔曼：《文明衰落论：西方文化悲观主义的形成与演变》，张爱平等译，上海人民出版社，2007。

〔德〕埃德蒙德·胡塞尔：《欧洲科学危机和超验现象学》，张庆熊译，上海译文出版社，1988。

〔美〕奥托·纽曼、〔美〕理查德·德·左萨：《信息时代的美国梦》，凯万、纪元、闫鲜平译，社会科学文献出版社，2002。

〔法〕安托万·孔帕尼翁：《理论的幽灵——文学与常识》，吴泓缈、汪捷宇译，南京大学出版社，2011。

〔美〕巴特利：《维特根斯坦传》，杜丽燕译，东方出版中心，2000。

〔英〕伯特兰·罗素：《西方哲学史》，马元德译，商务印书馆，1976。

〔美〕大卫·格里芬编《后现代科学——科学魅力的再现》，马季方译，中央编译出版社，2004。

〔美〕冯·贝塔朗菲：《一般系统论：基础、发展和应用》，林康义等译，清华大学出版社，1987。

〔美〕H. S. 康马杰：《美国精神》，南木等译，光明日报出版社，1988。

〔美〕亨利·N.波拉克：《不确定的科学与不确定的世界》，李萍萍译，上海科技教育出版社，2005。

〔美〕简·杜威：《杜威传》，单中惠编译，安徽教育出版社，1987。

〔美〕理查德·罗蒂：《后哲学文化》，黄勇译，上海译文出版社，2004。

〔美〕理查德·舒斯特曼：《哲学实践：实用主义和哲学生活》，彭锋等译，北京大学出版社，2002。

〔美〕理查德·舒斯特曼：《实用主义美学》，彭锋译，商务印书馆，2002。

〔美〕理查德·舒斯特曼：《生活即审美：审美经验和生活艺术》，彭锋等译，北京大学出版社，2007。

〔美〕理查德·舒斯特曼：《身体意识与身体美学》，程相占译，商务印书馆，2011。

〔美〕理查德·舒斯特曼：《情感与行动：实用主义之道》，高砚平译，商务印书馆，2018。

〔美〕理查德·舒斯特曼：《通过身体来思考：身体美学文集》，张宝贵译，北京大学出版社，2011。

〔美〕罗伯特·B.塔利斯：《杜威》，彭国华译，中华书局，2002。

〔美〕马歇尔·伯曼：《一切坚固的东西都烟消云散了——现代性体验》，徐大建、张辑译，商务印书馆，2003。

〔英〕尼古拉斯·布宁、余纪元编著《西方哲学英汉对照辞典》，人民出版社，2001。

〔美〕欧文·拉兹洛：《系统哲学引论——一种当代思想的新范式》，钱兆华、熊继宁、刘俊生译，商务印书馆，1998。

〔英〕齐格蒙特·鲍曼：《现代性与矛盾性》，邵迎生译，商务印书馆，2003。

〔美〕苏珊·哈克主编《意义、真理与行动——实用主义经典文选》，东方出版社，2007。

〔美〕威廉·詹姆士：《实用主义》，陈羽纶、孙瑞禾译，商务印书馆，1979。

〔德〕乌尔里希·贝克、〔英〕安东尼·吉登斯、〔英〕斯科特·拉什：《自反性现代化：现代社会秩序中的政治、传统与美学》，赵文书译，商务印书馆，2001。

〔美〕悉尼·胡克：《理性、社会神话和民主》，金克、徐崇温译，人民出版社，1965。

〔古希腊〕亚里士多德：《诗学》，陈中梅译注，商务印书馆，1996。

〔古希腊〕亚里士多德：《灵魂论及其他》，吴寿彭译，商务印书馆，1999。

〔比〕伊·普里戈金、〔法〕伊·斯唐热：《从混沌到有序》，曾庆宏、沈小峰译，上海译文出版社，2005。

〔美〕约翰·杜威：《哲学的改造》，许崇清译，商务印书馆，1934。

〔美〕约翰·杜威：《人的问题》，傅统先、邱椿译，上海人民出版社，1965。

〔美〕约翰·杜威：《确定性的寻求：关于知行关系的研究》，傅统先译，上海人民出版社，2004。

〔美〕约翰·杜威：《哲学的改造》（中文珍藏版），张颖译，陕西人民出版社，2006。

〔美〕约翰·杜威：《艺术即经验》，高建平译，商务印书馆，2005。

〔美〕约翰·杜威：《经验与自然》，傅统先译，江苏教育出版社，2005。

〔美〕约翰·杜威：《人的问题》，傅统先、邱椿译，上海人民出版社，2006。

〔美〕约翰·杜威：《哲学的改造》，胡适、唐擘黄译，陕西人民出版，2006。

〔美〕约翰·杜威：《杜威全集·早期著作（1882—1898）》第1卷，张国清、朱进东、王大林译，华东师范大学出版社，2010。

〔美〕约翰·杜威：《杜威全集·早期著作（1882—1898）》第3卷，吴新文、邵强进译，华东师范大学出版社，2010。

〔美〕詹姆斯·坎贝尔：《理解杜威：自然与协作的智慧》，杨柳新译，北京大学出版社，2010。

车文博主编《心理咨询大百科全书》，浙江科学技术出版社，2001。

冯契、徐孝通主编《外国哲学大辞典》，上海辞书出版社，2008。

冯毓云：《文艺学与方法论》，社会科学文献出版社，2002。

冯毓云、刘文波：《科学视野中的文艺学》，商务印书馆，2013。

顾红亮：《实用主义的误读：杜威哲学对中国现代哲学的影响》，华东师范大学出版社，2000。

洪汉鼎：《语言学的转向》，（台北）远流出版公司，1992，霍绍周编著《系统论》，科学技术文献出版社，1988。

蒋孔阳、朱立元主编《西方美学通史》，上海文艺出版社，1999。

江怡：《维特根斯坦：一种后哲学的文化》，社会科学文献出版社，1998。

金元浦：《"间性"的凸现》，中国大百科全书出版社，2002，刘放桐：《实用主义述评》，天津人民出版社，1983。

罗嘉昌：《从物质实体到关系实在》，中国社会科学出版社，1996。

罗志野：《美国文化和美国哲学》，广西师范大学出版社，1993。

毛崇杰：《实用主义的三副面孔：杜威、罗蒂和舒斯特曼的哲学、美学与文化政治学》，社会科学文献出版社，2009。

孙有中：《美国精神的象征：杜威社会思想研究》，上海人民出版社，2002。

童庆炳主编《文学理论教程》，高等教育出版社，2004，涂纪亮主编《当代美国哲学》，上海人民出版社，1983。

涂纪亮编《杜威文选》，涂纪亮译，社会科学文献出版社，1996。

涂纪亮：《从古典实用主义到新实用主义——实用主义基本观念的演变》，人民出版社，2006。

涂纪亮编《皮尔斯文选》，涂纪亮、周兆平译，社会科学文献出版社，2006。

王成兵主编《一位真正的美国哲学家——美国学者论杜威》，中国社会科学出版社，2007。

汪民安主编《文化研究关键词》，江苏人民出版社，2007。

王守昌、〔美〕苏玉昆：《现代美国哲学》，人民出版社，1990。

王元明：《行动与效果：美国实用主义研究》，中国社会科学出版社，1998。

王玉樑：《追寻价值——重读杜威》，四川人民出版社，1997。

王治河：《福柯》，湖南教育出版社，1999。

王治河主编《后现代主义辞典》，中央编译出版社，2004。

魏宏森、曾国屏：《系统论》，清华大学出版社，1995。

《现代汉语词典》（第 7 版），商务印书馆，2016。

衣俊卿编《社会历史理论的微观视域》，黑龙江大学出版社、中央编译出版社，2011。

元青：《杜威与中国》，人民出版社，2001。

俞吾金主编《杜威、实用主义与现代哲学》，人民出版社，2007。

俞吾金主编《二十世纪哲学经典文本：英美哲学卷》，复旦大学出版社，1999。

张宝贵编著《杜威与中国》，河北人民出版社，2001。

张庆熊、周林东、徐英瑾：《二十世纪英美哲学》，人民出版社，2005。

周宪：《审美现代性批判》，商务印书馆，2005。

朱立元主编《天人合一——中华审美文化之魂》，上海文艺出版社，1998。

邹铁军：《实用主义大师杜威》，吉林教育出版社，1990。

〔美〕C. 莫里斯：《美国哲学中的实用主义运动》，孙思译，《世界哲学》2003 年第 5 期。

〔美〕D. 霍林格：《美国历史上的实用主义问题》，肖俊明译，《国外社会科学》1982 年第 9 期。

〔德〕E. W. 奥尔特：《"生活世界"是不可避免的幻想——胡塞尔的"生活世界"概念及其文化政治困境》，邓晓芒译，《哲学译丛》1994 年第 5 期。

〔加拿大〕J. O. 扬：《实用主义与哲学的命运》，徐素华译，《世界哲学》1986 年第 2 期。

〔美〕理查德·舒斯特曼：《美学中的四个问题》，朱小红译，《国外社会科学》1982 年第 10 期。

〔美〕理查德·舒斯特曼：《分析美学、文学理论以及分解主义》，戴侃译，《国外社会科学》1988年第5期。

〔美〕理查德·舒斯特曼：《分析美学：回顾与展望》，陈飞龙译，《文艺研究》1989年第3期。

〔美〕理查德·舒斯特曼：《对分析美学的回顾与展望》，文兵译，《世界哲学》1990年第4期。

〔美〕理查德·舒斯特曼：《通俗艺术对美学的挑战》，罗筠筠译，《国外社会科学》1992年第9期。

〔美〕理查德·舒斯特曼：《实用主义美学与亚洲思想》，彭锋译，《世界哲学》2003年第2期。

〔美〕理查德·舒斯特曼：《审美经验的终结》，金虎译，《湖北美术学院学报》2007年第3期。

〔美〕理查德·舒斯特曼、曾繁仁等：《身体美学：研究进展及其问题——美国学者与中国学者的对话与论辩》，曾繁仁译，《学术月刊》2007年第8期。

〔美〕理查德·舒斯特曼：《通过身体思考：人文学科的教育》，胡永华译，《学术月刊》2007年第10期。

〔美〕理查德·舒斯特曼：《实用主义对我来说意味着什么：十条原则》，李军学译，《世界哲学》2011年第6期。

〔美〕S.罗森塔尔：《古典实用主义在当代美国哲学中的地位——它与存在论现象学及分析哲学运动的关系》，陈维纲译，《哲学译丛》1989年第5期。

〔美〕希克曼：《批判理论的实用主义转向》，曾誉铭译，《江海学刊》2003年第5期。

陈亚军：《"问题与主义"：实用主义与马克思主义的冲突？》，《江淮论坛》2004年第6期。

冯毓云：《审美复兴的文化间性立场——舒斯特曼新实用主义美学建构之路径》，《文学评论》2010年第4期。

高清海：《批判胡适实用主义主观唯心论的反动本质》，《东北人民大学人文科学学报》1955年第1期。

高建平：《实用与桥梁——访理查德·舒斯特曼》，《哲学动态》2003年第9期。

高建平：《经验与实践：兼论杜威美学和美学中的实践观》，《民族艺术研究》2004年第6期。

高建平：《从自然王国走向艺术王国——读杜威美学》，《中国社会科学院研究生院学报》2006年第5期。

顾红亮：《近20年来杜威哲学研究综述》，《哲学动态》1997年第10期。

李达：《实用主义——帝国主义的御用哲学》，《哲学研究》1955年第4期。

李大强：《分析悖论的分析》，《哲学研究》2006年第6期。

李文阁：《遗忘生活：近代哲学之特征》，《浙江社会科学》2000年第4期。

李媛媛：《美学多样性与中国美学的贡献——访实用主义美学家理查德·舒斯特曼教授》，《东方丛刊》2010年第3期。

李媛媛：《杜威美学思想与中国的"日常生活审美化"》，《文艺争鸣》2007年第11期。

陆扬：《评舒斯特曼的身体美学实践——以"金衣人"为例》，《社会科学》2007年第11期。

陆扬：《哲学家的身体认知——评舒斯特曼的"金衣人"系列》，《首都师范大学学报》（社会科学版）2018年第2期。

毛崇杰：《舒斯特曼的美学及其"桥梁"意向》（上），《扬州大学学报》（人文社会科学版）2008年第5期。

毛崇杰：《舒斯特曼的美学及其"桥梁"意向》（下），《扬州大学学报》（人文社会科学版）2009年第2期。

庞丹：《近十年来我国学界杜威思想研究述评》，《理论探讨》2008年第1期。

彭锋：《从分析哲学到实用主义——当代西方美学的一个新方向》，《国外社会科学》2001年第4期。

彭锋：《从实践美学到美学实践》，《学术月刊》2002年第4期。

彭锋：《舒斯特曼与实用主义美学》，《哲学动态》2003年第4期。

彭锋：《身体美学的理论进展》，《中州学刊》2005年第3期。

彭锋：《新实用主义美学的新视野——访舒斯特曼教授》，《哲学动态》2008年第1期。

单中惠：《约翰·杜威的心路历程探析——纪念当代西方教育思想大师杜威诞辰150周年》，《河北师范大学学报》（教育科学版）2010年第1期。

尚新建、彭锋：《国外分析美学研究述评》，《哲学动态》2007年第71期。

姚文放：《王艮"尊身论"对舒斯特曼"身体美学"的支持和超越》，《中国社会科学院研究生院学报》2017年第2期。

姚文放：《发乎情，止乎行动——评舒斯特曼〈情感与行动：实用主义之道〉》，《外国美学》2020年第1期。

姚廷纲：《90年代的资本主义经济危机和周期》，《世界经济》1993年第11期。

王旭：《系统、系统规律与系统方法》，《哲学研究》1984年第7期。

章清：《实用主义哲学与近代中国启蒙运动》，《复旦学报》（社会科学版）1988年第5期。

左高山执笔、曹孟勤、彭定光采访、整理：《回归生活世界的哲学——万俊人教授访谈录》，《东南学术》2003年第5期。

百度百科"舒斯特曼"，https：//baike.baidu.com/item/%E7%90%86%E6%9F%A5%E5%BE%B7%C2%B7%E8%88%92%E6%96%AF%E7%89%B9%E6%9B%BC/15219972？fr＝aladdin。

武亦文：《文汇报：专访美国当代著名实用主义哲学家莱瑞·海克曼》，https：//www.doc88.com/p-7902362777712.html。

A. J. Ayer, *The Origins of Pragmatism: Studies in the Philosophy of Charles Sanders Peirce and William James*, San Francisco: Freeman Cooper, 1968.

John Dewey, *Human Nature and Conduct: A Introduction to Social Psychology*, New York: Henry Holt and Company, 1922.

John Dewey, *Art as Experience*, London: George Allen & Unwin Ltd.,

1934.

John Dewey, *Freedom and Culture*, New York: G. P. Putnam's Sons, 1939.

Jo Ann Boydston ed., *John Dewey: The Middle Works, 1899 - 1924*, Vol. 13, Carbondale: Southern Illinois University Press, 1984.

Jo Ann Boydston ed., *John Dewey: The Later Works, 1925 - 1953*, Vol. 2, Carbondale and Southern Illinois University Press, 1984.

Jo Ann Boydston ed., *John Dewey: The Later Works, 1925 - 1953*, Vol. 3, Carbondale: Southern Illinois University Press, 1990.

Jo Ann Boydston ed., *John Dewey: The Later Works, 1925 - 1953*, Vol. 17, Carbondale and Edwardsville: Southern Illinois University Press, 1990.

John Dewey, *Reconstruction in Philosophy*, New York: Henry Holt and Company, 1920. 〔美〕杜威:《哲学的改造》(英文珍藏版),张君审,张莉娟校,陕西人民出版社,2005。

John R, Shook and Joseph Margolis eds., *A Companion to Pragmatism*, Blackwell Publishing, 2006.

Richard Shusterman, *Analytic Aesthetics*, Oxford, UK; New York, NY, USA: Basil Blackwell, 1989.

Richard Shusterman, *Practicing Philosophy: Pragmatism and the Philosophical Life*, New York and London: Routledge, 1997.

Richard Shusterman, *Pragmatist Aesthetics: Living Beauty, Rethinking Art*, Lanham, Md.: Rowman & Littlefield Publisher, INC, 2000.

Richard Shusterman, *Performing Live: Aesthetic Alternatives for the Ends of Art*, Ithaca and London: Cornell University Press, 2000.

Richard Shusterman, *Surface and Depth: Dialectics of Criticism and Culture*, Ithaca: Cornell University Press, 2002.

Richard Shusterman, *The Range of Pragmatism and the Limits of Philosophy*, Malden, MA; Oxford: Blackwell Publishing, 2004.

Richard Shusterman and Adele Tomlin eds., *Aesthetic Experience*, New York: Routledge, 2008.

Richard Shusterman, *Body Consciousness: A Philosophy of Mindfulness and*

Somaesthetics, New York: Cambridge University Press, 2008.

Scott L. Pratt, *Native Pragmatism: Rethinking the Roots of American Philosophy*, Bloomington, IN: Indiana University Press, 2002.

Tommy L. Lott and John P. Pittman. Eds., *A Companion to African-American Philosophy*, Blackwell Publishing, 2006.

Richard Shusterman, "Popular Art and Education", *Studies in Philosophy and Education*, 1995, Vol. 13, No. 3.

Richard Shusterman, "Pragmatism between Aesthetic Experience and Aesthetic Education: A Response to David Granger", *Studies in Philosophy and Education*, 2003, Vol. 22, No. 5.

# 后　记

本书是在十年前完稿的博士学位论文基础上修改而成，虽经过出版前的多次修改，但总觉得还有很多不尽如人意的地方，需进一步修改、完善。虽并不追求完美，只是尽力而已，但总是觉得还有一些问题是我力所不及的，思考虽无结果，却也不舍就此罢手。

确定博士学位论文选题的时候，舒斯特曼的新实用主义美学研究正热。如今十年过去了，虽然热潮已退，但回顾自己当年全心投入、潜心研究的成果，将博士学位论文修改出版也是给自己一个交代。论文最初撰写的目的，是探讨犹太裔美学家舒斯特曼如何以亦此亦彼的间性建构方法，对美国实用主义美学家杜威的正统实用主义哲学、美学、艺术理论进行继承和拓展，从而实现实用主义的审美复兴。绪论首先解释了两个关键词"间性建构"和"审美复兴"以及它们之间的关系，同时对舒斯特曼与杜威的生平业绩、研究状况以及二者美学思想之间的亲缘关系进行了梳理和介绍。正文由五章构成，第一章剖析实用主义审美复兴的语境，认为舒斯特曼的实用主义审美复兴，建立在从欧洲中心主义到多元主义的价值观转向、从对立分裂到整合统一的方法论转向和从重逻辑分析到重生活实践的美学转向三个转折的基础上。第二章到第五章从哲学、美学和艺术三个层面具体阐释舒斯特曼如何以间性建构的方法，批判地继承并发展杜威的哲学、美学和艺术观，从而实现实用主义的审美复兴。第二章探讨了哲学的实践立场的间性建构问题。舒斯特曼继承了杜威的反本质主义的哲学实在论和实践的哲学立场，强调实在的变动性、开放性与偶然性；强调人类行为与目的对于真理的优先性，实践对理论的优先性，指出无论是理论还是实践，最终目的不是理论与实践本身，而是改变人的生活。而在生活哲学方面，舒斯特曼则超越了杜威。杜威只是提出了哲学与生活的密切关系，并未对生活哲学内涵做出进一步的阐释；舒斯特曼则提出"哲学生活"范畴，在创造抽象理论文本的哲学家及其具身性生活的文本间性之中建构"哲学生活"理论。第三章围绕实用主义经验论的间性建构，探讨舒斯特曼如何在继承杜威经验自然主义基础上，抨击自然与历史、身体与心灵的二分，间性地建构自然与历史统一、身体和心灵统一的经验整体论。第四、五两章探讨艺术观问题，阐释舒斯特曼如何通过对杜威的艺术定义的辩证批判，运用包括性析取的间性建构方法，在经验与实践、自然主义与历史主义之间提出"艺术即戏剧化"的艺术定义，并发展了杜威的精英艺术、通俗艺术理论，为精英艺术与通俗艺术提供双重辩护，从而实践了艺术复兴。

结论部分对舒斯特曼以间性建构的方法，批判地继承、发展杜威的实用主义思想，从而实现实用主义的审美复兴的建构思路的意义与价值进行概括性的总结与评价。舒斯特曼以强调具身经验的实用主义作为抽象思辨的分析哲学的解药，体现出面对美学困境勇于探索的使命感。他用于建构美学思想体系的包括性析取法，具有重要的方法论意义，是其美学真正价值之所在。舒斯特曼的亦此亦彼的包括性析取法，并非"什么都行"的没有立场的相对主义，而是一种强调建立在客观的分析、比较、批评基础上的辩证批判与取舍，体现了包容性的学术胸襟、开阔的学术视野和雄浑的学术气度的跨文化建构的多元主义方法，也是舒斯特曼超越杜威的学术价值的美学表征。

博士学位论文完成于 2013 年，从 2013 年至今，舒斯特曼又有新的著作出版发行，虽然我已拜读，但很多内容并未在本书中体现。这又是一个很大的遗憾，希望以后有机会再加以弥补吧。

博士学位论文能够以著作形式出版，首先要感谢我的恩师冯毓云教授。自入师门始，恩师冯毓云教授对我的教诲和爱护，岂是几句话能够说得尽的，学生无以言谢。恩师治学谨严，品行高洁，襟怀洒落，光风霁月，泽惠于人。这些年来，在恩师身边，我不仅学做学问，更学做事、学做人，学以怎样的态度应对现实、更好地生活。是她成就了我，使我成为今天的我。恩师不仅关怀弟子的学业，也关怀弟子的生活。因此不独我，我的家人们也得到恩师的诸多关怀；同事之中，更有无数人接受过恩师的帮助，有时受益者本人可能自始至终对此毫无察觉。我何其有幸，能够成为她的弟子。弟子不肖，资质驽钝，累及恩师，不能为她增光，只会为她平添烦扰。每每思及，惶愧难安。在书稿即将付梓之际，一向身体康健、精神矍铄的恩师突然病卧，百日间溘然仙逝了。噩耗传来梦亦惊，寝门为位泪泉倾。从此再听不到老人家的谆谆教诲与朗朗笑声，弟子也再无机会尽孝于恩师膝前了！多少遗憾！多少悲痛！千言难尽，天地同悲！唯以此书献予恩师，告慰恩师在天之灵！

师门的兄弟姐妹们也给予了我无私的帮助，他们的爱温暖着我，让我有了前进的动力。2009年7月，师姐沙琳带着我去中国国家图书馆查资料。深夜我们拉着行李行走在北京的大街上找住所，四处碰壁，彼时北京酷热难当，每每忆及，历历在目；我的博士学位论文摘要的英文翻译，也是在师姐的帮助下完成的。对于师姐对我的爱护，我也无以言谢。师姐咏梅，师妹刘盈、宁琳，同学杨燕，我们总是互相鼓励，共渡难关，这份患难之情，我永生难忘。良丛师兄、金哲师兄、张宏师弟也给予我诸多帮助，同他们的探讨开拓了我的视野。每每遇到写作瓶颈，寸步难进之时，他们的真知灼见总是使我醍醐灌顶、豁然开朗。愿师门的兄弟姐妹们互相激励，友谊长青！

感谢韩伟、王士军，感谢我的同事蒋秀英、孟嘉、翟向红老师，感谢我的同学秀丽和庆双，感谢我的朋友双宁。多年来他们给予了我无私帮助，我由衷感谢！

特别感谢我的家人，我亲爱的爸爸妈妈、公公婆婆，我的挚爱高峻峰和儿子高煦然，我的挚友庆珍，没有你们的爱和鼓励，我的博士学位论文就无法顺利完成，本书也无法顺利出版。我开始读博的时候儿子才两岁，他每每要找妈妈、跑来抱住妈妈的腿，正在苦读的妈妈，总是烦躁地叫来爸爸或奶奶把他抱走，这何其残忍。每每忆起，惭愧难当。而现在接近180cm的儿子，早已经不需要妈妈这廉价的惭愧了。学业家庭难以两全，何其有幸，拥有这样的家人，他们给予我的始终是全力的支持，从未有怨言。没有他们的成全，同样没有今天的我。

最后还要感谢社会科学文献出版社，书稿延迟至今方付梓，感谢编辑们的包容和帮助；更要感谢我的工作单位哈尔滨师范大学文学院和侯敏院长的大力支持，正因为有学院的慷慨资助，本书的出版才如此顺利。

感谢所有爱我的和我爱的人！

周丽明

2023 年 6 月

图书在版编目(CIP)数据

舒斯特曼美学思想的间性建构 / 周丽明著. --北京：社会科学文献出版社，2023.9
(学与思丛书)
ISBN 978 - 7 - 5228 - 2291 - 4

Ⅰ.①舒… Ⅱ.①周… Ⅲ.①理查德·舒斯特曼 - 美学思想 - 思想评论 Ⅳ.①B712.6

中国国家版本馆 CIP 数据核字(2023)第 152491 号

·学与思丛书·
## 舒斯特曼美学思想的间性建构

| | |
|---|---|
| 著　者 / | 周丽明 |
| 出 版 人 / | 冀祥德 |
| 责任编辑 / | 张建中 |
| 文稿编辑 / | 周浩杰 |
| 责任印制 / | 王京美 |
| 出　版 | 社会科学文献出版社·政法传媒分社 (010) 59367126<br>地址：北京市北三环中路甲 29 号院华龙大厦　邮编：100029<br>网址：www.ssap.com.cn |
| 发　行 / | 社会科学文献出版社 (010) 59367028 |
| 印　装 / | 三河市尚艺印装有限公司 |
| 规　格 / | 开本：787mm × 1092mm　1/16<br>印　张：14.75　字　数：235 千字 |
| 版　次 / | 2023 年 9 月第 1 版　2023 年 9 月第 1 次印刷 |
| 书　号 / | ISBN 978 - 7 - 5228 - 2291 - 4 |
| 定　价 / | 98.00 元 |

读者服务电话：4008918866

版权所有 翻印必究